水利水电工程施工技术全书

第五卷 施工导（截）流
与度汛工程

第二册

导流建筑物

朱志坚 等 编著

中国水利水电出版社
www.waterpub.com.cn
·北京·

内 容 提 要

本书是《水利水电工程施工技术全书》第五卷《施工导（截）流与度汛工程》中的第二分册。本书系统阐述了导流建筑物的施工技术和方法。主要内容包括：综述、导流建筑物结构型式、围堰施工、围堰拆除、泄水建筑物施工、封堵、工程实例等。

本书可作为水利水电工程施工领域的工程技术人员、工程管理人员和高级技术工人的工具书，也可供从事水利水电工程科研、设计、建设及运行管理和相关企事业单位的工程技术、工程管理人员使用，并可作为大专院校水利水电工程专业师生教学参考书。

图书在版编目（CIP）数据

导流建筑物 / 朱志坚等编著. -- 北京 ：中国水利
水电出版社，2020.1
　（水利水电工程施工技术全书. 第五卷，施工导（截）
流与度汛工程 ；第二册）
　ISBN 978-7-5170-8371-9

　Ⅰ. ①导… Ⅱ. ①朱… Ⅲ. ①导流－水工建筑物－防
洪工程－工程施工 Ⅳ. ①TV873

中国版本图书馆CIP数据核字（2020）第004086号

书　　名	水利水电工程施工技术全书 **第五卷　施工导（截）流与度汛工程** **第二册　导流建筑物** DAOLIU JIANZHUWU
作　　者	朱志坚　等 编著
出版发行	中国水利水电出版社 （北京市海淀区玉渊潭南路 1 号 D 座　100038） 网址：www. waterpub. com. cn E - mail：sales@waterpub. com. cn 电话：（010）68367658（营销中心）
经　　售	北京科水图书销售中心（零售） 电话：（010）88383994、63202643、68545874 全国各地新华书店和相关出版物销售网点
排　　版	中国水利水电出版社微机排版中心
印　　刷	天津嘉恒印务有限公司
规　　格	184mm×260mm　16 开本　12.75 印张　310 千字
版　　次	2020 年 1 月第 1 版　2020 年 1 月第 1 次印刷
印　　数	0001—2000 册
定　　价	**64.00 元**

《水利水电工程施工技术全书》
各卷主（组）编单位和主编（审）人员

卷序	卷名	组编单位	主编单位	主编人	主审人
第一卷	地基与基础工程	中国电力建设集团（股份）有限公司	中国电力建设集团（股份）有限公司 中国水电基础局有限公司 中国葛洲坝集团基础工程有限公司	宗敦峰 肖恩尚 焦家训	谭靖夷 夏可风
第二卷	土石方工程	中国人民武装警察部队水电指挥部	中国人民武装警察部队水电指挥部 中国水利水电第十四工程局有限公司 中国水利水电第五工程局有限公司	梅锦煜 和孙文 吴高见	马洪琪 梅锦煜
第三卷	混凝土工程	中国电力建设集团（股份）有限公司	中国水利水电第四工程局有限公司 中国葛洲坝集团有限公司 中国水利水电第八工程局有限公司	席　浩 戴志清 涂怀健	张超然 周厚贵
第四卷	金属结构制作与机电安装工程	中国能源建设集团（股份）有限公司	中国葛洲坝集团有限公司 中国电力建设集团（股份）有限公司 中国葛洲坝建设有限公司	江小兵 付元初 张　晔	付元初 杨浩忠
第五卷	施工导（截）流与度汛工程	中国能源建设集团（股份）有限公司	中国能源建设集团（股份）有限公司 中国葛洲坝集团有限公司 中国水利水电第八工程局有限公司	周厚贵 郭光文 涂怀健	郑守仁

《水利水电工程施工技术全书》
第五卷《施工导（截）流与度汛工程》
编委会

主　　编：周厚贵　郭光文　涂怀健

主　　审：郑守仁

委　　员：（以姓氏笔画为序）

牛宏力　尹越降　吕芝林　朱志坚　汤用泉

孙昌忠　李友华　李克信　肖传勇　余　英

张小华　陈向阳　胡秉香　段宝德　晋良军

席　浩　梁湘燕　覃春安　戴志清

秘 书 长：李友华

副秘书长：程志华　戈文武　黄家权　黄　巍

《水利水电工程施工技术全书》
第五卷《施工导（截）流与度汛工程》
第二册《导流建筑物》
编写人员名单

主　　编：朱志坚

审　　稿：余　英

编写人员：朱志坚　晋良军　闫　平　杨忠兴　张俊阳

　　　　　黄传庚　高艳海　胡必强　朱福余　吴　梅

　　　　　屈庆余　张开广

序　一

　　水利水电工程建设在我国作为一项基础建设事业，已经走过了近百年的历程，这是一条不平凡而又伟大的创业之路。

　　新中国成立66年来，党和国家领导人一直高度重视水利水电工程建设，水电在我国已经成为了一种不可替代的清洁能源。我国已经成为世界上水电装机容量第一位的大国，水利水电工程建设不论是规模还是技术水平，都处于国际领先或先进水平，这是几代水利水电工程建设者长期艰苦奋斗所创造出来的。

　　改革开放以来，特别是进入21世纪以来，我国的水利水电工程建设又进入了一个前所未有的高速发展时期。到2014年，我国水电总装机容量突破3亿kW，占全国电力装机容量的23%。发电量也历史性地突破31万亿kW·h。水电作为我国当前重要的可再生能源，为我国能源电力结构调整、温室气体减排和气候环境改善作出了重大贡献。

　　我国水利水电工程建设在新技术、新工艺、新材料、新设备等方面都取得了突破性的进展，无论是技术、工艺，还是材料、设备等方面，都取得了令人瞩目的成就，它不仅推动了技术创新市场的活跃和发展，也推动了水利水电工程建设的前进步伐。

　　为了对当今水利水电工程施工技术进展进行科学的总结，及时形成我国水利水电工程施工技术的自主知识产权和满足水利水电建设事业的工作需要，全国水利水电工程施工技术信息网组织编撰了《水利水电工程施工技术全书》。该全书编撰历时5年，在编撰过程中组织了一大批长期工作在工程建设一线的中青年技术负责人和技术骨干执笔，并得到了有关领导、知名专家的悉心指导和审定，遵循"简明、实用、求新"的编撰原则，立足于满足广大水利水电工程技术人员的实际工作需要，并注重参考和指导价值。该全书内容涵盖了水利水电工程建设地基与基础工程、土石方工程、混凝土工程、金属结构制作与机电安装工程、施工导（截）流与度汛工程等内容的目标任务、原理方法及工程实例，既有理论阐述，又有实例介绍，重点突出，图文并茂，针对性及可操作性强，对今后的水利水电工程建设施工具有重要指导作用。

《水利水电工程施工技术全书》是对水利水电工程施工技术实践的总结和理论提炼，是一套具有权威性、实用性的大型工具书，为水利水电工程施工"四新"技术成果的推广、应用、继承、创新提供了一个有效载体。对大力推动水利水电技术进步和创新，推进中国水利水电事业又好又快地发展，具有十分重要的现实意义和深远的科技意义。

水利水电工程是人类文明进步的共同成果，是现代社会发展对保障水资源供给和可再生能源供应的基本需求，水利水电工程施工技术在近代水利水电工程建设中起到了重要的推动作用。人类应对全球气候变化的共识之一是低碳减排，尽可能多地利用绿色能源就成为重要选择，太阳能、风能及水能等成为首选，其中水能蕴藏丰富、可再生性、技术成熟、调度灵活等特点成为最优的绿色能源。随着水利水电工程建设与管理技术的不断发展，水利水电工程，特别是一些高坝大库能有效利用自然条件、降低开发运行成本、提高水库综合效能，高坝大库的高度、库容等记录不断被刷新。三峡、拉西瓦、小湾、溪洛渡、锦屏、向家坝等一批大型、特大型水利水电工程的相继建成并投入运行，标志着我国水利水电工程技术已跨入世界领先行列。

近年来，我国水利水电工程施工企业积极实施"走出去"战略，海外市场开拓业绩突出。目前，我国水利水电工程施工企业在亚洲、非洲、南美洲多个国家承建了上百个水利水电工程项目，如尼罗河上的苏丹麦洛维水电站、号称"东南亚三峡工程"的马来西亚巴贡水电站、巨型碾压混凝土坝泰国科隆泰丹水利工程、非洲第一水利枢纽工程埃塞俄比亚泰克泽水电站等，"中国水电"的品牌价值已被全球业内所认可。

《水利水电工程施工技术全书》对我国水利水电工程施工技术进行了全面阐述。特别是在众多国内外大型水利水电工程成功建设后，我国水利水电工程施工人员创造出一大批新技术、新工法、新经验，对这些内容及时总结并公开出版，与全体水利水电工作者分享，这不仅能促进我国水利水电行业的快速发展，提高水利水电工程施工的技术水平，保障施工安全和质量，规范水利水电施工行业发展，而且有助于我国水利水电行业走进更多国际市场，展示我国水利水电行业的国际形象和实力，提高我国水利水电行业在国际上的影响力。

该全书的出版不仅能提高水利水电工程施工的技术水平，而且有助于提高我国水利水电行业在国内、国际上的影响力，我在此向广大水利水电工程建设者、工程技术人员、勘测设计人员和在校的水利水电专业师生推荐此书。

孙洪水

2015 年 4 月 8 日

序 二

　　《水利水电工程施工技术全书》作为我国水利水电工程技术综合性大型工具书之一，与广大读者见面了！

　　这是一套非常好的工具书，它也是在《水利水电工程施工手册》基础上的传承、修订和创新。集中介绍了进入 21 世纪以来我国在水利水电施工领域从施工地基与基础工程、土石方工程、混凝土工程、金属结构制作与机电安装工程、施工导（截）流与度汛工程等方面采用的各类创新技术，如信息化技术的运用：在施工过程模拟仿真技术、混凝土温控防裂技术与工艺智能化等关键技术，应用了数字信息技术、施工仿真技术和云计算技术，实现工程施工全过程实时监控，使现代信息技术与传统筑坝施工技术相结合，提高了混凝土施工质量，简化了施工工艺，降低了施工成本，达到了混凝土坝快速施工的目的；再如碾压混凝土技术在国内大规模运用：节省了水泥，降低了能耗，简化了施工工艺，降低了工程造价和成本；还有，在科研、勘察设计和施工一体化方面，数字化设计研究面向设计施工一体化的三维施工总布置、水工结构、钢筋配置、金属结构设计技术，推广复杂结构三维技施设计技术和前期项目三维枢纽设计技术，形成建筑工程信息模型的协同设计能力，推进建筑工程三维数字化设计移交标准工程化应用，也有了长足的进步。因此，在当前形势下，编撰出一部新的水利水电施工技术大型工具书非常必要和及时。

　　随着水利水电工程施工技术的不断推进，必然会给水利水电施工带来新的发展机遇。同时，也会出现更多值得研究的新课题，相信这些都将对水利水电工程建设事业起到积极的促进作用。该全书是当今反映水利水电工程施工技术最全、最新的系列图书，体现了当前水利水电最先进的施工技术，其中多项工程实例都是曾经创造了水利水电工程的世界纪录。该全书总结的施工技术具有先进性、前瞻性，可读性强。该全书的编者们都是参加过我国大型水利水电工程的建设者，有着非常丰富的各专业施工经验。他们以高度的社会责任感和使命感、饱满的工作热情和扎实的工作作风，大力发展和创新水电科学技术，为推进我国水利水电事业又好又快地发展，做出了新的贡献！

近年来，我国水利水电工程建设快速发展，各类施工技术日臻成熟，相继建成了三峡、龙滩、水布垭等具有代表性的水电工程，又有拉西瓦、小湾、溪洛渡、锦屏、糯扎渡、向家坝等一批大型、特大型水电工程，在施工过程中总结和积累了大量新的施工技术，尤其是混凝土温控防裂的施工方法在三峡水利枢纽工程的成功应用，高寒地区高拱坝冬季施工综合技术在拉西瓦等多座水电站工程中的应用……其中的多项施工技术获得过国家发明专利，达到了国际领先水平，为今后水利水电工程施工提供了参考与借鉴。

目前，我国水利水电工程施工技术已经走在了世界的前列，该全书的出版，是对我国水利水电工程建设领域的一大贡献，为后续在水利水电开发，例如金沙江上游、长江上游、通天河、黄河上游的水电开发、南水北调西线工程等建设提供借鉴。该全书可作为工具书，为广大工程建设者们提供一个完整的水利水电工程施工理论体系及工程实例，对今后水利水电工程建设具有指导、传承和促进发展的显著作用。

《水利水电工程施工技术全书》的编撰、出版是一项浩繁辛苦的工作，也是一项具有创造性的劳动过程，凝聚了几百位编、审人员近 5 年的辛勤劳动，克服各种困难。值此该全书出版之际，谨向所有为该全书的编撰给予关心、支持以及为此付出了辛勤劳动的领导、专家和同志们表示衷心的感谢！

2015 年 4 月 18 日

前　言

　　由全国水利水电施工技术信息网组织编写的《水利水电工程施工技术全书》第五卷《施工导（截）流与度汛工程》共分为五册，《导流建筑物》为第二册，由中国葛洲坝集团第二工程有限公司编撰。

　　施工导（截）流及度汛不仅影响到水利水电工程的施工安全、施工工期及工程造价，还会对坝址下游地区的防洪安全造成不利影响，有些工程还需要满足施工期航运以及供水的要求。导（截）流建筑物的设计与施工是水利水电工程施工过程中不可或缺的一环。

　　本册依托葛洲坝、三峡、锦屏、两河口、隔河岩等水电站工程，对导流建筑物设计、施工进行了论述，总结了经验，展示了近年来我国在导（截）流建筑物、防渗处理等工程技术及应用方面的新成果、新路径、新方法和新措施，为导流建筑物在保证工程干地施工、按期完成截流、顺利拆除阻水建筑物、降低工程成本等方面提供了可靠的施工技术经验。

　　本册主要介绍了导流建筑物的技术进展和结构型式，常见围堰堰体、防渗体以及围堰拆除的设计和施工技术，泄水建筑物的施工技术，临时泄水建筑物的封堵施工技术，并介绍了8个典型工程挡水建筑物或泄水建筑物施工的案例。

　　在本册的编写过程中，得到了相关各方的大力支持和密切配合。在此向关心、支持、帮助本书出版的领导、专家及工作人员表示衷心的感谢。

　　由于我们水平有限，不足之处在所难免，热切期望广大读者提出宝贵意见和建议。

作者

2018 年 6 月 6 日

目　录

1 综　　述

1.1　导流建筑物概述

导流建筑物是截流后排放河水、泥沙和冰凌的水工建筑物。

1.1.1　导流建筑物组成

水利水电工程在施工过程中的施工水流控制即施工导流，从广义上可以概括为采取"导、截、拦、蓄、泄"等工程措施来解决施工和水流蓄泄之间的矛盾，避免水流对水工建筑物施工的影响，把河水流量全部或部分地导向下游或拦蓄起来，以保证主体工程干地施工和施工期不受影响或尽可能减少对水资源综合利用的影响。

工程施工期导流建筑物主要分为挡水建筑物和泄水建筑物两大类。挡水建筑物包括临时和永久两类，前者主要是指围堰（挡水或过水围堰等），后者主要是利用永久工程部分结构（如坝段、导墙等），两者主要承担施工期挡水任务。泄水建筑物有隧洞、明渠、涵洞、管道、渡槽、坝体孔洞（导流底孔）及预留缺口、束窄河床等，主要承担工程施工期泄水任务。根据工程条件与枢纽布置情况，选择合理的施工导流方式，相应确定泄水建筑物的型式，是水利水电工程施工中要首先解决的重要问题。

1.1.2　挡水建筑物

挡水建筑物一般采用围堰，常用的围堰型式主要是土石围堰和混凝土围堰。

（1）围堰的作用。围堰的主要作用是形成基坑，为永久建筑物工程创造干地施工的条件；也可以与已建成的永久工程共同挡水，以便水电站在施工期提前发电；或者与永久工程相结合，成为永久工程的一部分，如成为坝体的组成部分，或成为导墙、消能设施等。

围堰及坝体能否可靠拦洪（或过水）与安全度汛，关系到工程的建设进度与成败。如果围堰拦蓄的洪水总量较大，还关系到下游人群生命财产的安全。因此，在水利水电工程建设中，围堰具有举足轻重的作用。

（2）围堰施工特点。

1）围堰是围护枢纽永久工程干地施工的挡水建筑物，大多在流水中修建。

2）土石围堰堰体抛填程序是：在截流期间，堰体尾随截流戗堤进占，截流龙口合龙后围堰全断面抛填施工。截流戗堤是围堰堰体的组成部分，通常截流戗堤布置在围堰背水侧兼作排水棱体。为减少堰体填料在水中抛填施工中的流失量，堰体尾随截流戗堤进占而滞后施工，一般滞后 30～50m。截流龙口合龙后，围堰可全断面抛填施工，以尽快为防渗体施工创造条件。

3）土石围堰施工程序为先填筑堰体，再施工防渗体。土石围堰防渗体若采用土质防渗心墙，需先抛填心墙两侧堰体及反滤料，再填筑防渗心墙土料；若采用混凝土防渗墙或高压旋喷灌浆防渗体，在堰体填筑至水面一定高程形成防渗体施工平台后再施工防渗体。

4）围堰一般需要在一个枯水期内具备挡水功能，必须在汛前抢筑至度汛高程，以确保堰体安全度汛。因此，围堰施工应制定并落实有力的施工技术方案，保证施工质量及工期，做到万无一失。

5）围堰在围护的永久工程建成后，为满足其运行水流条件，需进行拆除或部分拆除。因此，围堰施工需考虑为后期拆除创造条件。围堰拆除采取限制最低水位及分期降低运行水位等措施，保证拆除过程中的围堰安全，并减少水下施工的难度。

1.1.3 泄水建筑物

导流泄水建筑物包括导流明渠、导流隧洞、导流底孔、导流涵洞（管）等临时泄水建筑物和利用部分的永久泄水建筑物。泄水方式一般分为分段围堰法泄水、全段围堰法泄水、淹没基坑法泄水和坝体中预留通道法泄水。

（1）泄水建筑物的作用。在水利水电工程建筑物布置中，为了防止洪水漫过坝顶危及枢纽安全，通过泄水建筑物宣泄超过水库调蓄能力的多余水量，保证挡水建筑物和其他建筑物的安全运行。

（2）泄水建筑物施工特点。

1）分段围堰法导流泄水。分段围堰法导流泄水是指在空间上用围堰将建筑物分为若干施工段进行施工。分若干时期从不同通道泄水。采用分段围堰法导流时，纵向围堰位置的确定，也就是河床束窄程度的选择是关键问题之一。

在确定纵向围堰的位置或选择河床的束窄程度时，应重点考虑下列因素：①充分利用河心洲、小岛等有利地形条件；②纵向围堰尽可能与导墙、隔墙等永久建筑物相结合；③束窄河床流速要考虑施工通航、筏运、围堰和河床防冲等的要求，不能超过允许流速；④各段主体工程的工程量、施工强度要比较均衡；⑤便于布置后期导流泄水建筑物，不致使后期围堰过高或截流落差过大。

分段围堰法导流泄水一般适用于河床宽、流量大、施工期较长的工程，尤其在通航河流和冰凌严重的河流上。分段围堰法导流，前期都利用束窄的原河道泄水，后期要通过事先修建的泄水道泄水，常见的有以下几种。

A. 底孔泄水。为便于施工期洪水的宣泄和明渠、隧洞的封堵，工程施工中在大坝内预留导流底孔。在导流明渠或隧洞封堵时，分期导流的二期围堰截断河床时，或是施工中遭遇超标洪水时，河水由导流底孔宣泄，最后关闭底孔的闸门（或下叠梁门），水库蓄水。

B. 坝体预留缺口泄水。在水利水电工程施工中，大坝内预留缺口泄水，主要是用于超标洪水时的水量宣泄。

底孔泄水和坝体预留缺口泄水，一般只适用于混凝土坝，特别是重力式混凝土坝。对于土石坝、非重力式混凝土坝等坝型，若采用分段围堰法泄水，常与河床外的隧洞泄水、明渠泄水等方式相配合。

2）全段围堰法导流泄水。全段围堰法导流，就是在河床主体工程的上下游各建一道断流围堰，使河水经河床以外的临时泄水通道或永久泄水建筑物下泄。主体工程建成或接近建成时，再将临时泄水通道封堵。全段围堰法导流，其泄水类型通常有以下几种。

A. 隧洞泄水。隧洞泄水是在河岸中开挖隧洞，在基坑上、下游修筑围堰，河水经由隧洞下泄。一般山区河流，河谷狭窄，两岸地形陡峻，山岩坚实，采用隧洞泄水较为普遍。

B. 明渠泄水。修建水利水电工程时，为使施工期间河流暂时改道，以保证河床基坑干地施工，在岸边台地或缓坡开挖明渠，在基坑上、下游修筑围堰，使河水从明渠通过。明渠可建在岩石内，也可建在砂卵石层或土层中，为使明渠过水时不被冲刷，需根据流速大小对明渠进行保护。明渠完成导流任务后进行封堵，封堵期河水由大坝底孔或坝体预留缺口宣泄。

C. 涵洞和管道泄水。涵洞和管道泄水一般在修筑土坝、堆石坝工程中采用。

3）淹没基坑法泄水。淹没基坑法泄水是一种辅助导流泄水的方法，在全段围堰法和分段围堰法中均可使用。山区河流特点是洪水期流量大、历时短，而枯水期流量则很小，水位暴涨暴落，变幅很大。若按一般导流标准要求来设计导流建筑物，一是挡水围堰需要修得很高；二是泄水建筑物的尺寸很大，而使用期又不长，这显然是不经济的。

在这种情况下，可以考虑采用允许基坑淹没的泄水方法，即洪水来临时围堰过水，基坑被淹没，河床部分停工，待洪水退落围堰挡水时，再抽干基坑积水继续施工。这种方法，基坑淹没所引起的停工天数不长，不会影响施工进度，在河道泥沙含量不大的情况下，导流总费用较节省，一般是合理的。

1.2 导流建筑物技术进展

1.2.1 挡水建筑物

围堰是导流建筑物中最为常用的挡水建筑物。随着大、中型或巨型水利水电工程的兴建和施工技术的发展，围堰高度和规模逐渐增大，围堰基础地质条件趋于复杂，其施工难度也随之增大，在工程建设实践中促进了围堰设计和施工技术的发展。

（1）土石围堰。20 世纪 70 年代，巴西和巴拉圭两国在巴拉那（Parana）河上修建伊泰普（Itaipu）水电站工程，大坝全长 7760m，拦河大坝（主坝）长 1064m，为空心重力坝及支墩坝。上、下游围堰型式均为两侧堆石体（戗堤）及石渣过渡料，中间采用黏土心墙防渗的土石围堰，堰体填筑方量 958.1 万 m^3，其中土料填方 271.3 万 m^3。上、下游围堰施工水深分别为 30～40m 及 40～50m，堰基覆盖层厚 6～10m，上部为淤砂层厚 2～4m，下部为砾石层厚 4～6m，戗堤进占截流后，在水下清基部位抛填黏性土料形成防渗心墙。伊泰普水电站工程土石围堰的建成，开创了深水抛填黏土心墙防渗围堰高强度施工的先例。

我国水利水电工程已建土石围堰高度超过 40m 的有丹江口、龙羊峡、葛洲坝、鲁布革、漫湾、岩滩、水口、小浪底、二滩、三峡等水电站（水利枢纽）工程等。小浪底水利枢纽工程上游土石围堰高 59m，混凝土防渗墙深 71m。三峡水利枢纽工程，在水深 60m 修筑二期上、下游土石围堰取得成功，二期上游土石围堰拦蓄洪水总量达 20 亿 m^3，在当今世界已建围堰工程中都是罕见的。葛洲坝水利枢纽工程二期上游土石围堰挡水发电，拦蓄库容达 15.8 亿 m^3；龙羊峡水电站工程上游土石围堰拦蓄洪水总量达 11 亿 m^3。这些工程表明我国在流水中修筑土石围堰技术已达到世界领先水平。国内外已建的典型大型土石围堰主要参数见表 1-1。

表 1-1　　　　　　　　　　国内外已建的典型大型土石围堰主要参数表

工程名称	河流	国家	围堰高度/m	施工水深/m	填筑量/万 m³	防渗设施	施工年份	备注
三峡水利枢纽二期上游围堰	长江	中国	82.5	60	590.0	双排塑性混凝土防渗墙	1998	
葛洲坝水利枢纽二期上游围堰	长江	中国	50.0	20	274.0	双排混凝土防渗墙	1981	
漫湾水电站上游围堰	澜沧江	中国	56.0			混凝土防渗墙	1988	
小浪底水利枢纽上游围堰	黄河	中国	59.0		249.0	黏土斜墙接混凝土防渗墙	1998	围堰为大坝一部分
二滩水电站上游围堰	雅砻江	中国	57.0		94.0	高压旋喷灌浆	1993	
水口水电站二期上游围堰	闽江	中国	55.0		137.0	塑性混凝土防渗墙	1989	
伊泰普水电站上游围堰	巴拉那河	巴西、巴拉圭	90.0	40	574.6	黏土斜墙	1978	
奥罗维尔水电站上游围堰	费琴河	美国	135.4		764.0	黏土斜心墙	1964	围堰为大坝一部分
科雷马水电站二期上游围堰	科雷马河	俄罗斯	62.2		270.0	亚黏土斜墙	1970	围堰加高成为大坝
达勒斯水电站上游围堰	哥伦比亚河	美国	90.0	54	268.0	黏土斜墙	1957	围堰加高成为大坝
努列克水电站上游围堰	瓦赫什河	塔吉克斯坦	80.0		162.0	壤土斜墙铺盖	1967	围堰为大坝一部分
恰尔瓦克水电站上游围堰	奇尔奇克河	乌兹别克斯坦	40.0			黏壤土铺盖	1966	

　　土石过水围堰的下游坡面及堰脚通常采取可靠的加固保护措施。目前，采用的护面措施主要有：大块石护面、钢筋石笼护面、加筋护面、混凝土板护面及混凝土楔形块护面，较普遍采用的是混凝土板护面。国内外已建的典型过水土石围堰技术指标见表 1-2。

表 1-2　　　　　　　　　　国内外已建的典型过水土石围堰技术指标表

国家	水电站名称	围堰高度/m	保护措施	过流流量/(m³/s)	单宽流量/[m³/(s·m)]	堰上水深/m	最大流速/(m/s)
中国	东风	17.5	用 3.3m×2m×0.2m 的混凝土楔块保护	4250	57	10.30	
	隔河岩	14.0	用 10m×15m×1.5m 混凝土板护面	7360			
	故县	25.0		3800	30		6.60
	黄龙滩	12.5	用 7.5m×9.5m×1.0m 混凝土板护面	6570	55		
	柘溪	26.5	用 0.75m 厚混凝土板和木笼护面	4080	10		3.08
	大化	29.0	用 1m 厚混凝土板和钢筋网保护	9130			

国家	水电站名称	围堰高度/m	保 护 措 施	过流流量/(m³/s)	单宽流量/[m³/(s·m)]	堰上水深/m	最大流速/(m/s)
塔吉克斯坦	努列克	20.5	上游围堰第一期工程用1.5m×1.5m×0.8m混凝土楔块保护顶面和下游面	1860		3	
莫桑比克	卡博拉巴萨	40.0	上游围堰用3～4t大块石护面，下游围堰部分位置用7m×7m×2.5m混凝土板护面	7000	74		13
洪都拉斯	埃尔卡洪	40.0	用石笼护坡	4500（设计）		6	
赞比亚/津巴布韦	卡里巴	23.0	用平均重250kg大块石护面	17600	100	20	
苏丹	罗塞雷斯	22.0	下游面铺厚1m石笼，并锚固于堆石体中	8700	18	5.2	
澳大利亚	奥德河	坝高28m时	坝顶和下游面用钢筋混凝土护面，混凝土内有两层钢筋，底层网格0.3m×0.45m，上层为0.15m×0.15m	5600		10.5	4.5
加纳	阿科松博	33.5		8000			

在深水河道中修筑土石围堰的关键问题是防渗措施的选择和应用。世界各国在水利水电工程中围堰防渗方式种类很多，尤其是采用防渗墙作为围堰防渗措施的技术发展很快。

1950年，意大利和法国开始使用泥浆固壁钻孔法在砂砾地基上建造水工防渗墙。莱茵河侧渠水电站围堰采用冲击钻钻进，膨润土泥浆反循环出渣，分段造槽，建成厚0.8m、深40m的混凝土防渗墙。防渗墙形式由桩柱式（对接或套接）发展成槽板式，Ⅰ期、Ⅱ期槽孔套接连成等厚度连续墙。

进入20世纪70年代，防渗墙技术在水利、交通、地下油库等行业中得到广泛的应用。如土石坝和围堰工程中，除透水基础使用防渗墙外，有的土石坝坝体防渗处理和围堰堰体防渗也采用防渗墙。1971年，加拿大马尼套根河上马尼克Ⅲ级水电站主坝（冰碛土心墙土石坝）基础防渗采用双排混凝土防渗墙，其最大深度达131m，墙厚均为0.65m，墙底部嵌入基岩大于0.61m。防渗墙施工使用液浆正循环、反循环冲击钻机和带有导向加重块的6t抓斗或液压抓斗造出槽孔，采用膨润土泥浆固壁，直升导管法在槽孔下浇筑混凝土形成连续防渗墙。

1982年，葛洲坝水利枢纽工程建成二期上游土石围堰，围堰最大高度50m，两侧为石渣块石体，中部为水中抛填未经压实的砂砾石料，采用两排混凝土防渗墙作为堰体心墙及基础防渗墙，两墙中心距3.5m，墙厚均为0.8m，最大墙高47.3m，围堰挡水运行防渗效果良好。

2016年，建成的乌东德水电站大坝围堰防渗体系由混凝土防渗墙和墙上复合土工膜组成。围堰防渗墙最大深度91m，是当时国内最深的围堰防渗墙。

三峡水利枢纽工程二期上游土石围堰堰体为水下抛填的砂砾石及花岗岩风化砂料，风化砂料经振冲加密处理，采用两排混凝土防渗墙，作为堰体心墙及基础防渗墙，两墙中心距6m，墙厚均为1.0m，最大墙高74m，防渗墙面积4.488万 m^2，为当今世界上在水中抛填堰体中施工规模最大的防渗墙工程。

三峡水利枢纽工程三期上、下游土石围堰，围堰断面为两侧石渣堤中间风化砂，采用防渗墙上接土工合成材料心墙防渗，防渗墙采用振孔高喷、钻喷一体化、常规高喷和自凝灰浆防渗墙四种工艺施工，基础透水岩体及右岸坡透水带采取墙下防渗帷幕灌浆处理，实现了快速施工，围堰运行良好。

水利水电工程围堰防渗墙材料主要有普通混凝土和塑性混凝土。防渗墙一般采用C30普通混凝土，抗渗标准为S8，在防渗墙拉应力较大部位布设钢筋。因混凝土防渗墙弹性模量高，与覆盖层地基变形不相适应，会导致防渗墙产生裂缝，引起墙体破坏，从而大大降低防渗效果。国内外已有不少防渗墙破坏的实例。

21世纪以来，发展塑性混凝土作为防渗墙材料，即在混凝土拌和时掺黏土或膨润土，以减少水泥用量，其抗压强度为2～10MPa，变形模量为200～1000MPa。塑性混凝土能适应水下堰体填料的变形，因而使墙体应变状态好、抗震性能较好。此种新型防渗墙材料的成功应用，促使防渗墙设计理论发生全面的变革。国外水利水电工程防渗墙应用塑性混凝土材料始于20世纪70年代中期，1976年修建的智利康凡脱-飞若坝防渗墙使用塑性混凝土，墙厚0.8m，最大深度55m，实测塑性混凝土28d的变形模量为200～250MPa。我国从80年代开始进行塑性混凝土防渗墙技术的试验研究与应用。1989年修建的水口水电站工程土石围堰防渗墙，是我国水利水电工程第一个使用塑性混凝土防渗墙的围堰工程。

复合土工膜是以高分子聚合物为基本原料制成的防渗材料，是一种轻便且便于施工、造价低廉、性能可靠的防渗材料。复合土工膜用于水利水电工程已有40多年历史，法国在1968—1991年间共修建17座坝高10～28m的复合土工膜防渗堆石坝。水口水电站，在1990年修筑的二期上、下游土石围堰，采用塑性混凝土防渗墙上接复合土工膜防渗心墙，上游围堰最大高度44.5m，其中复合土工膜防渗墙高26.5m，防渗效果良好。三峡水利枢纽工程1993年修筑的一期土石围堰采用塑性混凝土心墙上接复合土工膜防渗心墙，围堰最大高度42m，其中复合土工膜防渗心墙高12.5m，围堰运行3年防渗效果良好；1998年修筑的二期上、下游土石围堰，采用塑性混凝土心墙上接复合土工膜防渗心墙，其中复合土工膜防渗心墙高13.2m，围堰运行4年，渗水量很小。

压实水中抛填堰体材料是防止防渗墙造槽过程中孔壁坍塌和改善防渗墙应力状况的有效方法。国外水下抛填料的快速压实技术发展比较快，一般采用三种压实办法，即振动水冲法（振冲法）、强力夯实法和水下爆破振动法（爆振法）。1979年开工修建的尼日利亚杰巴水电站，大坝为土斜墙铺盖土石坝，坝顶长650m，坝高42m。坝基冲积层最大厚度70m，冲积层砂层上部30m采用振冲加密，对30m以下砂层采用爆振法加固，压实处理后，砂层相对密实度增加5%～10%。1998年修筑的三峡水利枢纽工程二期上、下游土石围堰，堰体中部的风化砂水下抛填施工部位干密度1.4～1.6t/m^3，相对密度0.4～0.5kg/m^3，采用振冲法加密处理，加密深度达30m，处理后风化砂干密度达1.8t/m^3，变形模量提高1倍。经振冲加密处理的水下抛填风化砂堰体，采用冲击反循环钻机或液压铣槽机及抓斗造槽孔，均未发生槽孔孔壁坍塌事故，振冲加密后，可改善防渗墙的应力应变状况，提高了防渗墙安全度。

高压喷射灌浆在土石坝的防渗方面也获得越来越多的应用。

在流水中修筑土石围堰，堰体和基础防渗结构是围堰能否构成挡水屏障的关键所在。纵观国内外在大江大河上修筑的土石围堰的防渗结构型式：一类是土质防渗体，多在水中抛填成斜墙（斜心墙）或再接抛水平铺盖以满足基础防渗要求，水上部位则干地填筑；另一类是水下堰体和基础用垂直造孔防渗墙，水上堰体为土质防渗体或其他防渗结构。第一类土质防渗结构，对深水围堰而言，重点在于水下稳定性和崩解、压实性能，不少工程通过水下抛填试验选定防渗体结构尺寸、材料和施工方法。如当地有足够适用的土料，因其造价较低、施工简便，仍被作为首选的防渗结构。造（槽）孔混凝土防渗墙因其能有效控制堰体和基础渗流，围堰运用安全度高，加上造（槽）孔技术发展较快，钻孔挖槽深度已超过 100m，槽孔偏斜度已可控制在槽孔深度 0.4% 以内，辅以对水下堰体松散材料的人工加密措施，可进一步提高在深水抛填堰体中建造深防渗墙的可靠性。

（2）混凝土围堰。混凝土围堰大多用于纵向围堰，且为重力式。也有用于横向围堰，狭窄河床的上游横向围堰，常采用拱形结构。混凝土围堰一般需在低土石围堰保护下干地施工，但也可创造条件在水下浇筑混凝土。20 世纪 80 年代以来，由于碾压混凝土（RCC）施工快捷，被广泛应用于水利水电工程混凝土围堰施工中。

乌江渡水电站上游过水混凝土拱围堰是我国第一个直接在流水中修建的混凝土拱围堰，堰顶全长 102.5m，左、右岸重力段长分别为 25.7m 及 22.8m，底宽均为 20m；中间拱圈圆弧线长 54m，半径 500m，拱圈厚度 11m，围堰最大高度 40m，堰顶溢流面设高低鼻坎挑流消能。该围堰系在导流隧洞施工的同时，为争取工期于 1972 年汛前在动水中建成。堰址枯水期水面宽约 35m，水深 8～14m，流速 1～3m/s，河床覆盖层厚 3～8m。为处理好围堰水下施工期间的导流和截流问题，先用水下爆破及吸砂器等清除河床覆盖层，然后分段浇筑水下混凝土。围堰建成后共运用 7 年，过水 62 次，平均每年过水历时 25d，最大过堰单宽流量达 65m³/h。围堰变位正常，渗漏量微小。经历年汛后测量，下游冲刷坑甚浅且距堰脚达 50m，钻孔取样试验表明水下混凝土强度符合要求。乌江渡水电站在导流隧洞尚未通水的情况下，采取水下施工成功地建成了高 40m 的上游混凝土围堰，不但为水电站建设提前了一年工期，也为在流水中修建混凝土拱围堰取得了实践经验。

三峡水利枢纽工程三期碾压混凝土围堰为全断面碾压混凝土、重力式结构，围堰顶宽 8m，最大底宽 107m，最大堰高 115m，围堰分两个阶段实施，第一阶段河床段高程 50.00m 以下部分以及右岸岸坡 2～5 号堰块于 1997 年完成；第二阶段施工河床部位 6～15 堰块，轴线长 380m，堰高 90m，碾压混凝土 110.5 万 m³。于 2002 年 12 月 16 日至 2003 年 4 月 16 日完成。创造了日最大浇筑强度 2.1 万 m³，月最大浇筑强度 47.6 万 m³，连续上升 57.5m 不间歇等多项世界纪录，实现了过廊道不停仓、模板连续翻升、大仓面施工等技术突破，充分挖掘了碾压混凝土筑坝技术的巨大潜力，为快速、优质、经济筑坝提供了宝贵的经验。

（3）其他类型围堰。钢板桩格型围堰在国外水利水电工程中使用较为普遍，而在我国水利水电工程建设中，钢板桩格型围堰应用并不多见。20 世纪 70 年代在葛洲坝水利枢纽工程建设中，上、下游纵向围堰使用了钢板桩格型围堰。上游纵向围堰轴线长 383.49m，布置 18 个钢板桩圆筒和 18 个钢板桩联弧段；下游纵向围堰轴线长 277.09m，布置 13 个钢板桩圆筒和 13 个钢板桩联弧段。钢板桩格体圆筒直径 19.87m，由 156 块宽度 400mm 的一字形钢板桩（包括 4 块⊥型钢板桩）锁口相连，两圆筒间用 2 个半径 5.1m 的联弧段连接，联弧各由 19 块宽度 400mm 的一字形钢板桩锁口相连。钢板桩格体高度 20m，底部插入混凝土基座预留槽内 0.5m，格体内回填砂砾石料。该围堰解决了格体安装、回填、运行监测及格体拆除中的技术问题，为钢板桩格型围堰在我国水利工程中的应用积累了经验。此外，1988 年，龚嘴水电站在消力塘整治工程中也使用了钢板桩格型围堰。

木笼围堰、竹笼围堰、草土围堰在我国 20 世纪 50—60 年代修建的水利水电工程中常使用。70 年代以来，我国水利水电工程中已很少采用木笼围堰、竹笼围堰；在北方河流水深 10m 左右的围堰工程，有的仍使用草土围堰。

综上所述，围堰工程的主要技术进展及发展趋势有以下几个方面。

1）我国在流水中修筑土石围堰技术已达到世界领先水平，采用混凝土防渗墙作为围堰防渗措施的技术发展很快。土工膜防渗较多用于土石围堰水上堰体防渗中，围堰堰体填料人工压实技术发展快。

2）过水土石围堰的关键技术问题是护坡结构，其下的垫层设置及坡脚冲刷，目前使用较多的护面（坡）措施有现浇混凝土板、预制混凝土楔形块、钢筋石笼等。

3）混凝土围堰较多用于纵向围堰、横向高围堰及过水围堰。由于碾压混凝土技术发展快，普遍用于快速修筑混凝土围堰，使得特大型围堰能在一个枯水期内建成，满足度汛要求。在狭窄河谷地区还较多采用碾压混凝土拱形围堰，以减少围堰工程量，满足经济、快速施工及度汛要求。

1.2.2 泄水建筑物

随着国内外水利水电工程建设规模的不断加大，施工导泄流量和泄水建筑物规模也逐渐增大，其施工难度也随之增大，在工程建设实践中促进了导流设计和施工技术的发展。

（1）导流明渠。明渠导流是大、中型水利水电工程建设中常用的导流方式，在航电枢纽工程中尤为普遍。

20 世纪 60 年代在印度塔皮（TaPi）河上修建乌凯（Ukai）土坝时，建成当时世界上最大的导流明渠，设计流量 45000m³/s，全长 1371m，渠底最大宽度 234m，水深 18.25～21.00m，底坡 2.5‰，断面接近半圆形，渠道最大开挖深度 80m。明渠运行期实测最大泄流量 35000m³/s，渠内最大流速 13.71m/s。

20 世纪 70 年代，巴西和巴拉圭两国在巴拉那（Parana）河上修建伊泰普（Itaipu）水电站工程。1978 年，建成导流明渠，设计流量 30000m³/s，全长 2000m，底坡 2.5‰，水深 10m。明渠进口处底宽 150m，其他部位底宽 100m，开挖深度 20～80m，最大开挖深度达 100m，坡比为 20∶1，施工中采取预裂爆破及光面爆破控制爆破技术，设置锚杆、预应力锚索和喷混凝土锚固，一些地段设排水孔等一系列措施，保持开挖边坡稳定。明渠开挖工程量 2210 万 m³，其中石方开挖 1840 万 m³，土方开挖 280 万 m³，水下开挖 90 万

m^3。施工工期 35 个月，最高月开挖强度 125.5 万 m^3。

20 世纪 90 年代，我国在长江上修建了三峡水利枢纽工程。1997 年在三峡水利枢纽工程建成当今世界上最大的导流明渠，设计流量 $79000m^3/s$，明渠兼作施工期通航渠道，其通航流量标准为长江航运公司船队通航流量 $20000m^3/s$，最大流速 4.4m/s，船舶最小对岸航速大于 1m/s；地方航运公司船舶通航流量 $10000m^3/s$，最大流速 2.5m/s。明渠布置在坝址弯曲河段的凹岸，渠道右岸边线总长 3950m，其中上游引航道长 1050m，明渠段长 1700m，下游引航道长 1200m。渠道左边线为混凝土纵向围堰，长 1191.5m，分为上纵段、坝身段及下纵段。上纵段为大坝上游部分，长度 491m，其上游端部为椭圆曲线形，弯向左侧主河床；坝身段长 115m，为大坝的组成部分；下纵段为大坝的下游部分，兼作泄洪坝段与右岸水电站的导墙，长度 585.5m，其尾部为半径 300m 的圆弧，弯向左侧主河床，以利明渠泄流扩散。明渠最小底宽 350m，渠内水深 20～35m。明渠采用左低右高的复式断面，高渠底宽 100m，底高程 58.00m；低渠底高程 50.00～45.00m，高低渠间按 1∶1 坡比连接。明渠主要工程量：土石方开挖 2271 万 m^3，其中淤砂 878 万 m^3，覆盖层 208 万 m^3，全强风化岩石 894 万 m^3，弱风化及微风化岩石 241 万 m^3；填筑石渣及护坡块石 49 万 m^3，护坡及护底混凝土 18.4 万 m^3。三峡水利枢纽工程导流明渠运行期间实测最大泄流量 $62000m^3/s$，混凝土纵向围堰上游端部最大流速达 12m/s，导流明渠内流速 7～9m/s。

2006 年，汉江崔家营航电枢纽工程采用明渠导流实现分期导流。一期导流施工一期围堰，由左岸明渠导流过水及通航，形成由 20 孔泄水闸、水电站厂房和船闸组成的大基坑。围堰在正常使用时，由导流明渠导流及通航。当围堰过水时，则由导流明渠和围堰联合过流。在坝址左岸河心洲凤凰滩中部开挖形成明渠，采用复合式断面：明渠主槽底宽 280m，主槽边坡为 1∶3；主要防护为混凝土铰链板，镀锌钢丝笼，砂枕等。一期围堰采用土石过水围堰形式，设计挡水流量 $12600m^3/s$，设计过水流量 $18350m^3/s$。围堰截流时间为 2006 年 11 月 14—22 日，龙口合龙时间为 2006 年 11 月 22 日。导流时段自 2006 年 12 月至 2008 年 9 月 30 日。二期导流时进行一期围堰拆除并进行二期围堰填筑施工，二期围堰布置在导流明渠上。一期围堰拆除并具备过流条件，利用泄水闸过流后，再开始二期围堰填筑施工。二期围堰采用不过水围堰，利用左岸土石坝的上、下游堆石体作为二期围堰堰体。

（2）导流隧洞。隧洞导流在大、中型水利水电工程建设中使用也较多，尤其适用于河道狭窄的坝址。

20 世纪 50 年代，印度在印度河支流萨特莱杰（Sutlej）河修建的巴克拉（Bhakra）坝，施工采用隧洞导流，在两岸各布置 1 条直径 15.2m 的隧洞，长度分别为 730m 和 785m，设计导流流量 $5500m^3/s$，为当时世界上最大断面的导流隧洞。

20 世纪 70 年代以前，世界上已建的导流隧洞泄流量大多在 $2000m^3/s$ 以内，隧洞断面积约 $200m^2$，洞径在 18m 以内，导流隧洞流速不大于 20m/s。

20 世纪 70 年代，莫桑比克在赞比亚河上修建卡博拉巴萨（Cabora Bassa）水电站，施工采用隧洞导流，在左、右岸各布置 1 条导流隧洞，均为城门洞形断面，尺寸为 16m×16m（宽×高），隧洞长分别为 440m 和 540m，导流设计流量 $6500m^3/s$。

20世纪80年代，苏联在布列亚河修建布列依水电站，施工采用隧洞导流，在右岸布置2条导流隧洞，城门洞形断面，尺寸为17m×22m（宽×高），断面面积达350m²，隧洞长度分别为860m和990m，设计导流流量12000m³/s。这是当时世界上最大断面的导流隧洞，后期改为泄洪洞，泄流量14600m³/s。

20世纪90年代，我国在雅砻江上修建二滩水电站，施工采用隧洞导流，左右岸各布置1条导流隧洞，城门洞形断面，尺寸为17.5m×23m（宽×高），断面面积达362.5m²，导流设计流量13500m³/s，为当今世界断面最大的导流隧洞。左岸隧洞长1090m，右岸隧洞长1168m。隧洞围岩主要为坚硬的正长岩，稳定性较好，右岸隧洞一部分洞段围岩为蚀变玄武岩，在隧洞开挖过程中视实际情况予以适当的喷锚支护。隧洞主要工程量：进出口明挖68万m³，洞挖量98万m³，混凝土17.6万m³。隧洞于1991年9月开工，1993年10月建成通水。此导流隧洞左岸洞下游长约280m的一段在后期被利用为水电站发电尾水洞。其隧洞封堵段在进水前预先按永久堵头设计要求开挖成锥形（瓶塞形），并在混凝土衬砌面上设置了键槽，增设保护罩，可避免隧洞封堵时进行二次开挖，该施工方案为之后类似工程提供了经验。

小浪底水利枢纽工程施工采用隧洞导流，在左岸布置3条导流隧洞，洞径均为14.5m，隧洞长度分别为1220m、1183m及1149m。导流设计流量8740m³/s。隧洞围岩为砂岩夹泥岩，岩层倾角平缓（约12°），且断层发育，大部分为Ⅲ类围岩，部分为Ⅳ类、Ⅴ类岩石，开挖洞径为16.4m，3条隧洞洞挖量达83万m³，开挖过程中曾发生多次塌方，经采用管式锚杆及喷混凝土锚固，才使围岩趋于稳定。导流隧洞后期全部改建为"龙抬头"式孔板泄洪洞，导流隧洞进口段由于顶拱距泄洪洞进口底板太近，且地质条件不良，全部用混凝土回填封堵，导流洞与泄洪洞共用洞段总长达3000m，占洞身总长88%。在利用导流隧洞改建而成的3条有压泄洪洞的有压段内设3道环形孔板，水流通过孔板一缩一扩，可以起到消能的作用。采用的孔板间距 $L=3D$（洞径）$=43.5m$，三级孔板的孔径与洞径比 d/D 分别为0.689、0.723和0.723；孔缘半径分别为0.02m、0.2m和0.3m；孔板前的底部还设有1.2m×1.2m的消涡环，以防止产生空蚀。导流隧洞改建成泄洪洞，采用孔板消能，为新型消能方式，运行实践证明是成功的，为我国大型水利水电工程导流隧洞改建为泄洪洞提供了新的技术路径。

龙滩水电站采用隧洞导流，2条隧洞分别布设于左、右两岸。左岸导流洞洞身段长598.63m，右岸导流洞洞身段长849.42m，隧洞断面型式均为城门洞形，开挖最大断面为24.88m×26.15m（宽×高），左、右岸导流洞衬砌后尺寸16m×21m（宽×高）。龙滩水电站导流洞运行期最高内水水头达55m，最大流速达30m/s。

国外大型水利水电工程导流隧洞由于后期导流的需要及综合地质和施工等因素，也有布设3条以上隧洞的。印度在巴吉拉蒂（Bhagirathi）河上修建特里（Tehri）水电站，施工采用隧洞导流，在左、右岸各布置2条导流隧洞，洞径均为11.25m，导流设计流量7720m³/s，后期均改为泄洪洞。巴基斯坦在印度河上修建塔贝拉（Tarbela）水电站，施工采用隧洞导流，在右岸布设4条导流隧洞，洞径均为13.7m，导流设计流量4960m³/s，后期分别改建为发电和灌溉引水洞各2条。美国波特（Boulder）坝施工采用隧洞导流，在左右岸各布置2条导流隧洞，洞径均为15.25m，导流设计流量5670m³/s。印度在比阿斯（Beas）河上修建比阿斯坝［又称庞（Pong）坝］，施工采用隧洞导流，布设 5 条导流隧洞，洞径均为 9.15m，隧洞总长 4780m，导流设计流量 6730m³/s，后期左岸 2 条改作灌溉引水隧洞，右岸 3 条改作发电压力管道。加拿大在哥伦比亚河（Columbia）河修建麦卡（Mica）水电站，施工采用隧洞导流，在左岸布置 2 条导流隧洞，洞径均为 13.7m，长度分别为 893m 和 1093m，导流设计流量 4250m³/s，后期改建为泄水底孔和中孔泄洪洞。

（3）导流底孔、永久泄洪深孔、溢流坝段缺口导流。大、中型水利水电工程施工如采用分期导流，第二期导流大多为在混凝土坝体中设置底孔导流；如采用隧洞（或明渠）导流，在工程施工后期导流也常采用底孔导流。国内外大、中型水利水电工程建设中，在混凝土坝体中的导流底孔尺寸逐步增大，数目逐渐增多，导流流量也愈来愈大。

20 世纪 30 年代，美国在哥伦比亚（Columbia）河上修建大古力（Grand Coulee）水电站，施工采用分期导流，第二期导流为在混凝土重力坝体中，设置的 20 个直径 2.6m 的底孔导流和 40 个直径 2.6m 的永久泄水孔，导流设计流量 15600m³/s。

20 世纪 60 年代，苏联在伏尔加河修建萨拉托夫水电站，施工采用分期导流，第二期导流为在厂房坝段中设置 36 个 12m×8.6m 的底孔导流，设计导流流量 42000m³/s。

1975 年，巴西和巴拉圭在巴拉那（Parana）河上修建伊泰普（Itaipu）水电站，施工采用分期导流，第二期导流为混凝土重力坝体中设置的 12 个底孔导流，尺寸为 6.7m×22m（宽×高），导流设计流量为 35000m³/s。

1976 年，我国在第二松花江上修建白山水电站，施工采用分期导流，第二期导流为在混凝土重力坝体中的 2 个底孔导流，断面为城门洞形，尺寸为 9m×21m（宽×高），排冰和泄洪运行情况良好。

1989 年，我国在福建省闽江上修建水口水电站，施工采用三期导流，第三期导流为在混凝土重力坝溢流坝段设置的 10 个底孔和溢流坝段缺口导流，底孔断面为贴角矩形，尺寸为 8m×15m（宽×高），导流设计流量 25200m³/s，虽曾遇超标准洪水，但由于底孔运用水头较低，导流情况良好。

1993 年，我国在长江上修建三峡水利枢纽工程，施工采用三期导流，第三期导流为在混凝土重力坝泄洪坝段设置的 22 个底孔和 23 个永久泄洪深孔导流，底孔采用有压长管接明流泄槽型式，断面为矩形，尺寸为 6.0m×8.5m（宽×高），导流设计流量 72300m³/s，设计运行水头达 80m。底孔与深孔均采用挑流消能型式，由于底孔鼻坎高程较低，受下游水位淹没影响，水流出鼻坎后，下游水流衔接流态基本上为面流，水舌下有逆向漩滚。模型试验成果表明，库水位 135.00m 时，底孔单独运用和底孔与深孔同时运用两种工况下，水舌下逆向漩滚水流的最大底部流速分别为 5.9m/s 及 4.8m/s，距坝址约 50m；下游冲刷坑最低高程分别为 29.40m 及 26.50m，距坝址约 144m 及 139m。坝址下游 30m 范围均未受到冲刷。坝下消能区两侧设左、右导墙，以防泄洪对水电站运行产生不利影响，在右导墙左侧设混凝土防冲齿墙保护，最低高程 30.00m。坝基岩面高程 30.00m 以上部位设置宽 50m 的护坦以预防基岩淘刷。

向家坝水电站拦河大坝采用混凝土重力坝，泄水建筑物布置在河中偏右岸，由表孔和中孔组成，中孔共 10 孔，孔口尺寸为 6m×9.6m（宽×高），进口孔底高程 305.00m；表孔共 12 孔，跨横缝布置，孔口尺寸为 8m×26m（宽×高），堰顶高程 354.00m。采用一期先围左岸、二期围右岸的分期导流方式。在一期工程施工时，留设底部高程 280.00m、宽 115m 的左岸导流缺口与底部 6 个导流底孔一起泄洪和过流。左岸导流缺口位于左岸 1~6 号非溢流坝段，左侧为一期工程已建成的左非 7 号坝段，右邻冲沙孔坝段（该坝段在一期已经浇筑至高程 340.00m）。缺口坝段自 2009 年连续 3 年运行正常，为向家坝水电站安全度汛提供了保障。

（4）施工导流及度汛的主要经验。综上所述，我国工程施工导流技术水平已达到世界领先水平。已建成的当今世界泄流流量最大的导流明渠和过流断面最大的导流隧洞，经实践证明设计先进合理，施工质量优良，运行安全可靠。主要经验有：

1）对于分期导流方式，尽量减少分期数（一般分为二期）并尽量增大一期围堰围护的宽度，这样可节省导流工程量，加快工程进度。

2）在窄河床条件下广泛采用断流围堰导流方式。用大断面导流隧洞泄流。较多工程采用围堰挡枯水期一定标准流量，汛期允许围堰过水的导流方式，如隔河岩、大朝山等水电站工程。也有的大型工程为了加快施工进度，保证大坝工程质量而采用围堰挡全年洪水的隧洞导流方案，如二滩、构皮滩等水电站工程。

3）导流建筑物与永久建筑物相结合，如利用坝体永久底孔作后期导流（如葛洲坝、万安等水电站工程），将导流洞与永久泄洪建筑物结合（如小浪底、鲁布革、碧口等水电站工程）。

4）土石坝的围堰工程，上游围堰尽可能与坝体结合，采取以坝体拦挡第一个汛期洪水的导流方式。

5）在一般情况下，不宜采取土石坝过水度汛的导流方式，采取土石坝过水度汛应采取坝面防护措施。

6）混凝土面板堆石坝可提前拦洪度汛。当未浇筑混凝土面板之前，对上游坝坡采取碾压砂浆或喷混凝土，水泥砂浆等固坡后即可临时挡水度汛；对坝体预留部位及坝坡采取防护措施后，可用坝体过流度汛，此时可降低导流设施规模。

7）利用围堰挡水发电。在万安、葛洲坝、三峡等水电站工程设计中，均将发电厂房安排在初期导流阶段先期施工中，利用围堰与已建的部分坝体挡水蓄水发电，使工程提前发挥效益。

8）导流明渠平面布置、复式断面型式、爆破开挖技术、防冲保护、泄洪及通航研究、水工模型试验等技术方面取得重大技术进步。三峡水利枢纽工程导流明渠的实施为大型导流明渠设计、施工、运行提供了成功的经验。

9）隧洞导流平面布置、隧洞大型断面型式（多为城门洞形或马蹄形）、爆破开挖技术、喷锚支护与混凝土衬砌技术、不良地质条件处理技术及隧洞与永久建筑物结合等方面，均取得重大进步，二滩、龙滩、小浪底、水布垭、构皮滩等水电站工程大型导流隧洞的实施为导流隧洞设计、施工、运行积累了成功的经验。

10）施工安全度汛应考虑围堰遇超标准洪水时的临时度汛措施，应针对各种不同坝型及其存在的问题，采取相应的防护措施。

我国若干水利水电工程施工导流特征参数见表 1-3。

表 1-3　　　　　　　　　　　我国若干水利水电工程施工导流特征参数表

水电站名称	河流	坝型	导流方案	导流泄水建筑物	断面型式	尺寸	过水面积/m²	长度/m	洪水流量/(m³/s) 设计	洪水流量/(m³/s) 实际
水口	闽江	重力坝	分期导流	导流明渠	矩形	宽75m		1170	32200	10750
				10个导流底孔坝体预留缺口	贴角矩形	8m×15m			25200	31300
三峡	长江	重力坝	分期导流	导流明渠	复式断面	底宽350m		3410	79000	62000
				22个导流底孔	矩形	6m×8.5m 7m×9m			83700	
丹江口	汉江	重力坝	分期导流	束窄河床					47000	
				12个导流底孔坝体缺口	贴角矩形	4m×8m			47000	
葛洲坝	长江	闸坝	分期导流	束窄河床					66800	
				利用二江27孔泄水闸		12m×24m			71100	72000
新安江	新安江	宽缝重力坝	分期导流	束窄河床					4600	
				3个导流底孔	城门洞形	10m×13m			4600	4400
二滩	雅砻江	双曲拱坝	河床一次拦断	2条导流隧洞	城门洞形	17.5m×23m	725	1090 1168	13500	8170
小浪底	黄河	土石坝	河床一次拦断	3条导流隧洞	圆形	直径14.5m	495	1220 1183 1149		
大朝山	澜沧江	碾压混凝土坝	河床一次拦断	1条导流隧洞	城门洞形	15m×18m	255.5	644	3940	
天生桥一级	南盘江	混凝土面板堆石坝	河床一次拦断	2条导流隧洞	马蹄形	13.5m×13.5m	328	982 1054		
龙羊峡	黄河	重力拱坝	河床一次拦断	1条导流隧洞	城门洞形	15m×18m	152	661	3340	

1.2.3 技术进展趋势

（1）规模越来越大。随着我国高坝大库的建设以及水电开发的进展，大型水电工程多集中在西南地区的高山峡谷中，地质地形条件复杂，导流建筑物规模呈越来越大的趋势，如围堰的高度以及防渗墙深度越来越大，导流隧洞、泄水孔洞的尺寸增大或数量增多。如乌东德水电站围堰防渗墙最大深度91m；二滩水电站导流隧洞尺寸达17.5m×23m（宽×高），断面面积达362.5m²，导流设计流量13500m³/s；三峡水利枢纽工程设置22个导流底孔，断面尺寸为6m×8.5m（宽×高），设计流量83700m³/s。

（2）技术越来越先进。我国水电建设技术已居国际领先水平。导流工程的设计施工技术也越来越先进。如大流量大落差深水河道截流技术；围堰防渗墙新型混凝土配合比、新型设备和工艺；新型消能工技术如宽尾墩联合消能工、淹没跌坎式底流消能工、洞内消能工、中表孔微收缩-连续跌坎和高低坎新型底流消能工等。

（3）可靠度越来越高。近年来尤其是"5·12"汶川地震以后，我国加强了水电工程安全方面的研究，如抗震设计理论和方法取得突破并加以运用，相应挡水建筑物和泄水建筑物的可靠度越来越高。

（4）引进其他行业先进技术的应用越来越多。其他行业的先进技术得以在水电工程导流施工中得以应用，如向家坝水电站二期纵向围堰采用了沉井群技术，由 10 个 23m×17m 的沉井组成，下沉深度最浅 43m，最深达 57.4m。

2 导流建筑物结构型式

2.1 挡水建筑物结构型式

挡水建筑物一般采用围堰。围堰是在水利水电工程建设中，为建造永久性水利水电设施而修建的临时性围护结构。其作用是防止水和土进入建筑物的修建部位，以便在围堰内进行排水、开挖基坑和修筑建筑物等。围堰除作为永久建筑物的一部分外，一般在用完后拆除或部分拆除。围堰包括土石围堰、混凝土围堰、钢板桩围堰，以及竹笼围堰、草土围堰等。

2.1.1 土石围堰

(1) 土石围堰设计。围堰作为工程建设施工阶段的重要组成部分，将直接关系着工程进度和工程成本，关系着施工人员以及下游人群的生命和财产安全，而土石围堰渗流对其安全影响尤为严重。

非过水土石围堰是水利水电工程中应用最广泛的一种围堰型式。它能充分利用当地材料或废弃的土石方，构造简单，施工方便，可以在动水中、深水中、岩基上或有覆盖层的河床上修建。但其工程量大，堰身沉陷变形也较大。

堰顶高程取决于导流设计流量及围堰的工作条件。下游围堰的堰顶高程由式（2-1）计算：

$$H_d = h_d + h_a + \delta \qquad (2-1)$$

式中 H_d——下游围堰堰顶高程，m；

$\quad\quad h_d$——下游水位高程，m，可直接从河流水位流量关系查出；

$\quad\quad h_a$——波浪爬高，m；

$\quad\quad \delta$——围堰的安全超高，m。

上游围堰的堰顶高程由式（2-2）计算：

$$H_u = h_d + z + h_a + \delta \qquad (2-2)$$

式中 H_u——上游围堰堰顶高程，m；

$\quad\quad z$——上、下游水位差，m；

其余符号意义同式（2-1）。

当围堰要拦蓄一部分水流时，则堰顶高程应通过调洪计算来确定。纵向围堰的堰顶高程，要与束窄河床宣泄导流设计流量时的水面曲线相适应。因此，纵向围堰的顶面往往做成阶梯形或倾斜状，其上游和下游分别与上游围堰和下游围堰堰顶同高。

(2) 土石围堰的类别。土石围堰按其材料组成可分为均质土围堰和土石混合围堰；按防渗体结构可分为斜墙围堰和心墙围堰；按防渗体材料又有塑性和刚性斜墙围堰，塑性和刚性心墙围堰等。

1）土围堰。堰体采用均质土料，一般采用砂壤土或砂质黏土，也可采用风化砂。它具有结构简单、施工方便、防渗性能好等优点。围堰断面较大，坝址附近需具有丰富的料源。

2）塑性斜墙围堰。一般用土料作防渗结构，石渣作堰体，可充分利用开挖弃料。斜墙与堰体施工干扰少，便于抢进度和在深水中施工。并且，基础防渗处理与堰体填筑可同时进行，以利基坑提早抽水。但水中抛填土质斜墙坡度较缓、断面较大，往往增加了纵向围堰或隧洞、明渠的长度，也可采用塑性材料做斜墙，则断面尺寸可减小，这是一种新型防渗结构，需要进行研究试验，才能投入广泛应用。

白山水电站上游围堰采用风化砂作斜墙和铺盖，取得了良好效果。风化砂填筑不受降雨或气温影响，水中抛填边坡较陡，且容易保证施工质量。

3）塑性心墙围堰。同斜墙围堰一样可充分利用开挖弃料，且断面尺寸较斜墙围堰小，有利于纵向围堰、隧洞或明渠的布置。但土料心墙围堰施工水深不宜过深，在深水中抛土料时心墙断面较大，坡度不易控制。并且心墙和壳体填筑需循序升高，其高差不宜过大。基础防渗处理与心墙填筑也不能同时进行。

由塑性混凝土、沥青混凝土、自凝灰浆和固化灰浆等材料防渗的围堰塑性心墙，其适应围堰变形能力较好，取得了一系列成功经验。三峡水利枢纽工程二期上游围堰典型剖面图见图 2-1。

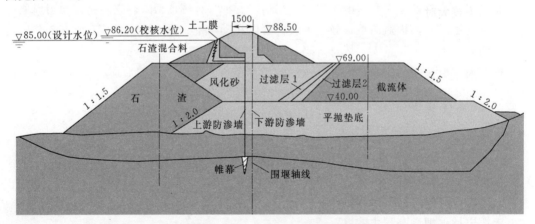

图 2-1　三峡水利枢纽工程二期上游围堰典型剖面图（单位：cm）

4）刚性斜墙围堰。一般采用混凝土、沥青或渣油混凝土作斜墙。其水下部分的防渗结构，可用冲击钻造孔混凝土防渗墙连接，也可用水下黏土或帷幕灌浆防渗。但结构复杂，如果堰体沉陷过大易引起斜墙裂缝。

5）刚性心墙围堰。主要有混凝土、沥青或石油渣油混凝土心墙，冲击钻造孔混凝土防渗心墙、旋喷心墙及钢板桩心墙等，木板心墙也属于此类型式。一般都建在岩基上，并与地基良好连接。冲击钻造孔混凝土防渗心墙适合任何地基。国内最大造孔深度的十三陵水库的围堰防渗墙深达 60.0m，葛洲坝水利枢纽围堰防渗墙最大深度达 47.5m，运行效果良好；但围堰水下填筑时无法压实，墙身应力条件较差。因此，单排墙的堰高一般不宜大于20.0m，当堰高为25.0～40.0m时，可采用双排墙，以分担渗透水位。

当地基覆盖层较厚、水深较大时，常采用组合型式。例如：龚嘴水电站工程上游围堰，采用冲击钻防渗墙接木板心墙；梅山水库上游围堰采用钢板桩接木板心墙（图2-2)等。

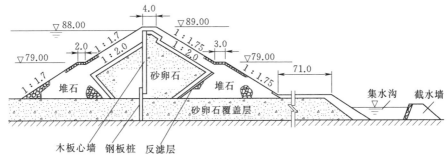

图2-2 梅山水库木板心墙围堰剖面图（单位：m）

土石围堰的结构型式较多，选择时需根据地形与地质条件、水文情况、材料来源、布置要求及施工条件等进行分析。

2.1.2 土石过水围堰

土石过水围堰在导流建筑物中是一种常见的型式。在山区的河流中，当洪枯流量比和水位变幅均较大时，宜采用过水围堰。过水围堰比全年挡水围堰优势多，无论在高度还是工程量上均有明显减少，全年挡水围堰工程规模过大，致使在一个枯水期内难以完建时，优先选用过水围堰；过水围堰允许宣泄部分洪水，因此，可减少导流泄水建筑物的规模；土石过水围堰可就地取材，成本低，施工易，对地基的适应性强，所以，土石过水围堰在我国应用较为广泛。

工程施工期的主汛期遭遇超标准洪水时，也有被迫采用土石围堰过流方式度汛的案例，其性能近似于过水围堰。汛期洪水流量大、流速高，需做好围堰过流面的防护。堰前坡面、堰身段堰面和堰后坡表面都要做防护才能保障围堰的完整，避免造成更大的损失。

过水围堰的缺点是汛期因宣泄部分洪水而淹没基坑，故若过分降低过水围堰的挡水标准，以致汛期频繁过水，会延误工期。因此，需要综合各方面的因素，经比较论证后，才能合理选定过水围堰的挡水标准。

（1）土石过水围堰护面型式。混凝土护面包括土石过水围堰的结构包括防渗体、堆石体、堰头、溢流面板、镇墩、护坦或坡脚保护及基础处理等。无论斜墙结构或心墙结构，防渗体与堆石体的布置要求及基础处理均与土石围堰相同。

1）堰头的构造。堰顶宽度应满足同防渗体连接的需要，并需考虑施工条件（堰头及混凝土面板施工）及其他要求（如水流条件、设置子堰等），一般不宜小于4.0～6.0m。堰头的厚度，对于实用堰不宜小于2.0m；对于宽顶堰可以薄一些，不宜小于0.8m。堰头为刚性体时，底部一般需设置干砌石过渡层，并设置沉陷和温度缝，缝的间距设计为10.0～15.0m。堰头和溢流面板的连接，应设缝分开，以免互相影响。

无论是斜墙或心墙，应处理好堰头与防渗体的连接。其连接方式一般采用齿墙、齿槽、贴油毛毡等，或加大防渗体的厚度以增长渗径。斜墙（或心墙）与堰头的连接长度，可按允许渗透梯度 i 控制，一般要求，在非正常情况下 i 值不大于 $4.0\sim5.0$，正常情况下不大于 3.0。i 可按式（2-3）计算：

$$i = \delta + h/\delta \tag{2-3}$$

式中　δ——斜墙与堰头连接厚度；

　　　　h——斜墙上的水深。

　　2）溢流面板的构造。溢流面板的作用是保护堆石体不被水流冲刷破坏，要求有足够的强度和稳定性，当堆石体和地基发生沉陷时，面板能适应变形而不被折断。

　　溢流面板的坡比，一般为 $1:2\sim1:3$。面板厚度，我国已建工程取用的大小不等，厚者达 $3.0m$，薄者仅 $0.2m$，一般为 $0.5\sim1.0m$。为防止因沉陷、温度收缩产生裂缝，面板应分块分缝，缝间嵌入沥青木板或灌注沥青砂浆，板内配置温度筋，钢筋按网格式 $4\sim5$ 根/m，板下设置干砌石垫层。为保证面板的整体性，分块板之间一般设置 $\phi16mm$ 的联系钢筋，每块板周边 $2\sim4$ 根/m。为加强面板的稳定性，板底还可设一定数量的锚筋锚入堆石体内。为减少作用于面板的扬压力，面板上一般设置排水孔，排水孔间距 $2.0\sim3.0m$、孔径 $5\sim10cm$。但由于堆石体内浸润线较低，在下游水位以上部位的面板并无扬压力作用，设置排水孔反而对面板不利。因此，排水孔应设在下游水位以下部位，下游水位以上部位不宜设置排水孔。

　　考虑强度和稳定要求划分面板的平面分块尺寸，一般取板厚的 $8\sim10$ 倍，其形状可为正方形或矩形。板的连接，一般采用平接或搭接。

　　3）镇墩。镇墩的作用是保护堰脚并支撑面板，并通过挑流使水流形成面流衔接。因此，一般都要求镇墩建在岩基上。当建在软基上时，为使镇墩基础不被冲刷，其下游还须设置保护设施。

　　镇墩高度，可根据结构布置、水力条件及地质情况确定。镇墩上需设置排水孔，将围堰的渗漏水排出，也可设置集水井，将渗漏水直接从井中排出，不流入基坑。

　　4）混凝土楔形护面。过水土石围堰下游坡混凝土楔形护板是一种十分可靠的护坡形式，其基本结构见图 2-3。

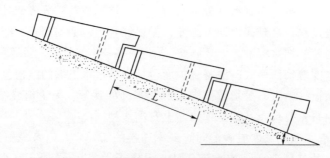

图 2-3　混凝土楔形护板基本结构示意图

　　由于其自身结构具有良好的整体性，块与块之间的重叠使之具有较为强烈的约束和连接作用，从而更有利于面板的稳定，与普通矩形混凝土护板相比，有明显的优点。

混凝土楔形护板在国内外已引起高度关注，并在工程实际中得到越来越广泛的重视和应用。模型试验和工程实践都表明，这种新型的护面结构适用于大单宽流量的情况，经济合理并具有良好的稳定性。但是，由于楔形护板上的流态复杂，使得其受力状态也变得复杂。

根据混凝土楔形护板的自身几何条件，在设计和施工中控制板间沉陷缝的宽度，使板间缝的宽度小于护板尾部长度和自身矩形截面部分对角线长度，各楔形护板之间就能保持互相叠加和咬合的状态。

我国自上犹江水电站采用土石过水围堰获得成功以来，相继出现多种过水围堰型式，如柘溪、黄龙滩、大化等水电站工程，使过水围堰设计和施工技术日趋完善。在农田水利建设中，成功地修建了一批过水土坝，型式多样，和过水围堰性质类似。

国内、外部分工程过水围堰运用状况分别见表 2-1 和表 2-2，国内部分已建过水土坝特性见表 2-3。

表 2-1 国内部分工程过水围堰运用状况表

水电站名称	堰高/m	护面类型	过水状况	损坏状况
上犹江	14.0	混凝土护面	$q=27.0$, $V_m=5.0$	设计 $q=40.0$
柘溪	26.5	混凝土板和石笼	$q=10.0$, $H=3.08$, 水跃跃首, $V_m=14.5$	铅石笼有损坏，抗滑差（笼内石料太小）
庙岭	20.3	沥青混凝土护面	$q=11.0$, $V_m=16.0\sim17.0$	表面轻度损坏（糙率由0.0167增至0.0189）
石桥	20.3	沥青混凝土护面	$q=12.5$	完好
高思	19.4	干砌、浆砌石	$q=6$, $h=2.6$	
王家园	36.8	混凝土护面	$q=24.6$	
乌江渡	40.0（上堰）	混凝土护面	$q=75$, $H=16.2$, $V_m=4.6$	正常运用
故县	25.0	混凝土护面	$q=11.0$	
天生桥	14.7	堰顶混凝土板，护坡为混凝土楔体	$V_m=9.0$, $H=5.7$	模型上 $q=40$、$Z=4$ 仍安全（坡面 1:6）
东风	17.5	堰顶混凝土板，护坡为混凝土楔体	$q=10.5$, $V_m=11.2$, $H=8.6$, $Z=4.0$	完好无损（坡面 1:6.5，过坡上水跃）
大化	29.0	块石护坡	$q=51.0$, $H=11.3$	汛后完好
流溪河	14.0	混凝土板	$q=30.0$, $H=3.8$, $V_m=8.0$	安全度汛
岩滩	52.4	碾压混凝土	$H=8.6$, $V_m=11.2$	堰体完好（设计 $q=105.0$，$V_m=10.0$）
楠木峡	20.0	混凝土板，毛石镇墩	$q=6.7$	正常（下游坡 1:1.5）
普定	13.0	键槽楔形体，互相搭接	$q=12.5$, $Z=5.4$	下游坡 1:6
新丰江	25.0	块石	$q=31.0$, $V_m=15.0$	楔体稳定，仅尾部两排楔体上抬10cm

注 q 为实际过水单宽流量，$m^3/(s\cdot m)$；V_m 为实际堰面最大流速，m/s；H、h、Z 为堰上水头、堰面水深和水头，m。

表 2－2　　　　　　　　　　　　　　国外部分工程过水围堰运用状况表

国名	水电站名称	围堰高度/m	护面类型	过堰水流状况	护面损坏状况
莫桑比克	卡博拉巴萨	37.0（上堰） 35.0（下堰）	3～5t块石 混凝土板	$q=50$，$V_m=9.0$，$h=4.0$	未发现严重损坏（设计 $q=100$，$V_m=23$）
加纳	阿科姆博	68.0	铅丝笼	$q=67.0$，$V_m=13.0$， $h=5.12$	正常（$q=69.3$）
苏联	德聂泊		混凝土楔形板	$q=36.0$，$V_m=11.0\sim12.0$	获得成功
苏联	阿马内昌	20.0	混凝土楔形板	$q=60.0$，$V_m=17.0\sim23.0$， $H=37.0$，$Z=35.0$	出现沉陷，仍每年过水， 排水（下游坡比1∶2）
塔吉克斯坦	努列克	20.5	混凝土板	$q=40.0$，面流消能	坝体沉陷1m，部分 混凝土板，砾石冲走
苏联	德聂斯特罗夫斯克	20.0	混凝土楔形板铰接	$q=20.0$	护面作用明显
苏联	托克托古里	25.0	钢筋混凝土陡槽	$q=12.0$，淹没水跃， 底流消能	除消力池有变形，无大损 坏，（下游坡比1∶3.7）
苏联	汉塔依		大块体、块石护面	$q=66.7$，底流消能	完全冲毁
苏联	亚库梯	22.0	块石护面	$q=3.8$，面流消能	正常
澳大利亚	奥尔特	31.8	块石砌护，钢筋锚固	$q=46.0$，$V_m=4.5$	总体完好，少量小块石冲失
西班牙	阿里德阿达维拉	30.0	混凝土护面	$q=40.0$	安全度汛
美国	布劳恩利	120.0	块石砌护	$q=15\sim19$	正常
苏丹	罗塞雷斯		石笼块石	$q=40.0$	正常
洪都拉斯	依尔-克久	40.0（上堰） 15.0（下堰）	钢筋护面与坝体锚固	$q=30.6$	下游坡比1∶2，模型成果

　　注　q 为实际过水单宽流量，$\text{m}^3/(\text{s}\cdot\text{m})$；$V_m$ 为实际堰面最大流速，m/s；H、h、Z 为堰上水头、堰面水深和水头，m。

　　（2）土石过水围堰设计。不少大、中型水利水电工程受水文、地形、地质等条件的制约，为了围堰全年挡水而增大导流流量，常导致导流工程规模过大，因而在工期和经济上得不偿失，有时甚至在技术上也不可行，故只宜采用过水围堰，允许汛期围堰过水，中断施工。过水围堰较之全年挡水围堰，无论在高度或工程量上均有明显减少，特别是当全年挡水围堰工程规模过大，致使在一个枯水期内难以完建时，则宜采用过水围堰。过水围堰在汛期可通过堰体宣泄部分洪水，因此，可减少导流泄水建筑物的规模。土石过水围堰可就地取材，节约购材，施工简便，对地基的适应性强。因此，土石过水围堰在我国应用较为广泛。

　　虽然土石过水围堰施工简便，对地基适应性强，但土石方填筑量不宜过大，围堰挡水流量标准也不宜过低，以便有足够时间完成围堰的过水保护，并避免围堰全年频繁过水影响施工，土石过水围堰高度一般在30m上下。

　　对过水围堰堰面保护的要求高，而且难度大；过水围堰堰面保护的形式主要有：镇墩挑流式溢流堰、顺坡护底式溢流堰、宽顶堰式溢流堰、大块石护面溢流堰、块石铅丝笼护面溢流堰、沥青混凝土面板溢流堰等。经对混凝土护面、大块石护面、块石铅丝笼护面及钢筋网护面等方案比较，过水堰面采用抗冲能力较强的混凝土面板进行保护效果更好些。如嘉陵江草街航电枢纽工程二期过水围堰设计泄流量约27000m³/s，单宽泄流量约106m³/(s·m)，

表 2 - 3　国内部分已建过水土坝特性表

序号	水电站名称	地点	坝高/m	坝型	基础	溢流量/(m³/s)	溢流宽度/(m或 m×m)	堰顶水深/m	单宽流量/[m³/(s·m)]	坝坡坡比	护面材料	护面厚度/m	消能形式	建成时间/年	运行简况
1	王家园	北京	36.8	斜墙土坝	土基	1230	50	5.24	24.60	1:2.75	混凝土	>0.50	挑流	1960	未溢流
2	封过	云南	31.5	斜墙堆石坝	岩基	201	16	3.30	13.10	1:1.50	混凝土、沥青混凝土	0.40、0.15	挑流	1980	
3	打虎潭	陕西	23.0	均质土坝	土基	36	6	2.30	6.00	1:2.50	混凝土	0.20	挑流	1961	每年溢流，基本完好
4	庙岭	吉林	20.3	心墙土坝	浅覆盖	40	4	3.40	10.00	1:3.27	沥青混凝土	0.25	挑流	1978	运行良好
5	石桥	安徽	20.3	心墙土坝	浅覆盖	50	4	4.00	12.50	1:4.00	沥青混凝土	0.20	挑流	1979	有裂缝，修补后运行正常
6	红星	湖南	20.2	斜墙土坝	岩基	123	50～25	1.15	4.92	1:2.50	混凝土	0.30	挑流	1977	
7	高思	广东	19.4	干砌石坝	岩基	94	15	2.60	6.20	1:1.10	装砌石	0.30	挑流	1963	经常溢流、运行良好
8	青林寺	湖北	14.0	均质土坝	岩基	174	20	2.80	8.70	1:2.00	混凝土	0.30	无	1957	1969—1971年均溢流，运行良好
9	东方红	新疆	13.0	—	岩基	800	80	3.30	10.00	1:3.00					
10	大黑山	吉林	12.0	心墙土坝	浅覆盖	50	14	1.50	3.60	1:3.86	沥青混凝土	0.20	挑流	1979	运行良好
11	杏山	吉林	11.4	心墙土坝	土基	79	11	2.00	6.70	1:3.25	沥青混凝土	0.15	挑流	1975	运行正常
12	华树岗	吉林	11.2	心墙土坝	土基	25	6	1.50	4.10	1:3.25	沥青混凝土	0.15	挑流	1975	
13	付沱	安徽	9.0	均质土坝	土基	89	2×6	2.90	6.60	1:3.30	沥青混凝土	0.18	消力池	1976	
14	赵家闸	湖北	8.3	均质土坝	岩基	273	40	2.50	5.80	1:3.3	灰土	约0.50	无	1874	经常溢流
15	石灰窑	新疆	8.2	斜墙土坝		55.8	40	0.80	1.40	1:3.0	浆砌石	0.50	挑流	1975	建成后运行良好
16	焦石	江西	6～8				278	4.70	17.16	1:3.0	混凝土		消力池	1959	经几次维修加固，至今运行
17	横梅夹	安徽	7.7			5940	500	3.29	12.00	1:2.5	混凝土	0.40～0.80	消力池	1969	
18	敦子河	辽宁	7.4		土基	537	100	2.50	5.40	1:2.5	浆砌石	0.60	挑流	1967	经常溢流，运行良好
19	黎基坝	山西	7.0	均质土坝	土基	100	30	2.60	6.70	1:0.7	灰土		挑流	1964 重建	
20	梅槐头	山西	7.0	均质土坝			152	2.00	4.20	1:0.7	灰土			1938 重建	运行良好
21	岗前	江西	7.0		土基	600	130		4.00	1:3.5	混凝土	0.43	消力池	1960	
22	吉河	湖北	6.3	均质土坝	土基	800	40	2.40	6.10	1:2.5	浆砌石	0.40～0.80	消力池	1962	
23	吴本因	湖北	5.5		岩基		77	2.50	5.50	1:2.5	浆砌石	0.40～0.80	消力池	1963	经常溢流
24	黄纯闸	湖北	5.0		岩基	148		1.00		1:3.5	灰土	约0.60	挑流	1859	经常溢流
25	永清	吉林	8.8	肥心墙	浅覆盖	148		2.10	5.30	1:4	沥青浸砖	0.130	挑流	1980	运用正常

堰面最大流速约 7.0m/s，堰脚最大流速达 13.0m/s，其堰面就是采用的 C20 混凝土面板保护。该过水围堰顶的泄流量、单宽流量、流速之大，在国内已建工程中都属罕见。经过两个汛期的实践考验，过水围堰经受住了大流量（最大过流量约 40000m³/s）、高流速的考验。

过水围堰的缺点是因汛期基坑淹没而会损失工期，故若过分降低过水围堰的挡水标准，以致汛期频繁过水，会延误工期。因此，过水围堰的挡水标准，需要综合各方面的因素，经比较论证后，才能合理选定。

（3）土石过水围堰的类别。土石过水围堰按其堰体形状有实用堰和宽顶堰；按溢流面所使用的材料，可分为混凝土面板溢流堰、大块石或石笼护面溢流堰以及块石加钢筋网护面溢流堰等。按其消能、防冲方式可分为镇墩挑流式和顺坡护底式溢流堰。

1）镇墩挑流式溢流堰。这种型式常用混凝土面板，溢流面的结构可靠，整体性好，围堰单宽能宣泄较大的流量。镇墩可缩短坡脚长度，保护堰脚不被冲刷，其典型断面型式见图 2-4。缺点是镇墩混凝土需待基坑抽水后才能进行施工，对围堰施工干扰大；尤其在覆盖层较深的河床，需先进行镇墩基础开挖，修建镇墩后才能回填块石，然后浇筑溢流面板。不仅延误工期，还常带有一定的冒险性。

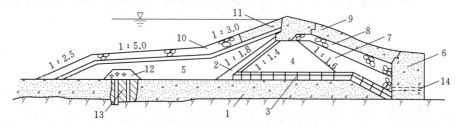

图 2-4　镇墩挑流式溢流堰典型断面型式图

1—砂砾石地基；2—反滤层；3—柴排护底；4—堆石体；5—黏土防渗斜墙；6—毛石混凝土挡墙；
7—回填块石；8—干砌块石；9、11—混凝土护面板；10—块石护面；
12—黏土顶盖；13—水泥灌浆；14—排水孔

2）顺坡护底式溢流堰。这种型式堰后无镇墩，将面板延伸，坡脚用混凝土、石笼或梢捆、柴排等护底。避免了镇墩施工的干扰，既简化了施工，又争取了工期，适用于河床覆盖层较厚的地基，如黄龙滩水电站就采用了这种型式（见图 2-5）。

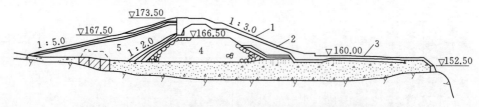

图 2-5　黄龙滩水电站土石过水围堰断面型式图（单位：m）

1—混凝土面板，厚1m；2—干砌石，厚 0.6m；3—混凝土护坦；4—堆石；5—黏土

3）宽顶式溢流堰。这种型式利用了坡面平台挑流，以形成面流水跃衔接，因此平台以下护面结构可相应简化。其面板施工不需等待基坑抽水就可进行，加速了围堰施工进度。大化水电站二期上游围堰采用了这种型式（见图 2-6），使水跃基本发生在 1:8 的斜坡段内，取得了良好的效果。国外莫桑比克的卡博拉巴萨水电站下游围堰也采用了这类

型式（见图 2-7）。

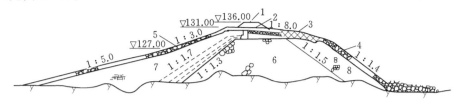

图 2-6　大化水电站过水围堰断面型式图（单位：m）

1—土堤；2—混凝土面板，厚 0.8m；3—钢筋石笼；4—大块石，砂浆勾缝；

5—铅丝笼；6—堆石；7—黏土；8—块石

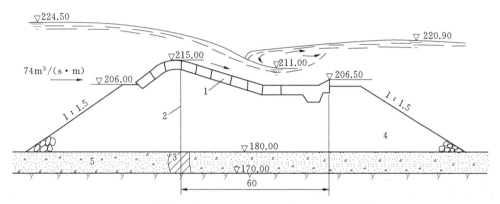

图 2-7　卡博拉巴萨水电站过水围堰断面型式图（单位：m）

1—混凝土溢流面板；2—钢板桩；3—灌浆；4—抛石体；5—覆盖层

4）大块石护面式溢流堰。这种型式护面结构简单，常用于无覆盖层的河床。我国南方小型工程应用较为普遍，但通常堰高不大于 5.0m，过水单宽流量不大于 $10m^3/(s \cdot m)$。采用块石护面规模大的围堰工程在国外已有先例，如赞比亚的卡里巴（Kariba）水电站块石护面过水围堰，堰高 23m，堰体石料平均重量 250kg，过水流量 $17000m^3/s$，堰顶水深 20m，单宽流量约 $100m^3/(s \cdot m)$）。

块石护面过水围堰的断面尺寸设定及稳定分析、渗透计算等，均可按一般堆石围堰设计，但溢流面坡度需根据过水单宽流量结合护面块石的大小计算分析确定，必要时，还需通过模型试验进行验证。

5）块石加钢筋网护面式溢流堰。这种型式国内应用较少，国外在澳大利亚莫却拉勃拉坝于 1957 年首次成功地采用了这种围堰，堰高 15.0m，顶宽 6.0m，下游坡比陡至 1：1.33；其后美国的阿夫脱贝坝、南非的豪哈坝等也相继采用。此外，这种型式还被广泛用于土石坝的临时度汛保护。

堆石钢筋网护面，是在块石上铺设钢筋网，块石尺寸可小些，溢流面坡比也可适当放陡。钢筋网的构造，由水平锚筋、纵向主筋和横向分布筋组成。钢筋网构造见图 2-8。

2.1.3　混凝土围堰

混凝土围堰按其结构型式分为重力式、空腹式、支墩式、拱式、圆筒式等；按施工方法分有干地浇筑、水下浇筑、预填骨料灌浆、堆石混凝土、碾压混凝土及装配式等。常用

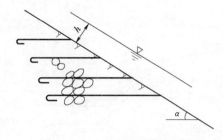

图2-8 钢筋网构造示意图

的型式是干地浇筑的重力式及拱型围堰。

混凝土围堰具有防渗性好、抗冲性好、底宽小、易于与永久建筑物结合、允许堰顶过水和安全可靠等优点，虽造价较高，但在国内外仍得到较广泛的应用。

混凝土围堰一般需在低水土石围堰围护下施工，也有采用水下浇筑混凝土施工。前者质量容易得到保证，后者也有许多成功的案例。

（1）常态混凝土围堰。混凝土围堰因采用混凝土作为修筑材料，具有断面尺寸小，易于与永久混凝土建筑物相连接，抗冲及抗渗能力强、表面可过水，使用时间长等优点。也存在造价高、施工条件严、工期较长等缺点。

混凝土围堰宜建在岩石地基上，适用于纵向围堰、横向高围堰及过水围堰，一般需要在土石围堰的保护下进行施工，但也可创造条件在水下浇筑混凝土。混凝土围堰平面布置一般为直线型、折线型和拱型，常用重力式和拱型结构。

（2）碾压混凝土围堰。随着施工技术的发展，碾压混凝土以其特殊的优势取代部分土石料和混凝土作为围堰填筑料。碾压混凝土围堰特点与混凝土围堰类似，相比于混凝土围堰，其优点在于水泥用量少、机械化程度高、造价低、施工简便，可缩短工期，有利于节能降排，在有条件时，应优先采用。20世纪80年代以来，我国水利水电工程混凝土围堰广泛应用能够快速施工的碾压混凝土技术。

由于碾压混凝土技术发展快，普遍用于快速修筑混凝土围堰，使得特大型围堰能在一个枯水期内建成，满足度汛要求。在狭窄河谷地区还较多采用碾压混凝土拱围堰，以减少围堰工程量，满足经济、快速施工及度汛要求。碾压混凝土每立方米的水泥用量为50.0～70.0kg（胶凝材料总量140.0～165.0kg，粉煤灰掺量约为55.0%～65.0%）。施工方法简单，施工速度快，立模工作量减少，并因水泥水化热大幅减少而取消了冷却水管和接缝灌浆工艺，减少材料用量，节省工程投资。

2.1.4 钢板桩格型围堰

钢板桩围堰是常用的一种板桩围堰（见图2-9）。钢板桩是带有锁口的一种型钢，其截面有直板形、槽形及Z形等，有各种大小尺寸及连锁形式。常见的有拉尔森式、拉克万纳式等。按围堰的高度，一般12.0m以内称小型；12.0～21.0m称中型；高于21.0m称大型。

（1）格型围堰的地基条件和要求。格型围堰在岩基或软基上都可以修建。在岩基上修建格型围堰较为简单，但需在格体内回填部分填料后才能拆除样架。对于软基，考虑格体的稳定和防渗要求，板桩必须有一定的入土或打入岩层内的深度。对于含有大量漂砾的覆盖层，打桩极为困难，会导致锁口劈裂或桩端卷曲，为减少打桩进尺，可考虑将漂砾部分清除。地基为较深的砂层时，要防止渗透造成格体内侧的管涌。在软的和中硬黏土上修建格型围堰，要研究地基的沉陷压缩变形及其强度。在软黏土上，一般采用戗堤支撑。粉砂或淤泥不耐冲刷，承载能力低，一般应予清除或用砂砾石置换。

圆形格体可在流速1.2m/s左右的流水中施工，当采用移动式挡板或自动升降台等专门设施时，施工流速可达4.5m/s。

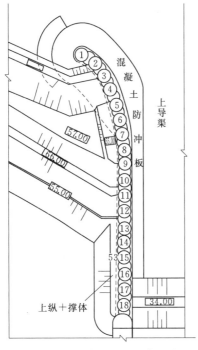

(a) 上游纵向围堰平面布置图　　　(b) 下游纵向围堰平面布置图

图 2-9　葛洲坝水利枢纽工程上、下游纵向钢板桩格型围堰平面布置图（单位：m）

①～㉛钢板桩的编号

（2）钢板桩格体型式。格型围堰是由钢板桩围成一定形状的封闭格体，内填土石料构成。格体的几何形状，有圆筒形、扇（鼓）形、花瓣形三类格体。

1）圆筒形格体。将单个钢板桩圆筒，用两段钢板桩圆弧连接其相邻的两侧，使其围成连续的封闭空间（见图 2-10）。钢板桩圆筒称作主格体，圆弧称作连弧段。

其优点在于：①每个格体自成单元，一个被破坏不会影响相邻格体；②易于布置，可单独使用，与其他建筑物连接较方便，已建的格型围堰，多用此种型式；③已建格体可作相邻格体施工平台；④在流水中施工，可随建随填，不留空格。

其缺点在于：①格体直径、围堰高度受锁口拉力限制；②格体间的联弧段使锁口拉力增加；③张力分布不均匀，给结构带来较大变形；④对中、低水头围堰，所耗钢板桩数量较多。

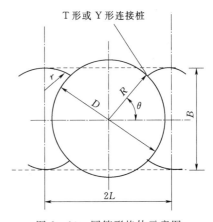

图 2-10　圆筒形格体示意图

D—主格体直径；r—连弧半径；B—格体平均宽度；$2L$—两圆筒中心距

2）扇（鼓）形格体。沿围堰轴线方向的两侧用钢板桩圆弧相连，在相邻圆筒交点处用钢板横隔墙连接，围成连续的封闭空间（图 2-11）。这种由圆弧和平直的隔墙围成的

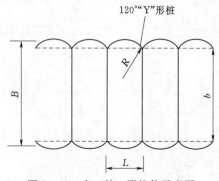

图 2-11 扇 (鼓) 形格体示意图
R—圆弧半径；B—格体平均宽度；
L—格体区段长；b—钢板横隔墙长度

扇 (鼓) 形格体又称作隔墙式格体。

优点：①应力分布均匀，与圆形格体相比，在同等条件下，板桩锁口拉力较小；②延长横格桩，加大围堰宽度，能适应较高水头；③格体形状简单，需要连接板桩少；④中低水头围堰所需板桩数量较圆形格体少；⑤静水施工时，较圆形格体容易。

缺点：①一个格体被破坏，会起连锁反应，波及一系列格体；②各格体的填料要大致相同；③格体内填料采用阶梯式填筑，在达到稳定高度前，样架支撑桩需一直留在格体内，不能拆除，需要样架数量多，因此没有圆形钢板桩用得广。

3) 花瓣形格体。用等半径、等弧长的四段钢板桩圆弧对称布置而围成封闭空间，沿圆弧点用两道钢板桩隔墙正交相接，将其分为四个封闭单元，这种格体称作花瓣形格体（见图 2-12），又称带有正交隔墙的格体。花瓣形格型围堰是将单个花瓣形格体两侧用钢板桩圆弧连接而围成连续的封闭空间，圆弧称作连弧段。

优点：①格体中用十字隔桩加固，可适应高水头，能自身稳定，自成单元，有圆形格体的优点；②可作其他格型围堰端部或转角格体。

缺点：①格体结构比较复杂，所需板桩数量多；②板桩拼接插打要求技术熟练；③相邻框格回填应一致，否则会造成十字隔墙歪曲变形。

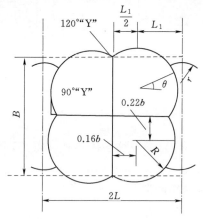

图 2-12 花瓣形格体示意图
R—主格体圆弧半径；r—连弧半径；
2L—格体区段长度；B—格体平均宽度

格体围堰型式选择主要根据围堰设计挡水水头确定。圆筒形格体最高挡水水头可达 $15.0 \sim 18.0\text{m}$。一般当围堰高大于 $15.0 \sim 18.0\text{m}$ 时，圆筒形格体钢板桩锁口拉力值将超过容许应力，格体稳定安全系数不能满足要求，因此，需在背水侧设置支撑才能保证堰体安全。若支撑布置困难时，宜选用扇形格体或花瓣形格体。当施工条件和使用条件要求每一格体单独地具有较大稳定性时，采用花瓣形格体更为优越，最大挡水水头可达 30.0m 左右。

（3）格体细部设计。格体细部主要包括：格体防渗、格体排水、格体与其他建筑物的连接、钢板桩格型围堰与土石横向围堰的防渗接头、格体支撑体等。

1) 格体防渗。钢板桩格型围堰挡水后，钢板桩锁口间的空隙以及钢板桩底端的接触面，可能形成漏水通道，必须采取防渗措施，以减小围堰渗漏量。

A. 锁口防渗措施。格体钢板桩壁在填料土压力和内水压力作用下，锁口相互扣接，张拉很紧，其缝隙很小，一般不做防渗处理。若发现锁口松弛，沿锁口空隙水量较大，可在格体迎水侧撒粉煤灰或细土料，逐渐将锁口空隙填充，以减小渗水量。

B. 格体底端防渗措施。钢板桩格体底部防渗一般采用垂直防渗。将钢板桩底端嵌入基岩 0.5m 左右，以减少进入格体的水量和防止格体填料漏失。当基岩面坚硬，钢板桩贯入度很少时，需在格体迎水侧用水下混凝土（厚 0.5m）封底，以达防渗效果。也可采用预留凹槽，将板桩插入凹槽，槽中填沥青等止水材料。在使用过程中发现渗漏，还可采用在迎水面板桩侧进行灌浆处理。

2）格体排水。钢板桩格体内浸润线的位置直接影响到格体抗滑、抗剪稳定和板桩锁口拉力值的大小，格体内浸润线位置愈低愈有利。因此，为了保证浸润线的位置不高于设计计算假定的位置，应在格体背水侧采取排水措施，将格体内的渗水尽量排除。

格体排水常用的方法是在背水侧钢板上设直径 3～5cm 的排水孔。排水孔的间距取决于格体内填料的透水性，对砂砾石填料，排水孔垂直间距一般 0.5～1.0m，水平间距一般为 1.2～2.0m。为了使排水孔附近填料形成自然反滤并防止孔口堵塞，对排水孔应经常疏通。填料中含有通过排水孔的细料时，应在孔口装滤网，防止细料流失。如格体内回填透水性差的填料，必须采取强制性排水措施。可在格体背水侧填料底部铺设楔形的有级配的反滤层或在填料底部铺厚 3.0m 的砾石净料排水。

一般钢板桩格体排水孔可直接设在背水侧钢板桩上。排水孔径 30mm，沿格体圆弧每间隔一块桩布置一排，每排有 3 孔，孔距 0.5m，均在钢板桩中心线上，最下面一个孔距基座顶面 0.5m。排水孔可在堰体钢板桩合龙后，用氧割枪烧割。对于格体背水侧没有土石支撑体的，若排水孔仍布置在背水侧钢板桩上，运行时极易阻塞失效，可在混凝土基座上埋设排水管（见图 2-13），同时，在格体背水侧的基座面上设置集水槽，将排水管的进口均接入集水槽内。集水槽内回填反滤层排水管出口埋入混凝土基座背水侧的卵石排水棱体内，使渗水流入基坑集水井。

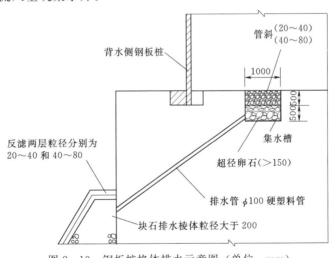

图 2-13　钢板桩格体排水示意图（单位：mm）

3）格体与其他建筑物的连接。与建筑物垂直面或可浇一块混凝土形成垂直面连接时较为简单，只要将一块板桩埋入混凝土，锁口露在外面即可，然后用小连弧板桩与主格体连接（见图 2-14）。当建筑物接触面倾斜或为曲面时，需根据具体情况采用不同接头型式，如木笼等。

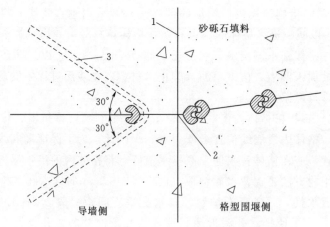

图 2-14　格型围堰与厂、闸导墙的连接示意图

1—导墙混凝土面；2—预埋钢板桩；3—φ25mm 螺纹钢筋，长 100cm

4）钢板桩格型围堰与岸坡连接。格体与岸坡的连接：当河岸为软基时，常将第一个格体布置在堰顶与岸坡交接处，并增设一段板桩防渗墙伸向河岸内，以防止绕流渗透破坏。当岸坡为岩石，板桩无法打入时，可用木笼或混凝土与岸坡连接，将 T 形连接桩固定在木笼上或埋入混凝土。当河岸坡度很陡或漫滩较长时，用低土石围堰与河岸连接是经济的。葛洲坝水利枢纽工程格型围堰与土石围堰防渗墙的连接见图 2-15。

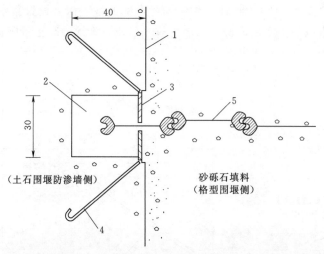

图 2-15　葛洲坝水利枢纽工程格型围堰与土石围堰防渗墙的连接示意图（单位：cm）

1—防渗墙墙面；2—沥青井；3—槽钢；4—φ20mm 拉筋；5—钢板桩隔墙

5）格体支撑体。在遇到高水头，需要采用较高钢板桩格型围堰时，圆筒格体的直径受钢板桩锁口拉力容许值的限制，不能按要求任意增大，需设置支撑体，增加格体稳定性。如某工程钢板桩格体稳定安全系数不能满足要求，需设置支撑体。支撑高度 7.5m，顶宽 10m，坡比 1：2.5（见图 2-16）。

（4）钢板桩格型围堰的优缺点。与土石围堰相比，大量减少了取土量和混凝土的使用量，有效地保护了土地资源。钢板桩围堰与填土围堰相比，具有施工进度快、更安全、占

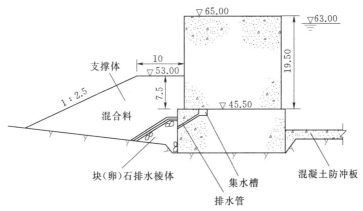

图 2-16　钢板桩格体支撑体断面图（单位：m）

地空间小等优点，这对于城市内的窄河道堤岸整治工程、水深较大、流急、淤泥或粉细砂等软基上等不适宜用填土围堰的工程使用较为有利，但缺点是钢板桩材料一次性投入费用高，占用流动资金多，因此，是否采用钢板桩围堰以及钢板桩投入数量和周转次数等问题，需经过技术经济比较后确定。

2.1.5　沉井围堰

在地形条件受限，土石围堰无法正常放坡时，可采用沉井或沉井群作为围堰的一部分，兼做挡墙，减少土石围堰放坡距离。

向家坝水电站工程二期纵向围堰大坝上游段，堰基覆盖层深达 45～62m，处理难度大，要求堰坝使用期 3 年，最大挡水水头约 90m，运行工况较复杂，并受到水流冲刷及大坝基坑开挖的影响。如果不加任何支撑措施，直接在一期土石围堰挡护下挖除大坝上游段的二期纵向围堰地基覆盖层，按 1∶1.75 的比例边坡开挖，则从堰脚放坡至基岩面高程时，一期基坑侧坡的水平宽度 60～90m。也就是说，将完全占去二期纵向围堰的位置，并超出冲沙孔坝段。而且深挖必伤其堰体坡脚及堰坡稳定，进而影响一期土石围堰的安全。因此，向家坝水电站工程采用沉井群形成挡墙作为应对二期纵向围堰地基覆盖层挖除的保护措施。

沉井群位于左岸一期围堰基坑内的大滩坝上，是由 10 个 23m×17m 的沉井组成的大型沉井群，沉井下沉深度最深达 56m，最浅的为 43m，井间距 2m，沉井顶部高程 270.00m。每个沉井内分 6 个筒体空腔，筒体空腔长 5.6m，宽 5.2m。沉井底部均要求入岩，入岩深度最大为 7.0m。沉井由下到上设计结构为：底节高 7m（其中底部 3m 为钢刃脚结构），刃脚踏面宽 30cm，刃脚斜面高 2m；中隔墙离刃脚踏面高 1～3m；底节高 7m处设 10cm×10cm 的斜向倒角，其上 2～5 节设计按 9m 或 9.5m 分节，其他节为 m。在二期纵向围堰堰基覆盖层开挖过程中，沉井起临时挡土墙的作用；纵向围堰施工完成后，沉井作为二期纵向围堰堰体的一部分。

1～10 号沉井依次沿一期土石围堰成 L 形错开布置，相邻井间距 2m；1～8 号沉井顺土石围堰、垂直大坝轴线错开布置，9 号、10 号与大坝轴线平行布置；1～4 号井纵向外墙边线在一条直线上，5～9 号纵向外墙边线与 1～4 号纵向外墙边线的间距依次向左岸递增 2m、5m、9m、15m、24m，沉井平面布置见图 2-17。

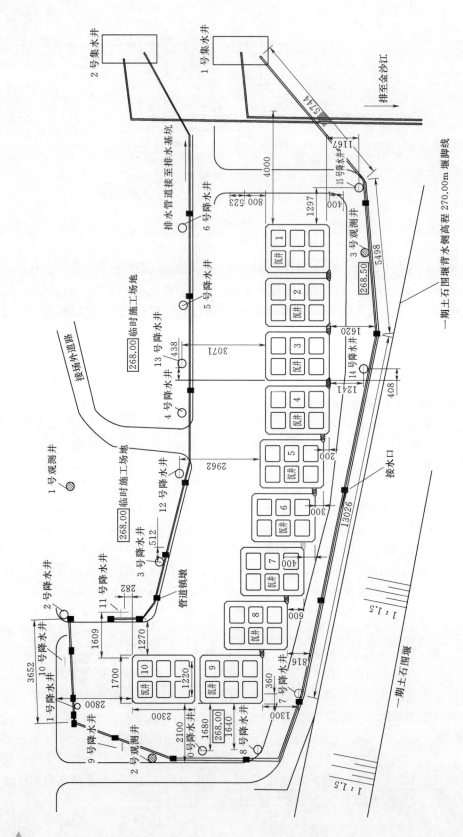

图 2-17 沉井平面布置图 （尺寸单位：cm）

沉井施工采用现场制作、排水下沉、机械出渣的施工方案。包括场地平整、沉井制作、下沉、填芯、封底及井间锁口六个阶段，每个阶段又含若干工序。

2.1.6 竹笼围堰

竹笼围堰是用楠竹编制成格笼，内填块石作堰体，用木板、混凝土预制面板或黏土阻水。笼体直径一般为 0.5～0.6m，长 3.0～10.0m，可视需要而定。但笼体过长，沉放时容易折断。采用铅丝笼或钢筋笼时，笼体可更大。

竹笼围堰不宜过高，最大高度达 15.0～16.0m。施工时水深不宜大于 2.0～3.0m。采用木面板阻水时，允许流速一般为 4.0～5.0m/s；采用混凝土面板阻水时，最大流速可达 8.0～10.0m/s。

竹笼围堰的型式，以阻水结构来分有迎水面直立式、斜墙式或心墙式等；以阻水结构材料来分有木面板式、钢筋混凝土面板式、黏土心墙或斜墙式等。从堰体结构来分有竹笼戗渣式或竹笼、砌石混合式等。富春江水电站工程和马迹塘水电站工程竹笼围堰型式分别见图 2-18 和图 2-19。

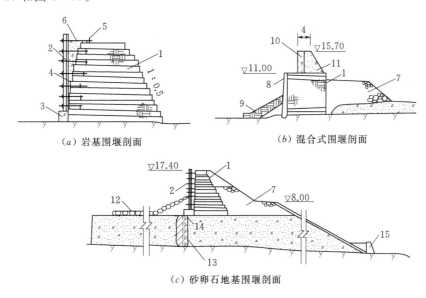

图 2-18 富春江水电站工程竹笼围堰型式图（单位：m）

1—竹笼体；2—木面板；3—混凝土座垫；4—砂卵石里层；5—锚桩；6—φ16 拉筋；
7—石渣；8—混凝土面板；9—竹笼护脚；10—浆砌石；11—干砌石；
12—竹簧排；13—灌浆帷幕；14—短板桩；15—草袋子堰

2.1.7 框格填石围堰

框格填石围堰，已用过的型式有木笼围堰和钢筋混凝土叠梁框格围堰。木笼围堰在 20 世纪 50 年代应用较多，在当前木材短缺的情况下，使用受到限制。钢筋混凝土叠梁框格围堰具有木笼围堰类似的性质，修建也较方便，预制件可重复利用，但需在干地施工，钢筋混凝土叠梁预制工作量大。七里垅水电站工程采用钢筋混凝土框格围堰作为木笼围堰的加高子堰，应用效果良好。

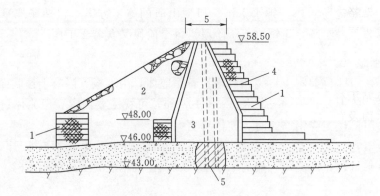

图 2-19　马迹塘水电站工程竹笼围堰型式图（单位：m）
1—竹笼；2—堆石；3—黏土；4—草袋黏土；5—灌浆

木笼围堰既可干地搭建，也可水中沉放，可在 10.0～15.0m 的深水中施工。根据实践经验，木笼围堰最大高度 16.0～17.0m，超过 20.0m 时，木笼变形过大，一般采用木笼饫石混合围堰。采用木阻水面板允许流速最大为 7.0m/s 左右，如采用混凝土面板则允许流速可达 10.0m/s。

（1）木笼围堰。

1）木笼围堰型式及基本尺寸拟定。木笼围堰型式，一般有宽型的单木笼结构和窄型的木笼饫石混合结构两类。过水木笼围堰顶部需加混凝土盖板保护。木笼围堰断面型式见图 2-20。

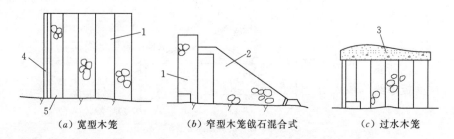

（a）宽型木笼　　　　　（b）窄型木笼饫石混合式　　　　　（c）过水木笼

图 2-20　木笼围堰断面型式图
1—木笼；2—饫石；3—溢流盖板；4—面板；5—封底混凝土

木笼基本断面尺寸的拟定，根据实践经验，对于宽型木笼，高宽比在 1.0：1.0～1.0：1.5 之间；窄型木笼的高宽比一般为 1.0：0.6。

2）木笼围堰的布置与构造。木笼结构是用横木和直木交叉搭叠成框格，节点用栓钉连接，以立柱为上下层的联系杆件，以斜撑加强刚度，减小变形。框格内填块石，临水面设阻水面板。

A. 框格布置。根据各工程的实践，单只木笼的宽度一般为 5.0～7.0m，新安江水电站工程和富春江水电站工程的二期围堰单只木笼的宽度都采用 6.0m；块石主要是便于取料和沉放施工，对地基起伏和受力变形也较适应。框格尺寸与木笼高度、大小和受力情况密切相关；框格大则填石水平侧压力大，临水面和背水面的节点受力均增大，横木根据抗弯要求也要增大直径。木笼受力后作用于框格壁上的压应力（水压力、填石压力、土压力等）要求木材有一定的断面模数和承压面积。因此，框格大并不都意味着节省木材；框格尺寸必须与高度相适应，一般低木笼框格可大些。新安江水电站工程和富春江水电站工程的木笼围堰的框格尺寸实例见图 2-21。框格布置时，宜将较小格子布置在临水面及背水面，以减小节点推力和横木直径。

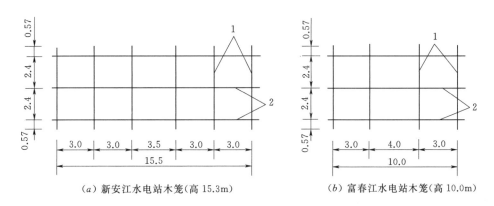

图 2-21　新安江水电站工程和富春江水电站工程的框格尺寸实例图（单位：m）
1—横木；2—直木

B. 节点。横、直木交叉处为节点，用穿过 3 层木料的钢栓钉销合，使受力后各层横直木能互相压紧，为防止打钉时木材开裂，栓钉直径不宜过大，新安江水电站和富春江水电站均采用 ϕ12mm，栓钉的有效长度为 31～35cm。

C. 阻水面板。一般由两层木板夹两层油毛毡组成，用铁钉、夹木和螺栓固定在木笼临水面横木上。新安江水电站采用内层面板厚 3.8cm，外层面板厚 2.5cm；富春江水电站采用内外层面板厚约 2.5cm。

D. 木笼之间的止水构造。木笼受力后，相邻木笼的变形是不同的，因而要求木笼之间的接头既能止水又能允许有一定的相对移动。新安江水电站和富春江水电站围堰均采用厚 6～8mm 的橡皮止水，橡皮宽度约 35cm，做成 U 形，两侧用压木钉在木笼面板上。

E. 封底混凝土。木笼阻水面板与基础往往不能密合，有较大缝隙，需在木笼临水面一格用水下混凝土封底。封底混凝土高一般为 1.0～1.5m，为抵抗填石冲击力，封底混凝土浇筑 3～4 天后才能回填框格。

F. 过水木笼的混凝土上顶盖。若无交通要求，混凝土顶盖的外形轮廓一般可做成斜面或曲面，有交通要求时则应做成平顶。为加强混凝土顶盖与木笼框格之间的连接，应使框格伸入混凝土顶盖内 0.3～0.5m。混凝土顶盖还需设置变形缝，以适应木笼框格的较大变形。变形缝的数量，可视框格大小而定。

（2）钢筋混凝土叠梁框格围堰。钢筋混凝土叠梁框格围堰设计。钢筋混凝土叠梁框格围堰的结构型式和受力条件与木笼围堰基本相同，只是框格材料不同，构件的连接和构造有所差异。其结构构造及断面尺寸如下：

A. 断面。由于钢筋混凝土叠梁的密度比木材大，框格结构的刚度也比木笼大，故其断面的宽高比值应比木笼小，可按稳定计算确定。

B. 叠梁。叠梁预制件的长度和截面尺寸，除应满足受力要求外，还需考虑吊装运输方便。为便于施工，框格一般设计成每格为1跨，格中不再附加拉条或加固件，每根叠梁视为简支梁计算，叠梁计算见图2-22。叠梁配筋应考虑拖工吊装自重荷载，采用双面配筋，并避免采用弯起筋，可用增加钢箍、减小跨度或适当增大断面等措施满足应力要求。

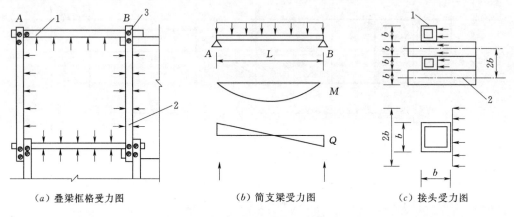

（a）叠梁框格受力图　　　　（b）简支梁受力图　　　　（c）接头受力图

图2-22　叠梁计算示意图
1—横梁；2—直梁；3—节点插

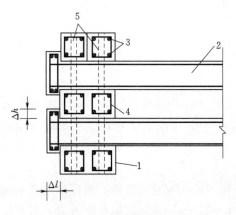

图2-23　叠梁构造示意图
1—横梁；2—直梁；3—钢筋；
4—箍筋；5—节点插筋

C. 节点。叠梁构造见图2-23，每根梁的两端做成突起的接头，并预留插筋孔。使节点推力完全由突起部分承担，插筋只起联系作用。接头的突起高度 Δh 和长度 Δl 应根据节点推力确定，Δh 应大于钢筋保护层。

D. 阻水面板。阻水面板可用木面板或钢筋混凝土面板。采用木面板时，其构造同木笼围堰，但在横梁上需预埋固定螺栓，用夹木将面板固定在横梁上。采用钢筋混凝土面板时，可用钢筋与横梁联系，施工较为简便。

2.1.8　草土围堰

草土围堰的挡水高度一般可达10余米，例如八盘峡水电站工程三期上游围堰高达17.0m，实际挡水高度14.0m。围堰地基可为岩基或软基，但要具有一定的抗冲能力。细砂地基易被冲刷，不宜采用。地基大孤石过多时，草土体易被架空，形成漏水通道，不易处理。采用草土围堰时应有可靠的防渗措施。

青铜峡水利枢纽工程一期围堰采用了传统的草土筑坝经验，花了不到40天的时间在最大水深 7.8m、流速大于 3.0m/s、流量达 1960.0m³/s 的情况下，修筑了长达 580.0m、工程量达 7 万 m³ 的大型草土围堰（见图 2-24）。为了增加草土围堰的稳定性和节省草土，用土石压重的草土围堰代替了沿用已久的纯草土围堰。并采用了铅丝笼护坡，把原来在软基上的草土围堰，加高加固作为过汛围堰。

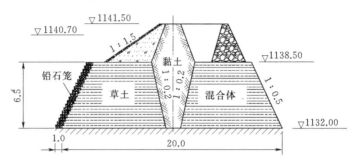

图 2-24　青铜峡水利枢纽工程一期草土围堰剖面图（单位：m）

草土围堰在静水或流速较小（小于 2.0m/s）时施工，水深可达 10.0m；流速 2.0～3.0m/s 时，施工水深一般不超过 6.0m；当流速大于 3.5m/s 时，施工较困难，但采取一些措施，仍可进行施工。建成后的草土围堰，经边坡防护，可抵抗比上述更大的流速。

2.1.9　其他类型围堰

（1）枵槎围堰。枵槎围堰是都江堰传统的工程技术之一，是一种临时性的挡水建筑物。枵槎结构简单，施工方便，易于拆除，省工省料。它宜用于宽广河床，且地形变化不大，水深 1.0～4.0m，流速在 3.0m/s 以下。在水利水电工程中，都江堰长期使用枵槎解决岁修和调剂流量；南桠河、大渡河用枵槎拦截漂木；岷江鱼嘴水利枢纽施工时，为避免截流落差集中、减少单宽流量，采用枵槎分水等都取得成功。此外，在水利水电工程的挑流抢险中也有应用。若用钢材代替木料，以铅丝代替竹绳，则其使用范围更大。

枵槎围堰系由竹、木、土、石材料组合的结构。

枵槎是用木料竹绳捆绑而成的等边三脚架。3 根竖向木料称枵脚，枵脚与水平面夹角一般为 50°～60°。位于迎水面的两根枵脚称为照面木，背水面的一根枵脚称为箭木。3 根枵脚上端称为枵脑顶。3 根短木用竹绳绑在枵脚上称为盘杠，它应高于水面 0.5～0.8m。枵槎围堰构造见图 2-25。

压盘木即在盘杠上密排的小杂木，为增强枵槎的稳定性，在每个枵槎的压盘木上放 4～10 个圆形竹筐（碗儿兜），每个装卵石 0.2m³。

堰梁是架在照面木上的横木。最上一根堰梁高出水面 0.5m，称浮水木，河底最下一根称海底木。堰梁布置按水压力情况上稀下密，按深槽多、浅槽少的原则安排。一般距河底高度 0.5m 内采用密排，其他间距控制在 0.2～0.3m 之间。

堰梁上捆绑的竖向木称为签子，其间距 0.2m，顶端高出压盘木 0.3m。

竹笆是用慈竹编成的粗笆子，铺在签子上，竹笆要求沿河底伸展 0.5～1.0m，顶部伸出水面 0.6m。

泥埂是竹笆前抛填的黏土和壤土形成的混合料防渗体，其顶宽约 1.0m，埂顶高出水

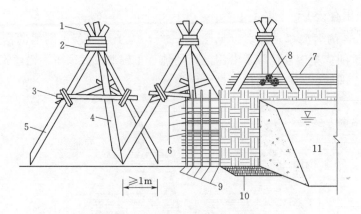

图 2-25　杩槎围堰构造示意图

1—杩脑顶；2—竹绳；3—盘杠；4—箭木；5—照面木；6—堰梁；

7—压盘木；8—碗儿兜；9—签子；10—竹笆；11—泥埂

面 0.5m。

杩槎围堰运行时，荷载（水压力、土压力等）通过竹笆依次传给签子、堰梁、照面木、箭木到地基。

杩槎围堰轴线应尽可能布置在水深最小的浅滩脊线上，并使堰轴线略具拱形。

（2）浆砌石围堰。浆砌块石围堰所用的石料，可就地取材，所用水泥、砂、钢材、木材的消耗量较混凝土围堰少，投资也较节省。较土石围堰工程量小，抗冲性能好，且允许过水。浆砌石围堰可作纵向围堰和横向过水围堰。浆砌石围堰需在干地施工，以保证砌石质量。若具备水下施工条件，可将水下部分浇筑混凝土，水上部分采用浆砌块石。

浆砌石围堰一般采用重力式，其剖面与混凝土重力式围堰相同，但一般浆砌块石的防渗性不高，故常在上游面加设浆砌条石或混凝土面板之类的防渗结构。

在宽阔河谷上的浆砌石围堰，沿围堰轴线应设置温度缝，缝的间距 20.0～40.0m，缝两侧浇筑混凝土，混凝土接触面间填沥青油毡，并设置止水。

2.2　泄水建筑物结构型式

泄水建筑物一般包括导流明渠、导流隧洞、导流涵洞（管）、导流底孔等。

2.2.1　导流明渠

（1）明渠导流特征。明渠导流是水利水电工程常用的导流方式之一，但明渠一般只能用于初期导流，后期导流还需有其他方式配合。明渠导流具有如下特征。

1）由于导流明渠一般过水面积大，泄流条件好，泄流能力强，可有效地控制上游水位的壅高。

2）对于有通航要求的河道，采用明渠导流可通过明渠布置与断面优选，调整明渠内水流流速、流态，满足明渠内通航水流条件，用于施工期通航。

3）导流明渠一般开挖量大，保护范围广，明渠体型设计宜结合枢纽建筑物型式考虑。

4）导流明渠存在冲刷与淤积问题，需在布置与断面型式上综合比较。

5）明渠坝段一般有封堵后快速施工的要求。

国内外若干水利水电工程导流明渠特征见表 2-4。

表 2-4　　　　　　　　国内外若干水利水电工程导流明渠特征表

序号	水电站名称	坝型	设计流量 /(m³/s)	断面型式	明渠尺寸/m		底坡 /‰	综合利用
					长	宽		
1	龚嘴	重力坝	9650	梯形	600	35～45	5.4	漂木
2	映秀湾	泄水闸	620	矩形	308	14	7.84	漂木
3	陆水	装配式重力坝	3000	复式断面	850	12，23	3.0，0.42	
4	柘溪	大头坝	1300	梯形	560	16	2.5	放木
5	白山	重力拱坝	3490	梯形	567	20	7.0，0	排冰
6	黄龙滩	重力坝	800	梯形	328	8	2.5，1.15	
7	新丰江	大头坝	1000	梯形	400	8	1.0	
8	池潭	重力坝	1020	梯形	370	8	1.0	放木
9	铜街子	重力坝	10300	矩形	590	54	10	漂木
10	岩滩	重力坝	15100	矩形	1110	65		
11	宝珠寺	重力坝	9570	矩形	527	35		
12	水口	重力坝	32200	矩形	1170	75	3.0	通航，放木
13	三峡	重力坝	79000	复式断面	3410	350		通航
14	大峡	重力坝	5000	矩形	628	40		
15	安康	重力坝	4700	梯形	412	40		通航
16	万安	重力坝	15500	梯形	1530	50		通航
17	飞来峡	重力坝	15500	复式断面	1697	300		通航
18	伊泰普（巴西）	支墩坝 堆石坝	30000	梯形	2000	100	2.5	
19	乌凯（印度）	堆石坝	45000	复式断面	1372	235	2.5	
20	塔贝拉（巴基斯坦）	支墩坝 堆石坝	21200		4800	198		

（2）明渠进、出口的布置。进、出口方向与河道主流方向的交角宜小于30°，力求不冲、不淤、不产生回流，可通过水力学模型试验调整进、出口的形状和位置，其原则是：

1）明渠进、出口的布置应有利于进水和出水的水流衔接，尽量消除回流、涡流的不利影响，有通航要求的要考虑施工期船只顺畅通行问题。

2）进、出口的位置取决于基坑大小、施工要求，以及距上、下游围堰堰脚有适当的安全距离；其最小安全距离依据围堰型式和堰脚防冲措施而定，一般情况下，对于土石围堰且无保护措施时取 30～50m，对于有保护措施的土石围堰及混凝土围堰取 10～20m，还应考虑地基条件是否允许。

3）进、出口高程的确定。按截流设计选择进口高程，出口高程一般由下游消能控制。

进、出口高程和渠道水流流态应满足施工期通航、排冰等要求。在满足上述要求的条件下，尽可能抬高进、出口高程，以减少水下开挖量。明渠底宽应按施工导流、航运及排冰等各项要求进行综合选定。

4）当出口为岩石地基时，一般不需要设置特殊的消能和防护措施；当为软基或出口流速超过地基抗冲刷能力时，需研究消能防护措施。

（3）明渠布置。

1）导流明渠渠线布置需综合考虑各方面的因素。一般明渠位置可分为三种类型。

A. 开挖岸边形成明渠。利用岸边河滩地开挖导流明渠，其渠身穿过坝段（挡水坝段），供初期导流，如铜街子、宝珠寺、三峡等水电站（水利枢纽）工程。

B. 与永久工程相结合。利用岸边船闸、升船机或溢洪道布置导流明渠，如岩滩、水口、大峡等水电站工程。

C. 在河床外开挖明渠。在远离主河床的山垭口处设置导流明渠，这是典型的河床一次拦断明渠导流的导流方式。如陆水水电站、下汤水库等工程。

2）为便于初期导流与后期导流的衔接，导流明渠一般布置在枢纽泄洪坝段的另一侧，以使明渠封堵后，洪水可由已建成的枢纽泄洪建筑物宣泄。

3）导流明渠宜选择平坦地带或垭口部位布置，以减小开挖量。同时，明渠布置应兼顾纵向围堰的布置条件，尽量避免纵向围堰进入主河床深槽内（宜将纵向围堰布置在江心岛或基础条件较好的平台上）。

4）为适应地形变化，渠道弯道半径应选择较大值。一般明渠的弯道半径以不小于2.5～3倍水面宽为宜。

5）大型导流明渠布置，尤其是有通航任务的明渠布置，应通过水工模型试验验证布置型式，必要时需进行船模航行试验。

6）渠线应尽量避免通过滑坡地区。在无法避免时，应进行详细的地质勘探和资料分析，采取确保安全的必要措施。

7）渠道比降应结合地形、地质条件，在满足泄水要求的前提下，尽量减小明渠规模与防护难度。对于有通航要求的河道，其渠道比降应满足最大允许航行流速的要求。

（4）明渠断面型式。渠道横断面型式有梯形、矩形、多边形、抛物线形、弧形、U形及复式断面，导流工程中常用的主要有梯形、矩形、多边形及复式断面。

梯形断面广泛适用于大、中、小型渠道，其优点是施工简单，边坡稳定，便于应用混凝土薄板衬砌。

矩形断面适用于坚固岩石中开凿的石渠，如傍山或塬边渠道以及渠宽受限制的区域，可采用矩形断面。

多边形断面适用于在粉质砂土地区修建的渠道。当渠床位于不同土质的大型渠道，亦多采用多边形断面。

复式断面适用于深挖渠段。复式断面有利于调整明渠弯道水流的流速分布及流态，改善明渠通航条件。渠岸以上部分的坡度可适当放陡，每隔一段留一平台，有利于边坡稳定并节省土方开挖量。

（5）明渠防护结构型式。导流明渠一般具有泄流量大、水流流速高的特点。此外，导流明渠一般和纵向围堰配合使用，渠道防渗是通过对围堰进行防渗封闭而实现的，而不需专门设置渠道的防渗系统；而预留土（石）埂的导流明渠，需对预留土（石）埂采取防渗措施，多采用垂直防渗（如高压喷射灌浆、防渗帷幕、防渗墙等）；也可根据实际条件，结合明渠衬护结构对渠道进行防渗处理（如混凝土护面、铺设土工膜、衬护黏土层或其他防渗材料等）。我国水利水电工程中常用的导流明渠衬护结构主要如下。

1）混凝土衬护。

A. 混凝土衬护型式及使用范围。根据工程地质、施工条件及防冲要求，混凝土衬护型式可分为现浇混凝土板、预制混凝土块、喷射混凝土、模袋混凝土等。

一般而言，除模袋混凝土外，混凝土衬护都在干地施工，适用于流速较高的明渠。对于大型渠道，通常采用现浇混凝土板衬护（或钢筋混凝土）。预制混凝土护坡一般适用于流速不大、且块石料短缺的小型渠道。喷射混凝土作为渠道衬砌，具有强度高、厚度薄、抗冻性及防渗性好、施工方便快速等优点，且可采用挂网喷护、喷锚结合等方式综合处理。模袋混凝土适用于不具备干地施工条件和渠内流速较小的明渠。

B. 衬砌厚度确定。衬砌厚度一般为：水泥砂浆抹面 5～12cm；钢筋混凝土 20～50cm；喷水泥砂浆 3～10cm；喷射混凝土 5～15cm；预制混凝土板 5～15cm；模袋混凝土 30～50cm。

C. 底板厚度计算。底板型式一般为分离式结构。衬砌材料根据地质条件及抗冲要求确定，以混凝土或钢筋混凝土居多。

当上浮力较大时，常用锚杆锚固。分离式底板的设计，主要应考虑在浮托力、渗透压力和脉动压力作用下不被掀起。

2）抛石衬护。抛石衬护具有机械化施工程度高、施工简单快捷、能充分适应基础变形等优点。适用于软基且石料充足地段，特别适用于水下施工部位。为减小渠道糙率，可对抛石面进行适当整理，力求表面平整。抛石护坡厚度一般按 2～4 倍的抛石计算粒径确定，对于基础可能冲刷深度较大的部位，抛石体厚度还需通过冲刷坑计算或动床模型试验确定。

3）砌石护坡。砌石结构主要包括干砌石和浆砌石两类，是一种常见的边坡防护结构，具有可充分利用当地材料、保护岸线平顺等优点。

2.2.2 导流隧洞

（1）导流隧洞特征。导流隧洞是用于水利水电工程施工导流的泄水建筑物，除有与永久水工隧洞相类似的特征外，还有如下显著特点。

1）属临时建筑物，运行期较短，一般为 2～5 年，隧洞结构耐久性要求较低。

2）导流隧洞运行条件特殊，一般均存在明、满流交替运行的状况，且导流隧洞后期需封堵，存在高外水压力（洞内无水）的运行条件。

3）导流隧洞施工工期紧。为保证主体工程尽快动工，导流隧洞必须率先建成通水，以实现河道截流目标。

4）导流隧洞布置条件一般较差，主要因永久建筑物布置的需要，地形地质条件较好的一岸或部位一般优先布置永久建筑物（如厂房引水系统、泄洪洞等）。

因此，水电工程施工越来越多地采用隧洞导流方式，特别是在高山狭谷地带，导流隧洞具有布置难度小、运行可靠等优点。20世纪80年代以后，随着我国水电开发逐步向西部转移以及狭谷高坝的建设，大型导流隧洞日益增多。隧洞导流的优点是不但适用于初期导流，也适用于后期导流，但也存在隧洞运行期的高速水流、抗冲耐磨、围岩稳定以及退出运行时间的下闸断流和隧洞封堵等问题。导流隧洞与永久泄水建筑物的结合利用也是需要深入研究的课题，我国在这方面已积累了较丰富的经验。

国内外若干水利水电工程导流隧洞参数分别见表2-5、表2-6。

表2-5　　　　　　　　　　　国内若干水利水电工程导流隧洞参数表

序号	水电站名称	隧洞长度/m	设计底坡/‰	断面型式	断面尺寸		设计泄流量/(m³/s)	地质状况	衬砌情况	建成时间/年
					尺寸$(B \times H)$/(m×m)	面积/m²				
1	官厅	502.1	—	马蹄形	8×8	50.3	350	灰岩	双层钢筋混凝土衬砌，厚0.7m	1953
2	梅山	295	—	圆形	$D=6m$	31.9	670	微晶花岗岩	衬砌长40m，厚0.6m	—
3	上犹江	209.56	5.78	圆形	$D=7m$	38.5	300	板岩、石英砂岩	双层钢筋混凝土衬砌，厚1.0m	1955
4	流溪河	193		圆形	$D=6.5m$	33.2	196	花岗石	不衬砌，实际最大流速9.8m/s	1956
5	柘溪	436	3.00	城门洞形	12.8×13.6	164	850	坚硬细砂岩及中等坚硬砂质板岩	进出口段衬砌长度小于8m，其余不衬砌，与明渠联合导流	1959
6	刘家峡	683		城门洞形（左洞）	13.5×13.5	174	1610	云母石英片岩	不衬砌243m，顶拱衬砌110m，全断面衬砌330m	1960
7	乌江渡	501	1.00	城门洞形	10×10	86	1320	灰岩、页岩	全断面衬砌287m，其余不衬砌或部分衬砌	1971
8	碧口	658		城门洞形	11.5×13	145	2840	千枚岩、凝灰岩	顶拱不衬砌381m，边墙和底板不衬砌114m	1971
9	升钟	532.5	1.00	城门洞形	5.5×10.5	55	199	砂页岩互层	钢筋混凝土衬砌，厚0.6m	1978
10	龙羊峡	661	6.23	城门洞形	15×18	152	3340	花岗岩、闪长岩	全断面衬砌段长22.7%，其余做边墙底板的护面衬砌	1979
11	东江	525.7	5.24	城门洞形	11×13				—	1983
12	紧水滩	421	0.24	城门洞形	10×15.6	421	2040（枯水年$P=5\%$）	花岗岩	顶拱边墙全衬砌，底板局部衬砌	1985
13	鲁布革	786	0.70	方圆形	12×15.3~16.8	178	3523	灰岩、白云岩	钢筋混凝土衬砌，部分顶拱喷锚支护	1987
14	隔河岩	695	1.60	城门洞形	13×16	194	3000	灰岩、页岩	厚0.4~2.0m钢筋混凝土衬砌，部分洞顶厚0.15m喷锚	1987

序号	水电站名称	隧洞长度/m	设计底坡/‰	断面型式	断面尺寸 尺寸 $(B \times H)$/(m×m)	断面尺寸 面积/m²	设计泄流量/(m³/s)	地质状况	衬砌情况	建成时间/年
15	漫湾	L_1 458 L_2 423	10.20	城门洞形	15×18	511	9500	流纹岩	洞挖 27.09 万 m³，混凝土 1015 万 m³，2 号洞长 220m 未衬砌	1989
16	东风	600	—	—	12×13.3	—	—	灰岩		1992
17	李家峡	1162.5	7.37	城门洞形	11×14					1992
18	二滩	L_1 1090 L_2 1168	—	城门洞形	17.5×23	725	13500		全断面衬砌	1993
19	莲花	L_1 913.75 L_2 746.83	—	上游段圆形，下游段城门洞形	D=13.7 12×14	295	3839	坚硬花岗岩	上游半段结合引水发电采用 0.6m 厚钢筋混凝土衬砌，下游半段除锁口段采用钢筋混凝土衬砌外，其余厚 0.15 喷锚	1994
20	江垭	527.21	2.00	城门洞形	10×12	109.3	2100（枯水年 P=10%）	中厚层石英砂岩和页岩交互成层		1994
21	天生桥一级	L_1 1982 L_2 1054	—	修正马蹄形	13.5×13.5	328	—	厚层、中厚层泥岩、砂岩互层	喷锚与钢筋混凝土复合衬砌	1994
22	大朝山	644	0.33	城门洞形	15×18	255.5	3940（枯水年 P=10%）	玄武岩	钢筋混凝土衬砌	1996
23	小浪底	L_1 1220 L_2 1183 L_3 1149	6.20 6.30	圆形	D=14.5	495	入库 17340	砂岩、粉砂岩和夹薄层黏土岩	钢筋混凝土衬砌	1997
24	小山	596	6.70	城门洞形	10×10	—	812	微弱风化安山岩	除出口段及洞身破碎带采用钢筋混凝土衬砌外，其余均采用喷锚支护	1997
25	珊溪	L_1 555 L_2 308	—	城门洞形	9×11 7×11.5	92.23	1100（枯水年 P=10%）	流纹斑岩和凝灰岩	钢筋混凝土全衬，其中 2 号洞全部与永久泄洪洞结合	1997
26	白溪	566.53	—	城门洞形	10×13	—	—	凝灰岩	进口段 55m 和出口段 60m 采用钢筋混凝土衬砌，其余为喷锚支护	1998
27	水布垭	L_1 1180 L_2 1082	1.80 1.98	斜墙马蹄形	14.58× 15.72	194	约10000	灰岩、炭泥质生物碎屑灰岩	Ⅲ～Ⅳ类围岩全断面钢筋混凝土衬砌，Ⅱ类围岩顶拱喷锚、侧墙和底板钢筋混凝土衬砌	2002
28	构皮滩	左1：888 左2：673 右：931	1.13 2.97 1.09	平底马蹄形	15.6×17.7	235.76	13500	灰岩、砂岩、黏土岩、泥质粉砂岩	Ⅰ类、Ⅱ类围岩顶拱厚 15cm 钢纤维混凝土喷锚，底板及侧墙混凝土衬砌 0.30m，其他钢筋混凝土衬砌 0.5～2m	在建

表 2－6   国外若干水利水电工程导流隧洞参数表

水电站名称	国家	坝高/m	最大泄量/(m³/s)	导流隧洞				与永久泄水建筑物结合利用情况
				条数	横断面/(m 或 m×m)	长度/m	衬砌	
曼格拉	巴基斯坦	115.8	8500	5	φ9.15	580	混凝土及钢板	结合发电、灌溉
塔贝拉	巴基斯坦	143	4960	4	φ13.7	660、770	混凝土衬砌	2 条结合发电，2 条结合灌溉
德沃歇克	美国	219	1930	1	φ12.2	525	混凝土衬砌	
鲍尔德	美国	225	2500	4	φ15.2	4 条总长 4940	钢筋混凝土衬砌	结合发电引水
格兰峡谷	美国	216	7815	2	φ13.2、φ14.6	838、918	钢筋混凝土衬砌	结合泄洪
菲尔泽	阿尔巴尼亚	165.6	3240	2	φ9	740、842	混凝土衬砌	1 条结合放空底孔
波太基山	加拿大	183	8840	3	φ14.6	780	混凝土衬砌	2 条结合泄水底孔
阿利亚河口	巴西	160	7700	2	φ12	568、586	部分锚喷混凝土	
比阿斯	印度	134	6370	5	φ9.15	总长 4770	混凝土衬砌	2 条结合发电，3 条结合灌溉
买力口	加拿大	242	4250	2	φ13.9	893、1093	混凝土衬砌	与中、底孔泄洪洞结合
奇科森	墨西哥	264	4000	2	13×13	1380		
努列克	塔吉克斯坦	300	3600	3	10×11.1 11.5×10	1352、1600	混凝土衬砌	1 条结合泄洪
涯洛维尔	美国	235	3200	2	φ10.7			
布列依	苏联	142	12000	2	17×22	860、990	混凝土衬砌	结合泄洪洞

（2）导流隧洞设计。隧洞导流方式适用于河谷狭窄、地质条件允许的枢纽工程。我国大中型水电工程近半数采用了隧洞导流，土石坝中的面板堆石坝多采用隧洞导流。是否采用隧洞导流方案需要根据水文特性、导流条件、枢纽布置及坝体施工要求和计划进度安排等综合比较确定。

导流隧洞轴线的选择关系到围岩的整体稳定、工程造价、施工工期与运行安全等问题，需要根据地形、地质、水力学、施工、运行、沿程建筑物、枢纽总布置以及周围环境等因素综合考虑，并通过多种方案的技术经济比较确定。

导流隧洞的断面尺寸和数量视河流水文特性、岩石完整情况以及围堰运行条件等因素确定，还应考虑工程施工导流期洪峰流量值的大小。

（3）隧洞断面型式。隧洞横断面形状，应根据水力条件、围岩特性、地应力分布和施工因素确定，常见的断面形状有圆形、城门洞形、马蹄形、矩形和蛋壳形。

1）圆形断面。多用于有压隧洞，适用于各种地质条件，最适用于掘进机开挖，其水力特性也最佳。

在内外水压力作用下，其受力条件也最好，衬砌厚度最薄。我国已建圆形隧洞的最大内径为 11.0m，开挖直径达 12.6m。圆形断面的缺点是圆弧形底板不适宜开挖时的交通运输。此外，导流隧洞一般为明满流交替出现，隧洞运行初期，其泄流能力直接影响工程截流落差及枯水期围堰高度，而圆形断面存在低水头下泄流能力低（主要因下部过流面积较小）的问题。因此，导流隧洞一般较少采用圆形断面。

2）城门洞形断面。多用于明流隧洞，适应于无侧向山岩压力或侧向山岩压力很小的地质条件。

断面高宽比（H/B）一般为 1.0～1.5，洞内水位变化较大时，取大值，水位变化不大，取小值。顶拱圆心角一般在 90°～180°范围选取，围岩坚硬完整、垂直山岩压力不大者可取小值，否则取大值。直墙与底板连接处应力集中，常由圆弧连接，圆弧半径 $r_3 =$ (0.15～1.10)B。城门洞形断面便于钻爆法开挖施工，隧洞衬砌施工措施灵活，有利于快速施工。我国已建或在建的最大城门洞形隧洞的断面尺寸达 17.5m×23m（宽×高）。

城门洞形导流隧洞由于施工简单、枯水期泄流能力较大、有利于降低截流难度及减小上游围堰高度等因素而被广泛应用。但城门洞形隧洞受力条件较差，相应衬砌厚度大，工程投资也较高。一般在隧洞穿越坚硬岩层、地质条件好时采用。

溪洛渡水电站 6 条导流隧洞对称布置于金沙江左右两岸山体内，高程约在 362.00～400.00m 之间，考虑到枢纽布局、施工进度与工程投资，其中 1 号、2 号、5 号、6 号导流洞与尾水洞结合，过流断面均为 18m×20m（宽×高）的城门洞形，最大开挖断面达 21.60m×23.60m，是当时世界上最大的导流隧洞群，已于 2007 年建成。

3）马蹄形断面。适应于不良地质条件及侧压力较大的围岩条件，其受力条件与过流能力仅次于圆形断面，在枯水期低水位下有较大的泄流能力。结合工程施工水平的发展（主要是大型钢模台车的发展，使隧洞衬砌水平有较大提高），在复杂地层（特别是软弱地层）中建造导流隧洞一般优先选择马蹄形断面。马蹄形隧洞的断面几何参数需通过计算比较后确定最优方案，针对不同的运行条件及围岩地层条件，可分别采用"矮胖形"断面或"瘦高形"断面。同时，为适应导流隧洞快速施工，也可采用平底马蹄形或斜墙马蹄形，其衬砌厚度可根据受力条件分析成果沿洞周采用不等厚结构。

4）矩形断面。多为适应进口闸门的需要时采用，其水流条件和受力条件都不如其他断面。对于导流隧洞进口段，一般设置两孔矩形断面过渡段：一方面，可改善进口段的过流条件（可增加此段断面面积，通过断面渐变，减小门槽附近产生气室的可能）；另一方面，对挡水闸门的布置有利。

5）蛋壳形断面。是一种较特殊的断面型式，其水流条件与受力条件与马蹄形断面相当。主要适用于围岩力学性能指标各向异性较明显，即围岩垂直向性能明显低于水平向性能（如薄层状水平岩层）的地层。

导流隧洞断面型式选择直接影响工程施工、运行期安全和工程投资。在地质条件差的围岩中建造大型导流洞应进行成洞条件分析及初期支护措施研究。对于较长隧洞，可采用多种断面型式或衬砌型式，不同断面之间应设置渐变段，为保证洞内水流平顺，渐变段的边界曲线应采用平缓曲线过渡，且便于施工；渐变段长度应适中，太短则水头损失大，太长则施工麻烦，一般取 1.5～2.0 倍洞径；有压隧洞渐变段的圆锥角采用 6°～10°为宜，高流速无压隧洞渐变段的型式应通过试验确定。

（4）隧洞衬砌结构型式。导流隧洞衬砌主要有全断面钢筋混凝土衬砌、喷锚支护、组合衬砌和不衬砌等型式。导流隧洞穿越地层类型较多时，各段运行条件、施工条件均有差异，应结合隧洞地质条件、受力状态、施工因素、水流条件等分段选择合适的衬砌型式。

1）全断面钢筋混凝土衬砌。一般用于隧洞进、出口段及地质条件差、岩性软弱的洞段，对于高流速隧洞也多采用全断面钢筋混凝土衬砌结构。全断面钢筋混凝土衬砌包括整体封闭式衬砌和分离式衬砌两类。岩体完整而坚硬的洞段可采用分层式衬砌（底板与侧墙分纵缝，可降低底板内力，达到减小衬砌厚度的目的）。衬砌厚度需通过衬砌结构计算确定。

2）喷锚支护。一般用于Ⅰ类、Ⅱ类或Ⅲ类围岩的衬护，也用于Ⅳ类、Ⅴ类围岩的施工期支护（初期支护）。具有施工快速、与围岩联合作用等特点。喷锚支护设计参数可参照表2-7选取。对于流速较高的导流隧洞，宜采用喷钢纤维混凝土支护或其他抗冲耐磨结构支护措施。

表 2-7　　　　　　　　　　导流隧洞喷锚支护类型和设计参数表

围岩级别 ＼ 毛洞跨度 B /m	5<B≤10	10<B≤15	15<B≤20	20<B≤25
Ⅰ	喷射混凝土厚50mm	（1）喷射混凝土厚80～100mm；（2）喷射混凝土厚50mm，设置长2～2.5m系统锚杆	喷射混凝土厚80～120mm，设置长2.5～3m系统锚杆	钢筋网喷射混凝土厚100～150mm，设置长3～4m系统锚杆
Ⅱ	（1）喷射混凝土厚80mm；（2）喷射混凝土厚50mm，设置长1.5～2m系统锚杆	喷射混凝土厚80～120mm，设置长2～3m系统锚杆	钢筋网喷射混凝土厚100～120mm，设置长2.5～3.5m系统锚杆	钢筋网喷射混凝土厚120～150mm，设置长3～4m系统锚杆
Ⅲ	喷射混凝土厚50～80mm，设置长2～2.5m系统锚杆，必要时配置钢筋网	钢筋网喷射混凝土厚80～120mm，设置长2～3m系统锚杆	钢筋网喷射混凝土厚100～150mm，设置长3～4m系统锚杆	
Ⅳ	钢筋网喷射混凝土厚80～120mm，设置长2.5～3m系统锚杆	钢筋网喷射混凝土厚100～150mm，设置长2.5～3.5m系统锚杆		
Ⅴ	钢筋网喷射混凝土厚100～150mm，设置长2.5～3.5m系统锚杆			

注 1. 对于喷锚支护作为施工期支护措施（初期支护）时，表中支护参数可根据工程具体情况适当减小。
　　2. 对于隧洞断面较大，且处于Ⅳ类、Ⅴ类围岩段时，喷锚支护只能作为初期支护，支护参数应通过综合计算分析后确定，必要时应采取钢拱架、管棚等措施。
　　3. 系统锚杆间排距一般按不大于锚杆长度的1/2控制，Ⅳ类、Ⅴ类围岩中的锚杆间距宜为0.5～1.5m。
　　4. 喷射混凝土设计强度等级不应低于C20，1d龄期抗压强度不应低于5MPa。

导流隧洞采用喷锚支护作为永久支护结构一般用于顶拱或顶拱及边墙。底板因对导流洞水流流态、流量系数影响较大，宜采用混凝土衬砌结构。

3）组合衬砌。一般指喷锚支护与混凝土衬砌结合使用，适用于围岩坚硬完整洞段，包括底板混凝土衬砌＋顶拱侧墙喷锚支护、底板侧墙混凝土衬砌＋顶拱喷锚支护，采用组合衬砌型式应结合导流洞运行条件（如最大流速、内外水压）、围岩特性、施工工期要求等因素综合选择。

4）不衬砌。对于地质条件允许及满足抗冲要求的情况下，导流隧洞也可采用不衬砌结构。不衬砌不仅可节省材料、降低工程造价，而且有利于提前通水，加快工程施工进度。隧洞是否衬砌，取决于岩层是否具备开挖稳定条件、是否满足防蚀、抗冲，以及糙率的大小等。

A. 糙率的选择。影响糙率的因素很多，与洞壁材料性质、施工工艺与质量、隧洞断面尺寸等有关。

一般施工水平衬砌的混凝土糙率常选用 0.014～0.018，采用钢模台车整体浇筑、施工质量好时，糙率可选用 0.012，甚至更低；水泥喷浆或喷射混凝土，糙率可选用 0.024～0.030；对于不衬砌隧洞，采用光面爆破时，糙率一般在 0.025～0.032 之间；采用一般爆破时，糙率为 0.035～0.045；采用掘进机全断面开挖时，糙率最低可达 0.020。流溪河水电站不衬砌隧洞实测糙率为 0.028～0.031，柘溪水电站糙率为 0.037～0.042，松涛水电站糙率为 0.05。

B. 衬砌与不衬砌的技术经济比较。一般以是否能够不使上游围堰高度增加作为是否衬砌的经济比较条件。流量与水头一定时，衬砌就会减小过流断面，不衬砌则加大断面，需进行相应的工程量计算与造价分析。除经济比较外，还应对隧洞的施工进度进行分析。

实际工程中，全部采用不衬砌的隧洞极少。隧洞沿线地质条件各异，特别是进、出口段常是地质薄弱部位，一般离洞口 1～3 倍洞径长度范围内采用全断面衬砌。隧洞衬砌断面与不衬砌断面之间应平顺衔接。

2.2.3 导流涵洞（管）

（1）涵洞（管）导流特征。涵洞（管）导流适用于土坝、堆石坝工程，涵洞（管）埋入坝下进行导流。由于涵洞（管）的泄水能力较低，所以一般仅用于导流流量较小的或只用来担负枯水期的导流任务。涵洞（管）与隧洞相比，具有施工简单、速度快、造价低等优点。因此，只要地形、地质具有布置涵洞（管）的条件，均可考虑涵洞（管）导流。如柘林、岳城、白莲河等水电站。

涵洞（管）也可用于初期导流，后期导流采用其他方式配合。如松涛水电站，采用分期导流，初期由涵洞（管）导流，后期由导流隧洞承担导流与泄洪。

部分水利水电工程的导流涵洞（管）情况见表 2-8。

（2）导流涵洞（管）设计。涵洞（管）导流适用于导流流量较小的河流或只用来担负枯水期的导流。一般在修筑土坝、堆石坝等工程中采用。土石坝工程多采用涵洞（管）导流，此方式是利用埋置在坝下的涵洞（管）将河水导向下游的导流方式，且多是中小型土石坝工程，混凝土坝工程施工中很少使用。

一次性拦断河床的涵洞（管）导流方式是先将涵洞（管）建好，然后在坝轴线上、下游修筑围堰拦断河道，将河水经涵洞（管）导流至下游。涵洞（管）应具有较大的泄水能力，足以宣泄施工期的来水量，同时，在洪水到来之前，坝体高程必须达到拦蓄洪水的高程。

表 2-8　　　　　　　　　　部分水利水电工程的导流涵洞（管）情况表

水电站名称	坝型及坝高/m	导流流量/(m³/s)	断面型式	条数-尺寸/(m×m)	长度/m	底坡/‰	设计流态	进口曲线	出口型式	与永久建筑物结合情况
柘林	心墙土坝 63.6	1650	拱门形	1-9×12.2	234	5.0	压力流	$\dfrac{x^2}{12^2}+\dfrac{y^2}{6.5^2}=1$	扩散连接	不结合
白莲河	心墙土坝 69	407	拱门形	1-5×10.5	230	4.5	压力流	$\dfrac{x^2}{11^2}+\dfrac{y^2}{6^2}=1$	扩散连接	不结合
岳城	均质土坝 51	每孔570	拱门形	9-6×6.7	190	4.0	明流		消力池	8条结合泄洪，1条结合发电灌溉
密云	斜墙土坝 65	247	蛋壳形	1-4.5×5.1	410	12.0	压力流	$\dfrac{x^2}{6^2}+\dfrac{y^2}{3^2}=1$	扩散连接	不结合
百花	堆石坝 49	680		3-3.5×5	106	24.0	压力流			
狮子滩	堆石坝 52		双孔矩形	2-4×4	120	0	压力流		扩散连接	结合放空水库

拦河坝分期施工时采用涵洞（管）导流方式的施工程序是每一期施工中都利用围堰分隔水流。施工导流措施受多方面因素的制约，一个完整的方案，需要通过技术经济比较，必要时应做模型试验，经过论证后确定。

由于涵管过多对坝身结构不利，且使大坝施工受到干扰，因此坝下埋管不宜过多，单管尺寸也不宜过大。涵洞（管）应在干地施工，通常涵洞（管）布置在河滩上，滩地高程在枯水位以上。涵管导流一般在修筑土坝、堆石坝等工程中采用。涵管导流一般用钢筋混凝土管，钢筋混凝土管可以是现场浇筑，也可以是预制安装，但一定要坐落在可靠的基础上（如放在岩石基础上）；如果是放在覆盖层上，则应对覆盖层进行严格的处理，并做好涵管分段的接头，接头处要做好止水及外部的防渗与反滤。

国内多采用导流涵洞（管）直接埋置于坝基中，对于采用一次性拦断河床的涵洞（管）导流方式的工程，大多是在通过河槽的一侧，稍低于最终基础开挖高程下面开挖出岩石槽，在基槽中设置输水涵洞（管），进口端设置进水闸门。

（3）涵洞（管）布置。

1）涵洞（管）的布置应有良好的地基，一般应坐落在岩基上，或对地基进行必要的处理。

2）涵洞（管）的工作状态与隧洞一样，有明流、压力流及明压流交替过渡；在条件允许的情况下，尽量采用明流泄水为好，以减少振动影响，防止气蚀破坏。如必须采用有压泄流时，应采取适当措施，尽量缩短有压段的工作时间，消除振动和负压的影响。

3）涵洞（管）轴线一般呈直线布置，如必须转弯时，应控制弯曲半径，保持良好的水流顺畅。当水头大于20m时，一般不允许设置弯道。

4）进水口应具有良好的进水条件，防止产生负压和气蚀破坏，进口曲线一般采用1/4椭圆，并具有良好的渐变段。出口应有消能措施和可靠的防冲保护，其高程与底坡的选择可参照前述隧洞的布置。

5）当水头不高时，导流涵洞可与永久建筑物结合。如岳城水库的涵洞，是导流与泄洪、发电、灌溉相结合，其中 8 孔作泄洪，1 孔做发电、灌溉用。

（4）涵洞（管）断面尺寸与型式。

1）当围堰与土石坝坝体相结合时，往往是上游围堰越高越经济。除经济分析外，还需从围堰的工程量和工期要求来确定涵洞（管）的断面尺寸，同时，还应考虑后期坝体安全度汛的要求。

2）涵洞（管）的断面型式，常采用拱门形断面。国内最大的单孔导流涵洞（管）是柘林水电站，其尺寸为 9.0m×12.2m。岳城水库的导流兼泄洪涵洞采用 9 孔并列，总宽度达 77m。

2.2.4 导流底孔

（1）底孔导流特征。导流底孔是在坝体内设置的临时泄水孔道，主要用于工程中施工后期导流。采用隧洞导流的工程，施工后期往往可利用坝身泄洪孔口导流，因此只有在特定条件下才设置导流底孔，例如二滩、乌江渡、东风等水电站工程。一些闸坝式工程虽采用河床内导流的方式，但由于泄洪闸堰顶高程很低，可用闸孔导流，不必另设导流底孔，例如葛洲坝、大峡、凌津滩以及映秀湾等水电站工程。有些工程的导流底孔还用于施工期通航和放木，例如水口、安康等水电站工程。部分水利水电工程的导流底孔情况见表 2-9。

表 2-9 部分水利水电工程的导流底孔情况表

水电站名称	坝型	坝高/坝段宽/m	孔数尺寸（宽×高）/(个-m×m)	断面型式	布置方式	使 用 情 况
新安江	重力坝	105/20	3-10×13	拱门形	跨中布置	通航、过筏，实际最大水头 32.8m，流速 21.3m/s，情况良好
三门峡	重力坝	106/16	12-3×8	矩形	每跨 2 孔、跨中布置	改建为冲沙孔
丹江口	重力坝	97/24	12-4×8	贴角矩形	每跨 2 孔、跨中布置	实际最大水头 34.7m，流速 19.9m/s，17 号坝段进出口门槽未封盖，气蚀严重
凤滩	空腹重力拱坝	112.5/18	3-6×10	拱门形	跨中布置	空腹段为明槽，流态气蚀严重
柘溪	大头坝	104/16	1-8×10	拱门形	支墩间、跨缝布置	过筏，同隧洞配合使用，运行时间较短
古田二级	平板坝	44/7.6	2-4×4	—	支墩间	—
白山	重力拱坝	149.5/16	2-9×21	拱门形	跨中布置	排冰，运行情况良好
龚嘴	重力坝	85.5/16.22	1-5×6 1-5×8	矩形	—	冲沙孔兼导流、漂木
湖南镇	梯形坝	129/20	2-8×10	矩形	跨中布置	运行情况良好
池潭	重力坝	78.5/20	1-8×13	拱门形	—	过筏，收缩出口，消除负压，运行情况良好

水电站名称	坝型	坝高/坝段宽/m	孔数-尺寸（宽×高）/(个-m×m)	断面型式	布置方式	使 用 情 况
石泉	空腹重力坝	65/16	3-7.5×10.25	拱门形	在实体坝跨中布置	—
枫树坝	空腹坝宽缝重力坝	95.0/17	1-7×9	—	跨缝布置在宽缝内	用作三期导流和后期度汛
岩屋潭	空腹重力坝	66/	2-4×5	—	空腹段用混凝土管连接	—
黄龙滩	重力坝	107/20	1-8×11	拱门形	跨中布置	运行良好
乌江渡	拱形重力坝	165/21	1-7×10	拱门形	跨中斜交布置	度汛底孔，运行良好
磨子潭	双支墩坝	82/18	2-2.5×5	—	支墩间	曲线不理想，有负压，实际泄流量减少20%
东风	双曲拱坝	162/25	3-6×9	—	—	运行正常
水口	重力坝	101/20	10-8×15	贴角矩形	跨中布置	度汛底孔，上层缺口同时过水，运行良好
五强溪	重力坝	87.5/24.5	2-8.5×10（边孔）2-7.5×10（中间孔）	贴角矩形	跨中、跨缝间隔布置	运行3年，第三年高水位运行后5个孔出现不同程度气蚀
二滩	双曲拱坝	240/20	4-4×6	—	—	控制枯水期隧洞封堵时水位
铜街子	重力坝	82/21	2-6×8	—	跨中布置	—
岩滩	重力坝	110/20	8-4×10	—	—	虽遇超标准洪水，运行正常
万家寨	重力坝	90/19	5-9.5×10	贴角矩形	跨中布置	—
三峡	重力坝	181/21	22-6.0×8.5	矩形	跨缝布置	—

导流底孔一般均设置于泄洪坝段，也有个别工程在取水坝段内设导流底孔，也有一些工程跨缝或在坝的空腔内设置，以简化结构。绝大多数工程的导流底孔运用正常，但也有个别工程产生了气蚀。导流底孔在完成任务后用混凝土封堵，个别工程的导流底孔在水库蓄水后改建为排沙孔。

（2）导流底孔设计。导流底孔一般设置在泄洪坝段；可采用底孔单独导流，也可由底孔与其他导流方式联合导流，如锦屏一级水电站工程为满足初、中、后期导流度汛要求，除在左、右岸各布置了1条导流隧洞、坝身上设置5个导流底孔外，还利用坝身上设置2个放空底孔和5个泄洪深孔以及岸边泄洪洞联合泄流。

（3）导流底孔布置与型式。

1）导流底孔布置原则。

A. 将导流底孔与永久建筑物的底孔结合，当永久建筑物设计中有放空、供水、排沙底孔可供利用时，应尽量与导流底孔结合。

B. 单设导流底孔时，底孔宜布置在主河道附近，以利于泄流顺畅，即将导流底孔布置在溢流坝段，可充分利用护坦作为底孔导流的消能防冲结构。

C. 当底孔与明渠导流结合时，宜将底孔坝段布置在明渠中，作为工程完建、封堵的控制性建筑物。

D. 混凝土支墩坝在选用底孔导流时，宜将底孔布置在支墩的空腔内。

2）布置高程选择。导流底孔设置高程应能满足施工期导流要求，需从泄流要求、截流、通航、防淤、磨损及下闸封孔情况等方面综合考虑，并同其他导流泄水建筑物（如隧洞导流时，底孔高程过高会导致隧洞下闸封堵期水头高，外水压力大等）协调；同时，导流底孔设置高程应与大坝永久泄洪孔相协调。

从泄流、截流、通航方面看，底孔高程低一些为好，可增大泄流能力，减少落差。从防淤、封孔方面看，底孔的高程则高一些为好。底孔设置高程应接近河床高程，以兼顾各方面的要求。当底孔数目较多时，可设在同一高程，也可将底孔分设于不同高程。后期导流度汛的底孔可适当抬高。

3）位置选择。导流底孔的位置应设在基础条件好，进水、出流顺畅的坝段。孔数较多时，应避免各孔进水不均匀。

导流底孔通常布置在大坝泄洪坝段内，以便利用消力塘或护坦做出口的消能防冲。当需设置在非溢流坝段时，应根据地形、地质情况，考虑出口防冲要求。有时为了导流需要，将导流底孔布置在厂房进水坝段时，底孔通过厂房坝段的结构较复杂，施工干扰大，应采取以下措施：①厂房先施工或只浇筑尾水管以下部分，在其上部过水；②通过厂房坝段用钢管或钢筋混凝土管连接；③尽量从安装间下部结构简单的部位通过，避免同上部结构施工干扰。

导流底孔在各坝段布置主要有跨中和跨缝两种布置型式。底孔所处坝段位置应满足永久泄洪孔布置条件和底孔闸门启闭设施的操作条件。

（4）底孔形式与孔口尺寸。底孔的设计流态常为压力流，或进口为压力流，孔内为明流，且常有明流、压力流交替过渡。底孔总过水面积需根据设计流量、围堰高度要求、坝体度汛和后期封堵等要求确定，应进行技术经济比较。单孔断面尺寸选择需考虑以下因素。

1）底孔横断面尺寸在满足泄量要求的前提下，通过技术和经济论证，选择单孔尺寸与孔口数量，一般采用多个小尺寸的泄水孔，其最小尺寸以不妨碍后期封堵为度。

2）底孔应满足封孔闸门尺寸和启闭机能力的要求，如孔口过大则闸门过重，造成闸门沉放困难。有些工程为了控制闸门尺寸，在进口设置中墩。

3）底孔应考虑通航等综合利用要求。当需要利用底孔通航时，底孔的宽度和高度应满足船舶或木排的航运宽度和净空要求，进口一般不宜设置中墩。当底孔数目较多时，也可设置专门的通航孔，其孔口尺寸和高程的设置可以区别对待。

4）当底孔上部同时有坝体过水等双层泄水情况时，应通过水工模型试验验证，确定避免底孔空蚀破坏的措施。

5）底孔导流后，应采取措施保证封堵混凝土与坝体的良好结合。

6）为防止导流底孔门槽、门槛运行期冲刷受损，保证后期封堵时顺利下闸，其进口门槽、门槛的金属结构应按永久工程进行设计。

底孔断面型式有圆形、椭圆形、矩形、贴角矩形及拱门形等，选择时应根据具体应用条件、导流截流条件和综合利用等要求确定。对于重力坝和支墩坝，一般常用拱门形和矩形，大跨度的用拱门形，小跨度用矩形或贴角矩形。在已建工程中，以矩形、贴角矩形及拱门形居多。其高宽比一般在 1.0～2.5 之间，也有的在 3.0～3.5 之间。对于重力坝，窄深式底孔不仅有利于改善坝体应力，还有利于闸门结构和减小闸门承受的总水压力。底孔宽度与坝段宽度之比，一般都小于 0.5。

（5）导流底孔体型。导流底孔通常分为五段：进口段、闸门段、渐变段、洞身段和出口段。

进口段包括短的有压进口、压力进口等型式，一般进口体型设计需满足宣泄各种流量时均能形成正压，以免产生空蚀；压强变化平缓，以使进口段损失最小；尽量减小进口的断面尺寸，便于闸门关闭；同时，应力求结构简单，便于施工。进口体型一般取 1/4 椭圆曲线。

闸门段设计与闸门、门架、起重设备的设计中的结构与机械问题密切相关，防止空蚀是闸门段设计中最重要的内容之一。尤其是高水头闸门局部开启运行时，可能遇到严重的空蚀与振动，并需很大的通气量。根据导流底孔运行特点，闸门系统往往设置 1～2 套，即当底孔低于常水位时，为便于底孔封堵，其出口需增设一套叠梁门挡水。

渐变段包括进口渐变段、洞身渐变段、门槽之间的渐变段和出口渐变段等。渐变段的作用主要是使水流平顺衔接、防止空蚀、减小损失，其体型设计还需通过模型试验验证。

洞身段一般设计成直线平低型式，但对于高水头底孔，常设计成竖向曲线段，此时应复核弯曲段各点压强，防止空蚀。

出口段应设置收缩断面，以提高其上游测压管水头线位置，消除负压、防止空蚀。

2.2.5 封堵结构

（1）封孔闸门。封孔闸门通常都是潜孔闸门。按闸门制作的材料划分，有钢闸门、钢筋混凝土闸门、木闸门、橡胶闸门等，前两类闸门用得最多。

钢闸门按外形划分为平面钢闸门和弧形钢闸门。平面钢闸门又以支撑滑动方式分为定轮闸门、滑动闸门和链轮闸门。若封孔闸门不与永久闸门结合（属一种临时结构），为了减少闸门费用、钢材用量，多以钢筋混凝土或预应力钢筋混凝土闸门所取代。钢筋混凝土或预应力钢筋混凝土闸门，就其形状和结构特征又分为整体式和叠梁两种。整体式中又常分为平面和拱形两种；叠梁闸门是一种对起吊能力要求小、制作简便的闸门，就其断面型式区分有矩形和工字形，前者多用于中小孔封堵，后者多用于大孔封堵。部分钢筋混凝土、预应力钢筋混凝土及钢闸门实例见表 2-10。

常用的封孔闸门有：

A. 钢筋混凝土叠梁闸门。将预制的钢筋混凝土叠梁沉放入预留的门槽内封孔，常用于低水头封堵。叠梁断面有矩形和工字形两种。实践表明，后者省料不多，施工不便，故工程中多用矩形断面，苏联第聂伯河水电站、国内下洞水电站都用钢筋混凝土叠梁封孔。

B. 钢筋混凝土整体闸门。有平板形和拱形两种，前者制作简便、沉放较容易。多用于泄流孔口尺寸不大的封孔，国内外普遍采用。

C. 钢闸门。钢闸门封孔，国内外使用均较普遍，通常与永久水工闸门结合使用，高低水头均适用。在导流泄水建筑物堵塞完毕后，再取出作为永久闸门使用。

表 2－10　　　　　　　　　　部分钢筋混凝土、预应力钢筋混凝土及钢闸门实例

序号	水电站名称	类型	门型	闸门材料	闸门尺寸 （宽×高×厚）/（m×m×m）	闸门重量 /t	封堵导流建筑物
1	新安江	整体式	平面	钢筋混凝土	5.9×17.2×1.15	321.00	底孔
2	柘溪		平面	钢筋混凝土	9.32×11.57×1.87	540.00	底孔
3	石泉		平面	钢筋混凝土	7.5×10.4×3.1	400.80	底孔
4	上犹江		拱形	钢闸门	$R=5.6$	83.50	隧洞
5	瓯江		拱形	钢筋混凝土	19.0×13.8×10	628.00	隧洞
6	西津	叠梁	矩形	钢筋混凝土	6.96×1.06×1.5	9.70	尾水闸门
7	古田一级		矩形	钢筋混凝土	6.2×0.8×0.5	5.95	梳齿孔
8	龚嘴		工字形	预应力钢筋混凝土	14.55×1.5×1.0	21.60	明渠闸孔
9	乌江渡		矩形	钢筋混凝土	13.5×0.9×0.4	12.15	围堰闸孔

注　上犹江水电站是拱形钢闸门，铆焊混合式钢结构。

D. 组合闸门。采用两种不同型式的闸门组合封孔，如巴基斯坦塔贝拉（Tarbela）水电站的导流明渠封堵，在明渠与大坝上游面交界处，顶部1/3为钢筋混凝土面板（相当于胸墙），中部1/3为安放叠梁闸门，下部1/3为定轮钢闸门，封闭的顺序是先叠梁闸门后定轮钢闸门。

（2）封孔围堰。在封孔时段上游水位上升不大的情况下，在导流泄水建筑物的口门修建土石围堰、木笼围堰、杩槎围堰等，然后再进行孔洞的堵塞工作。

（3）定向爆破抛石体。当导流建筑物进口地形有利时，可采用定向爆破抛石，然后抛填砂砾及黏土料闭气。国内白莲河水电站、加拿大奥塔德水电站工程均采用。奥塔德水电站工程共爆炸了 2 万 m³ 的岩石，在流量 424.0m³/s 的情况下封堵了直径为 15m 的导流洞口。

（4）封孔球形体。将一个球形体置于要封堵的圆形进口之前，水压力将其紧压于保证不漏水的位置上。待泄水口填塞混凝土后，球形体可毫不费力地取出用于别处。球形体多为木制的。在卡里巴水电站拱坝则采用了混凝土球形体封堵了 20 个直径 2.0m 的泄水口，混凝土球形体的表面用钢丝网沥青封裹并作用于木座上。这种封孔方法，法国用得最多，特别是用于拱坝中直径不大的圆孔封堵中。

（5）封孔栅格结构。将钢栅格构件用索式吊车吊置于泄水建筑物口门前，然后在栅格前的流水中抛投大块石，再倾倒砂砾，由于水位上涨，最后在浮船上抛投泥土，泥土借助水压在迎水面胶结起来。卡里巴水电站拱坝的导流底孔就是这样封堵的，两周内 600.0m² 的底孔全部被封堵，最后进行混凝土填筑，钢格栅是按承受 90.0m 水头设计的，封堵质量符合要求。

国内外部分导流泄水建筑物封孔所采用的钢筋混凝土、预应力钢筋混凝土及钢闸门实例见表 2－11。

（6）永久封孔堵头。导流隧洞或涵洞永久封堵，要求在洞内浇筑一定长度的混凝土塞（堵头）。对于底孔，则按照坝体应力要求，全孔回填混凝土。为使新老混凝土良好结合，孔壁需进行凿毛、设置键槽或埋设插筋等处理，并在回镇完成后进行接缝灌浆。

表 2-11　　　　　　国内外部分钢筋混凝土、预应力钢筋混凝土及钢闸门实例

序号	水电站名称	孔口尺寸（$B \times h$）/(m×m)	面积 A /m²	水头 H /m	总水压力 $P = rHA$/t	闸门型式	封堵导流建筑物
1	阿斯旺	6×16	69	100	9600	平面闸门	
2	谢尔庞桑	6.2×11	68	126	8560	平面闸门	
3	刘家峡	6×13.5	81	104	8424	平面闸门	隧洞
4	曼格拉	9.24×9.24	85.4	85.4	7027.8	平面闸门	隧洞
5	杰尼萨特	11×9	99	67.4	6660	平面闸门	
6	热尼西亚	8.25×8.25	67	99	6560	平面闸门	
7	卡皮瓦里	8.5×12	102	58	5410	平面闸门	
8	塔贝拉	4.9×7.3	35.7	136	4850	弧形闸门	
9	枫树坝	7×11.5	80.5	60	4830	平面闸门	隧洞
10	卡博拉巴萨	8.9×11	97.9	52	4643	平面闸门	
11	伊通比亚拉	7.3×11.84	86.4	58.1	4598.2	平面闸门	
12	伊泰普	6.7×22	118.7	42.4	4156.5	平面闸门	底孔
13	新丰江	9×6.7	60.3	65.6	3955.7	弧形闸门	
14	菲尔泽	7×7	49	80	3920	弧形闸门	隧洞
15	托克托古里	7×7	49	80	3920	弧形闸门	
16	卡斯特罗鲍特	14×8.5	119	30	3560	弧形闸门	
17	努列克	3.5×9	31.5	110	3460	弧形闸门	
18	福兹杜阿里阿	7.4×7.4	54.7	63.7	3348	平面闸门	
19	克拉斯诺雅尔斯克	5.5×8.5	46.7	70	3270	弧形闸门	
20	龚嘴	5×8	40	78	3120	弧形闸门	底孔
21	三门峡	3.5×11	38.5	50	1925	平面闸门	导流孔
22	南水	7×9	63	29.8	1877.4	平面闸门	底孔
23	陈村	3×6.5	19.5	65.9	1284.5	平面闸门	底孔
24	参窝	2.5×8	28	38	1064	平面闸门	
25	马耳他	4.2×4.2	17.6	55	970.2		
26	白山	9×21	189	76	14364		底孔

　　堵头的型式有截锥形、短钉形、柱形、拱形及球壳形等（见图 2-26）。

　　截锥形堵头能将压力较均匀地传至洞壁岩石，受力情况好，被广泛应用。短钉形开挖较易控制，但钉头部分应力较集中，受力不均匀，故不常用。柱形堵头不能充分利用岩壁的承压，只能依靠自重摩擦力及黏结力达到稳定，隧洞较少采用，常用于涵洞。拱形堵头所用混凝土量少，但对岩石承压及防渗要求较高，可用于岩体坚固、防渗性较好的地层，如石门水库导流隧洞封堵就采用了这种堵头。球壳形堵头结构单薄，只能用作临时堵头，如石门水库引水洞竖井施工中曾用此种型式作临时封堵。

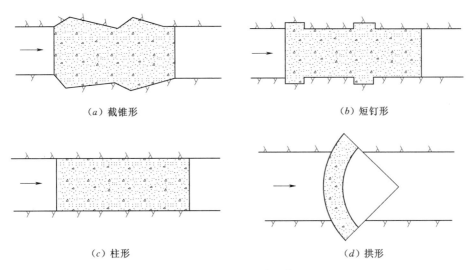

（a）截锥形　　　　　　　　　　　（b）短钉形

（c）柱形　　　　　　　　　　　（d）拱形

图 2-26　堵头型式示意图

3 围 堰 施 工

3.1　土石围堰施工

3.1.1　施工布置及准备

（1）施工布置。按围堰与水流方向的相对位置，可以分为横向围堰和纵向围堰。

围堰的平面布置应按导流方案、主体工程的轮廓和对围堰提出的要求而定。通常，基坑内围堰坡趾离主体工程轮廓的距离不应小于 20.0～30.0m，以便布置排水设施、交通运输道路，堆放材料和模板等。当纵向围堰不作为永久建筑物的一部分时，基坑纵向坡趾离主体工程轮廓的距离，一般不小于 2.0m，以供布置排水系统和堆放模板。围堰施工布置的对象主要有交通运输道路、拌和系统、供压站、供电系统、设备修理车间等辅助设施等，尽量结合和利用主体工程的施工布置，土石围堰填筑施工前要布置好土石料取料场和取料通道。

（2）施工准备。土石围堰施工前，按照工程的总体要求，编制专项施工组织设计，编排施工进度，研究围堰开工、截流、度汛、拆除等控制日期，根据工程导流设计标准、结构型式，结合现场施工布置制定具体的施工方案及措施。

同时要准备土石料料源、施工设备以及施工道路和辅助设施等布置到位。

3.1.2　施工程序

土石围堰施工顺序是先进行两侧或单侧的截流戗堤填筑、河床龙口合龙后，再进行围堰基础防渗体的施工，最后进行围堰堰体填筑及防渗施工。

3.1.3　施工方法及进度要求

（1）主要施工方法。

1）基础开挖及岸坡处理。土石围堰对基础的要求较低，一般适用于任何地基，主要是防渗体基础和反滤层基础的处理较为复杂，技术要求较高，基础处理一般有以下要求：

A. 围堰基础的清理宜在小围堰保护下进行（水下施工除外），清理堰基按设计要求施工。

B. 堰体范围内水井、泉眼、地道、洞穴以及各种构造建筑物按要求处理，记录备查。

C. 岸坡表层的粉土、淤泥、细沙、腐殖土、泥炭等按设计要求清除。风化岩石、滑坡体等应按设计要求处理。

D. 岸坡开挖要求：堰体岸坡宜开挖成大致平顺的斜面，坡比不宜小于 1∶0.3，对岩石岸坡进行植被清除，有反坡的位置应进行挖除，清理后坡度做到符合填筑设计要求。

E. 防渗体、反滤层的基础处理技术要求较高，在覆盖层厚度较薄的情况下，宜用推土机、挖掘机等机械清掉覆盖层，露出不透水层；在覆盖层厚度较大，全部清理较困难或不经济的情况下，应研究确定采取其他基础处理措施。

F. 局部凹坑、反坡以及不平顺的岩面，按设计要求处理。岩石节理处理视缝宽的大小、块体的状况以及围堰高低等情况，按设计要求处理，如用水泥浆灌注，或用混凝土堵塞，并加以捣实。对较大节理缝，开挖清理后采用混凝土塞防渗。

2）围堰接头处理。围堰的接头是围堰与围堰、围堰与其他建筑物及围堰与岸坡等的连接部位。围堰与岸坡的接头是薄弱点，是保证围堰正常工作的关键，对土石围堰来说尤为突出。主要是通过扩大接触面和嵌入岸坡的方法，以延长塑性防渗体的接触范围，防止集中的绕渗破坏。

混凝土纵向围堰与土石横向围堰的接头，通常采用刺墙的形式插入土石围堰的塑性防渗体中，并将接头的防渗体断面扩大，以保证在任一高程处均能满足绕渗渗径长度的要求，防止引起有害的集中渗漏。

3）围堰填筑施工。土石围堰的填筑施工分水上和水下两个部分。水上部分施工与一般土石坝施工相同，采用分层填筑和碾压施工，并适时安排防渗墙施工；水下部分的施工，主要有石渣戗体进占填筑、土料填筑及石渣料戗体加宽填筑，也可采用驳船抛填的方式填筑石渣戗体。

围堰的水上施工按土石填筑有关规定进行分层、分块填筑；利用反铲、推土机等设备将顶部面层反复压实，最后对迎水面采用块石进行适当护面。观测（计算）记录渗透压力、浸润线、沉陷等并作观测记录。

4）围堰反滤料施工。

A. 反滤料基础处理与防渗体基础施工结合，与岸坡连接处的坡积物，当其渗透性或稳定性不满足设计要求时，需全部清除或采取其他有效措施进行处理。

B. 一般设置3层反滤料，即粗碎石或砾石层，细砾石层和砂层，也可用天然砂砾混合料铺设单层反滤层（选取天然级配较好的），但铺设厚度应予加大。

C. 反滤料不均匀系数在干地施工为 $K_{80}=10$，在水中填筑为 $K_{80}=4$。

D. 反滤料铺设厚度，人工铺设砂厚至少30cm，机械铺设砂厚至少1.5m。

E. 反滤料铺设工序宜与防渗体、壳料填筑相结合统一上升，对于低水头围堰，在施工工期允许情况下用单层混合料铺设，可在壳料填筑到一定高程，削坡到设计坡度后，沿边坡机械卸料铺设，再进行斜墙施工。

5）围堰护坡。截流后，围堰上游的水位变化速度对渗流场和稳定性的影响十分明显。当变化速度小于0.5m/d时，堰体内部水位同库水位同步变化；当变化速度大于3.0m/d时，堰体内部水位滞后于库水位变化。水位变化越快，堰坡的稳定性就越低，故要严格控制围堰护坡的施工质量。

A. 对于均质堰体，为保证设计断面内压实干密度达到要求，铺料时一般在上、下游留有削坡余量，其值视堰坡坡度、铺料厚度和铺料自然休止角而定。

B. 坡面修正施工一般包括坡面削坡与压实两道工序。

C. 采用人工或机械按自上而下修整达到设计坡面并进行碾压，碾压工艺按有关技术规范执行。

D. 对有抗冲要求的坡面按设计要求采取相应护面措施。围堰遭受冲刷在很大程度上与其平面布置有关，多采用抛石护底、铅丝笼护底、柴排护底等措施来保护堰脚及其基础。围堰区护底范围及护底材料尺寸的大小，应通过水工模型试验确定。解决围堰及其基础的冲刷问题，除了护底以外，还应对围堰的布置给予足够的重视，力求使水流平顺地通过。

（2）施工进度要求。根据水利水电工程控制性施工总进度的安排，导流泄水建筑物施工完成，具备通水条件后，同年汛后河床截流，河水由导流泄水建筑物宣泄，同时进行土石围堰的填筑与加高，施工在一个枯水期内完成。

3.2 土石过水围堰施工

3.2.1 施工布置及准备

（1）施工布置。施工布置与土石围堰基本相同。

（2）施工准备。编制施工方案，同时准备施工道路、土石料料源、施工设备以及混凝土拌和系统、模板厂、钢筋加工厂、设备修理等辅助设施。

3.2.2 施工程序

施工方案编制→施工辅助设施修建→料场开采及道路修建→填筑施工道路修建→围堰水下部分填筑→堰基防渗体施工→围堰水上部分填筑及堰体内防渗体施工→围堰上、下游坡面防护施工→围堰顶面防护施工。

3.2.3 施工方法及进度要求

（1）主要施工方法。过水围堰有混凝土围堰、均质土围堰和堆石体围堰等不同形式，混凝土围堰不用防护就可以过水，均质土围堰和堆石体围堰都需要在防护后才能过水，而均质土围堰和堆石体围堰施工方法基本相同。过水围堰除需要满足一般围堰的基本要求外，还要满足堰顶过水的专门要求，这里主要描述土石过水围堰的围堰面，上、下游坡面防护施工方法。

当采用允许基坑淹没的导流方式时，围堰堰体将允许过水。因此，过水土石围堰的下游坡面及堰脚是防护的关键，应采取可靠的保护措施。围堰下游坡面多采用的保护措施有大块石护面、加筋护面及混凝土板护面等，较普遍的是混凝土板护面。

1）迎水面防护。围堰迎水面的流速一般较缓慢，其防护可采用铺设复合土工膜、喷混凝土，也可采用浇筑混凝土。较高围堰一般采用浇筑混凝土的防护方法。

防护施工前坡面按实际开挖坡度进行修整，若采用喷混凝土或浇筑混凝土进行防护，在坡面修整完成后在面层铺设一层土工布（120～200g/m²）以减小围堰边坡渗水对护面钢筋混凝土的渗透压力。土工布沿坡面铺设应保持平顺，不得有褶皱，相邻两块土工布的搭接宽度不小于 20cm。

采用复合土工膜进行防护时，土工膜连接采取膜焊布缝的方法，即对土工膜采用焊接，对土工布采用缝接。土工膜铺设好后，将两张复合土工膜重叠 10～15cm，使用手提式电动封包机先缝接膜下方的土工布；土工膜间接缝采用双面焊接，搭接长度为 10cm，焊接工具采用自动爬焊机，也可用热焊器手工焊接，焊接前用柔软织布擦净表面水渍及尘土，保证接头焊接表面干燥、干净，确保接头焊接牢固。

2）围堰与岸坡接触段防护。围堰与岸坡接触段设护墙，护墙高度上游约1.5m，下游约0.5m，厚度0.5m，外侧坡比1：0.1～1：0.2，护墙以现场实际浇筑高度为准，护墙内布置2排直径25mm、长3.0m的锚杆，锚固深度2.5m，锚杆外露0.5m。

护墙需嵌入边坡岩石中，迎水面齿槽深1.0m、宽1.0m左右，背水面槽内设1排直径25mm、长1.5m锚筋，入岩1.0m，锚杆孔径不小于42mm，锚杆砂浆强度等级为M30，锚杆外露0.5m，间距1.5m布置。齿槽开挖严禁爆破，可用破碎锤凿除。

3）围堰下游面防护。下游面防护的重点在坡脚，一是防止高速水流对坡脚的冲刷；二是防止水流淘刷堰基。围堰下游常采用大块石护面，也可采用钢筋石笼或混凝土护面；但需在坡面安装排水管，按3.0m×3.0m梅花形布置长40cm的ϕ50mmPVC排水管，排水管进口包裹一层土工布（200g/m²），渗水较大处采用ϕ100mmPVC排水管，出口外露混凝土坡面10cm。

围堰坡面混凝土沿轴线纵向按宽度5.0～6.0m分块浇筑，采用厚2.0cm的木板分缝，分缝板兼作侧模，相邻的两块混凝土护面之间采用钢筋穿过分缝板连成整体。

（2）施工进度要求。根据水利水电工程控制性施工进度安排，土石过水围堰过水前需完成围堰上下游坡面及堰顶顶面防护施工。

3.3 混凝土围堰施工

3.3.1 施工布置及准备

（1）施工布置。结合后期大坝和厂房施工布置拌和系统，但要满足混凝土供应的强度要求。

首先考虑基础开挖、清理时的施工道路布置，尽量利用前期的道路，还应随着混凝土围堰高度的上升，适时地修改混凝土入仓道路。入仓道路可采取全断面填筑，下部填方量大、路面宽的部位布置多条车道，道路半幅填筑上升，每次上升60～100cm，半幅车辆通行，互相交替随堰体上升逐渐抬高。

（2）施工准备。混凝土围堰施工准备工作首先是编制施工方案及技术交底，对施工人员及设备根据施工的工程量、高峰期的时段等因素进行准备；其次是准备施工道路、混凝土拌和系统、砂石料供应、弃渣场、模板厂、设备修理等辅助设施。

3.3.2 施工程序

施工准备→道路修建→基础开挖及清理→架立模板→混凝土施工。

3.3.3 施工方法及进度要求

（1）混凝土围堰水下施工。混凝土围堰采取水下施工，可避免修筑低水头围堰，节约工期及投资，已有不少工程取得了成功的经验。混凝土水下施工方法，对于浅水，可用编织袋混凝土或在清基立模后，直接浇筑混凝土，施工较为简单；对于深水，施工较为复杂，其工艺程序一般是测量放样、水下清基、立模就位，清仓堵漏、水下混凝土浇筑及模板拆除等。此外，还有预填骨料灌浆混凝土等施工方法。

（2）混凝土围堰干地施工。围堰干地施工有利于围堰质量控制，因为在干地施工时，施工手段容易实现，缺陷可提早发现，干地施工是混凝土围堰施工的主要方法。

混凝土围堰干地施工主要施工步骤为：子围堰填筑、抽排水、基础清挖处理、垫层及首层混凝土浇筑、基础灌浆处理、混凝土浇筑施工。

1）子围堰填筑。一般采用土石围堰填筑方法进行，通常在主围堰填筑前一个枯水期进行设计。采用反铲及推土机等土石方机械进行填筑。必要时进行防渗帷幕施工，一般采用黏土心墙、混凝土心墙、沥青混凝土、防渗膜、高喷灌浆、控制灌浆等防渗措施。

2）抽排水。在子围堰内部开挖集水井；采用抽水机进行围堰内积水排除。集水井采用水下开挖，采用长臂反铲在河床低洼处先挖两个一期积水井，将围堰内大方量积水排除后，再扩挖集水井，扩挖深度标准为集水井经济水面高程低于围堰基础底面约 1.0m。

3）基础清挖处理。在排水结束后进行基础清挖处理，因混凝土围堰一般是要度过多个汛期，其挡水标准较高、断面小，围堰基础承载力要求也高，所以，混凝土围堰需要在基岩上建设，采用挡水坝基础处理方式。先挖除围堰范围内的河床堆积物，采用土石方机械进行明挖，清除岸坡植被、土、砂、小块漂石，遇到大块漂石或孤石、礁石出露，采用在石块上打爆破孔，进行小药量爆破处理，在不允许爆破的情况下，可采用打孔、劈岩机进行劈裂，静爆剂进行静态爆破等方式处理。再进行基础基岩的清理，可采用浅孔爆破进行大面积的清理；局部欠挖及风化岩石处理可采用风镐破碎或采用人工清理。

4）垫层及首层混凝土浇筑。采用低标号混凝土进行垫层浇筑，覆盖裸露岩面。垫层厚度 0.1~0.2m，再浇筑堰体首层混凝土，厚度 1.0~2.0m，浇筑时注意混凝土的分缝、分块及止水片的安装。

5）基础灌浆处理。可采用盖重灌浆及无盖重灌浆两种方式进行。盖重灌浆是在首层混凝土面上采用地质钻机进行钻孔，直至设计深度。采用分循环灌浆进行基础灌浆，遇到深度超过 6.0m 时，采用分段灌浆。无盖重灌浆是在首层混凝土浇筑之前即进行灌浆，直接在基岩面上进行钻孔、灌浆，贴基岩面埋设灌浆管，再浇筑堰体混凝土。在围堰混凝土上升约 3.0m 后再通过预埋管进行灌浆。因无盖重灌浆施工埋管费用较高，但占用直线工期短，在工期紧张的情况下宜于采用。

6）混凝土浇筑施工。采用常态混凝土进行分仓施工。

（3）碾压混凝土围堰施工。碾压式混凝土用于围堰，它的特点是采用干硬性混凝土，大面积薄层通仓浇筑，不设纵缝，打破了常规的分块浇筑方法。不仅加快了施工进度，也提高了经济效益。碾压式混凝土一般采用干硬性贫混凝土，水泥用量 85.0~120.0kg/m³，掺合料 30.0%~40.0%，骨料最大粒径不超过 8cm 为宜。

1）配比。碾压混凝土中一般高掺粉煤灰或石粉等材料以减少水泥用量，降低水化热；掺入缓凝高效减水剂延长初凝时间，有利于仓面碾压和层间结合；掺入引气剂提高抗冻、抗渗标准。VC 值采用小值有利于层间结合，如 1~5s，3~7s。

2）模板。碾压混凝土围堰模板的设计以结构简单，安装方便为主要目标。模板除了满足拆装方便、稳定性好的基本要求外，还必须克服碾压混凝土连续施工时仓面设备及各种施工荷载所产生的作用力。从三峡水利枢纽工程三期碾压混凝土围堰工程开始，连续交替上升的翻转模板得以推广应用，使碾压混凝土得以连续上升，大大加快了施工进度。

3）入仓。碾压混凝土下部一般仓面大，施工强度高，可布置入仓道路，采用自卸汽车直接入仓。上部仓面小，施工强度相对较小，可搭设溜筒等措施入仓。有条件的工程可采用皮带机从拌和楼运输至仓位，采用塔（顶）带机或自行设计制作的布料臂入仓。

4）上游防渗层施工。为提高碾压混凝土防渗能力，一般在上游设置防渗层。如三峡水利枢纽工程三期碾压混凝土围堰设计挡水水头为90m，防渗要求高，根据设计要求，上游4m为防渗层，其中，上游50cm浇筑变态混凝土，其余3.5m范围在混凝土层层间均匀铺厚3mm的水泥净浆。另外，在堰体上游迎水面喷涂水泥基渗透结晶型防水材料，或在上游50cm范围变态混凝土内掺防渗剂。

上游变态混凝土可采用挖槽注浆后振捣的方式施工，三峡水利枢纽工程三期碾压混凝土围堰变态混凝土槽深20cm左右，注浆量按三级配变态混凝土30L/m³，二级配变态混凝土20L/m³控制，用专门加工的标准桶计量，均匀地注入浆槽内，从浆液拌制到振捣完毕控制在40min以内。变态混凝土也可以根据设计配合比采用拌和楼拌和后入仓振捣施工。

5）仓面规划。施工时根据结构型式、混凝土生产能力分区域施工，尽可能采用通仓浇筑，横缝面每层采用切缝机切割形成。

6）碾压。摊铺厚度一般按33～35cm控制，压实厚度按30cm控制，采用振动碾按照设计要求以及生产性试验确定的碾压参数碾压。

（4）装配式混凝土围堰施工。装配式混凝土围堰一般为重力式结构。根据现场吊装能力，预制成混凝土块体或钢筋混凝土构件，用汽车或平台车运到现场进行砌筑或拼装。块体通过设置键槽或预埋铁件连接，使安装后形成整体。其施工工艺主要包括构件预制、运输、安装及防渗处理等。预制构件可由工厂生产，构件尺寸取决于运输、吊装能力。运输设备一般用汽车或平台车。吊装设备宜用桅杆式起重机、履带式或汽车起重机等轻型机械，灵活机动，有利于施工。

装配式混凝土接缝很多，应做好防渗处理。一般可在迎水面浇一层混凝土，形成防渗墙；也可对接缝进行灌浆固结处理，达到防渗目的。由于预制件可以成批生产，不受气候及洪水影响，有条件时可加快施工，缩短工期。但需要有大量运输、起重设备和较高的安装技术，否则，施工速度可能反而缓慢。对于接缝的处理，也需要进一步研究，使之日趋完善。

装配式围堰施工要求如下：

1）围堰板桩断面应符合设计要求。板桩桩尖角度视土质坚硬程度而定。沉入沙砾层的板桩桩头，应增设加劲钢筋或钢板。

2）钢筋混凝土板桩的制作，应用刚度较大的模板，榫口接缝应顺直、密合。如用中心射水下沉，板桩预制时，应留射水通道。

3）目前钢筋混凝土板桩中，空心板桩较多。空心孔多为圆形，用钢管做芯模。桩尖斜度一般为1：2.5～1：1.5。

4）在杭州湾跨海大桥承台施工中，应用装配式混凝土底模钢吊箱围堰，就是采用了装配式混凝土块做底模，钢结构做挡水壁的围堰实例。

（5）施工进度要求。根据水利水电工程控制性施工进度安排，导流泄水建筑物施工完成，具备通水条件后，同年汛后河床截流，河水由导流泄水建筑物宣泄，同时，进行土石围堰的填筑与加高，基坑抽水，随后进行混凝土围堰（或碾压混凝土围堰）基础开挖。在土石围堰保护下，进行混凝土围堰（或碾压混凝土围堰）施工。进度要求在截流后的第一个汛期前，混凝土围堰（或碾压混凝土围堰）到达设计高程，施工在一个枯水期完成。

3.4 沉井围堰施工

20世纪60年代开始在水利水电工程中引入沉井技术，先后在一些大型水利枢纽工程中应用。

3.4.1 工艺原理

在现浇或预制好的钢筋混凝土井筒（井壁）内挖土，凭借井筒（井壁）自重克服井壁与地层的摩擦阻力逐步沉入地下，根据下沉深度要求，逐节增加井筒（井壁）高度，逐节开挖下沉，完成单个沉井下沉。按照预定的施工顺序，分区分段完成各个沉井施工，形成沉井群，最终实现工程目标。

3.4.2 沉井布置

向家坝水电站工程二期纵向围堰沉井群由10个23m×17m的沉井组成，下沉深度最浅43m、最深达57.4m，属当时国内最大规模的沉井群工程。沉井群既是左岸一期土石围堰内侧边坡的挡土墙，又是二期纵向碾压混凝土围堰体的一部分。

单个沉井内分6格，井格净空平面尺寸为5.2m×5.6m（含40cm×40cm的倒角），外墙厚2m，隔墙厚1.6m，最深的9号沉井高度达57.4m。沉井设计由下到上结构依次为：底节高7m（其中底部1m为钢刃脚结构），刃脚踏面宽30cm，刃脚斜面高2m；中隔墙离刃脚踏面高度1～3m；底节高7m处设10cm×10cm的斜向倒角，其上2～5节设计按5m一节段配筋。沉井壁混凝土设计标号：底节混凝土大部分沉井为C35W6（其中8号、9号为C40W6）；其余节均为C25W6。井内填心混凝土标号为C10W6。沉井工程特性见表3-1。

3.4.3 施工工艺流程

沉井群施工的总体程序为：间隔制作、交替下沉。即先制作1、3、5、7、9单号沉井的第Ⅰ、第Ⅱ节段，待其下沉到位后，再开始2、4、6、8、10双号沉井的制作下沉施工，然后，单号和双号沉井依次交替制作、下沉；下沉深度达30m后，沉井群平行施工。

9号沉井的制作下沉始终是先行施工，作为全部沉井群的先导井，利用该井探索、验证施工方案，同时，作为沉井群区域的集水井抽取局部地下渗水，降低其他沉井的地下水位。

单个沉井施工工艺流程见图3-1。

　　　　　　　　　　　　沉 井 工 程 特 性 表

沉井分序	沉井编号	平面外形尺寸/(m×m)	沉井高度/m	开挖量/m³	沉井壁混凝土量/m³	沉井回填混凝土量/m³	取土井尺寸/(个－m×m)
Ⅰ	1		43.50	17009	8832	7808	
	3		43.50	17009	8832	7808	
	5	23×17	43.00	16813	8728	7721	6－5.2×5.6
	7		49.00	19159	9978	8758	
	9		57.40	22443	11730	10210	
	合计	—	—	92433	48100	42305	—
Ⅱ	2		43.50	17009	8832	7808	
	4		43.00	16813	8728	7721	
	6	23×17	44.50	17400	9041	7980	6－5.2×5.6
	8		52.50	20528	10708	9363	
	10		47.00	18377	9562	8412	
	合计	—	—	90127	46871	41284	—
总计				182560	94971	83589	

3.4.4　主要施工方法

（1）始沉平台。始沉平台（首节沉井施工平台）的高程应根据施工季节的河水位或地下水位确定。如地下水位较低，则地下水位以上可采用明挖方式以减小下沉的总高度。难于压实和承载力太低的土层应予以清除换填。

（2）底节井筒施工。混凝土井筒应按设计图纸分节施工。底节井筒带有刃脚，在它的围护下边挖掘边下沉，并逐节接高，然后再开挖、再下沉，直至设计深度。

1）铺垫砂砾石及垫木。始沉平台场地经平整碾压密实后，在垫木铺设范围内铺垫最大粒径不超过 4cm 的砂砾石，其厚度不小于 25cm，用机械或人工进行找平夯实。

垫木是在地基满足承载能力的前提下，为防止沉井浇筑混凝土过程发生不均匀沉陷和减少对地面的压强而设置的。垫木采用质量良好的普通枕木及短方木，一长一短（3m，1.5m）依次摆平，在刃脚的直线部位应垂直铺设，四角（或圆弧）部位应径向铺设。垫木数量应依据首节沉井重量和附加荷重均匀分布到地基经计算确定。先用 24 根作为定位支点垫木，分成 6 组，中间 2 组，角上 4 组，用水平仪找平，然后拉线放置其余垫木。

2）刃脚制作与安装。刃脚是位于底节沉井下端的三角形结构，它以角钢为骨架，底部镶焊槽钢，表面衬焊钢板，俗称钢靴。

刃脚是沉井下沉全过程的关键部件，应按照钢结构施工规范的要求保证刃脚的制作和安装质量。通常先在厂内分段加工成型，然后运至现场拼装、调整、焊接成整体，要求外形尺寸正确，钢靴和钢筋之间焊接可靠，能承受沉井下沉全过程中产生的挤压振动和冲击。

3）刃脚下的承重桁架及井筒内模施工。根据首节沉井结构尺寸和承重荷载的要求，对井筒内模周边、转角和隔墙可采用木制承重桁架，该桁架支撑在已做好的基础垫木上（某些荷载集中的支点也可用砖砌筑承重平台）。刃脚下和井内隔墙下垫木所受应力应基本

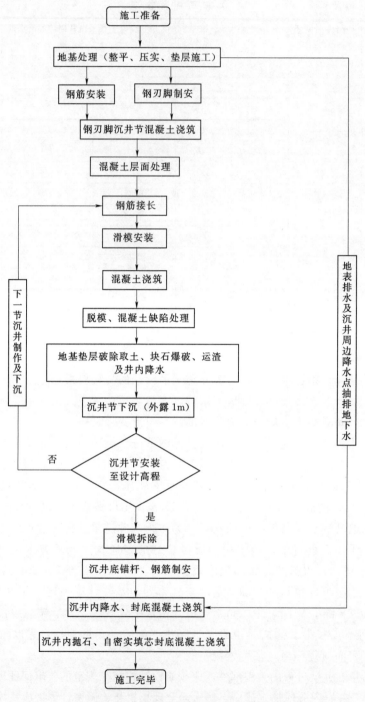

图 3-1 单个沉井施工工艺流程图

相等，以免不均匀沉陷使井壁连接处混凝土出现裂缝。

内侧模板可采用由加工厂加工成型的标准模板在现场拼装，局部接头使用散装模板拼接。先安装斜面和隔墙承重模板，后安装侧面模板，并用内支撑固定。

4）钢筋安装及预埋件施工。经过检查确认内模符合设计要求后，才能进行钢筋安装。钢筋先在厂内加工，现场绑扎。在起重机械允许的条件下钢筋也可在场外绑扎，现场整体吊装。刃脚钢筋布置较密，可先将刃脚纵向钢筋焊至定长，然后放入刃脚内连接。主筋要预留焊接长度，以便和上一节沉井的钢筋连接。

沉井内的各种埋件，包括灌浆管、排水管以及为固定风、水、电管线、爬梯等的埋件等，均应在每节钢筋施工时按照设计位置预埋。

5）井壁外侧模板施工。沉井井筒外壁要求平整、光滑、垂直，严禁外倾。为了施工快捷和模板平整，外模宜采用大模板。模板支撑采用对拉方式。内外模板均应涂刷脱模剂。

6）底节井筒混凝土浇筑。模板、钢筋、埋件等在安装过程中和安装完成以后，必须经过质量检验，合格后方能进行混凝土浇筑。浇筑前先搭设浇筑平台，并按规定距离布设下料溜筒，一般5～6m布置一套溜筒，混凝土通过溜筒均匀铺料。为避免不均匀沉陷和模板变形，四周混凝土面的高差不得大于一层铺筑厚度（约40cm）。

（3）井内开挖及井筒下沉。底节井筒模板及支撑排架拆除后，井筒混凝土经养护达到设计强度70％以后，才能进行抽垫，开始下一节挖渣下沉作业。

1）底部垫木抽除。为了保证沉井的垂直度，抽除垫木是关键之一。在抽垫过程中，应分区、依次、对称、同步地进行，先隔墙，后井筒；先短边，后长边；最后保留设计支承点。每次抽去垫木后，刃脚下立即用卵砾石填塞捣实，使沉井自重逐渐由卵石承受。在整个作业过程中加强变形观测，发现沉井倾斜时应及时采取措施调整。

2）沉井开挖下沉。一般采用抽水吊渣法施工，采用小型挖渣机械开挖或人工井下开挖，由起吊机械及1～2m³吊渣斗装汽车卸至渣场。

下沉时，每个沉井内除了配置必要的开挖设备外，还要配置砂石泵等强排水设备。强排水设备的作用，一方面，排除井内的地下水，保证挖掘机能够干地施工；另一方面，在刃脚开挖过程中，适时采取高压水冲挖、泵吸的方式配合开挖、下沉。

对于覆盖层或一般土层开挖，应从中间开始向四周逐渐展开，并始终均衡对称地进行，每层挖土厚度为0.2～0.3m。刃脚处留宽0.8～1.5m土埂，用人工逐层全面、对称、均匀地削薄土层。对有流沙情况发生或遇软土层时，则采取从刃脚挖起，下沉后再挖中间的顺序。任何情况下，隔墙不得承重。隔墙处应保持1m的净高，以利通行。

3）井筒纠偏措施。土体软硬不均、或挖土不均匀、或井内土面高低悬殊、或局部开挖过深、或刃脚下掏空过多、或地层状况差异较大等都可引起井筒倾斜。

施工中需预防为主，加强观测，一旦沉井发生倾斜或有倾斜趋势立即进行纠偏。

偏除土纠偏：在高的一侧多挖土，低的一侧少挖土或回填块石来纠正。一般可在刃角高的一侧挖土，并且预先使沉井向偏位方向倾斜，然后沿倾斜方向下沉直至中轴线与设计中轴线接近，再将沉井稍微向相反方向倾斜，调正沉井，保证沉井位移和倾斜在规范范围内。

配重纠偏：在沉井顶部高的一侧加适量配重。

助沉纠偏：在高的一侧压触变泥浆，减少高侧沉井井壁的摩阻力。

纠偏措施是在分析监测得到的数据的基础上，进行计算后制定的，通常采用的措施可能是上述的一种方法单独使用，也可能是上几种方法综合应用。

另外，当沉井下沉时，可能出现下沉过快、下沉过慢、被卡、流砂和瞬间突沉等现象，应及时采取针对性措施。

（4）沉井的助沉措施。

1）采用改型刃脚卵砾石填缝助沉。为了降低沉井下沉的阻力，或为了预防沉井下沉过程中，周围的大孤石、块石坍塌挤压沉井外壁，造成沉井下沉困难，采用沉井刃脚外撇20cm的八字形刃脚，在外壁空腔内根据下沉情况，不断充填粒径约4cm的河卵砾石，使沉井外壁与地层间的摩擦由原来的滑动面摩擦变为球体滚动摩擦，故沉井下沉时的摩阻力大幅度下降，且由于填充了卵砾石，使井外壁与地层之间没有空隙，不会产生地层大孤石、块石垮塌挤压井壁的现象，同时，由于缝隙中填充了卵砾石，使井筒与地层之间保持有一定的距离，所以井筒位置稳定，偏斜小。

通过调整刃尖下方土体的阻力可以及时地修正沉降过程中出现的倾斜。下沉施工完结后向充满卵砾的缝隙中注入固结浆液，使井筒和地层固结在一起。

2）压沉助沉。沉井压沉助沉是通过外部荷载的增加，使沉井的沉降系数增大，改善沉井下沉条件的方法。施加荷载的方法分为两种：①通过反力地锚施加荷载压沉；②依靠增加沉井高度或加放压重块施加荷载。前者优于后者，有利于控制沉井的下沉姿态。

3）触变泥浆助沉。触变泥浆常规方法是通过沉井墙壁预留的压浆管、出浆口进行压力灌注，亦可通过从井壁外侧钻孔插管的方法进行注浆，作为一种补充措施。

（5）后续井筒施工。在底节沉井下沉到预定深度后停止下沉，准备进行上面一节沉井的施工。沉井的接高应符合以下要求：

1）接高前应调平沉井，井顶露出地面应有1m左右高度。

2）第二节沉井高度可与底节相同（5～7m）。为减少外井壁与周边土石的摩擦力，第二节井筒周边尺寸应缩小5～10cm。以后的各节井筒周边也应依次缩小5～10cm。

3）上节模板不应支撑在地面上，防止因地面沉陷而使模板变形。

4）为防止在接高过程中突然下沉或倾斜，必要时应在刃脚处回填或支垫。

5）接高后的各节井筒中轴线应为一直线。

6）第二节井筒混凝土达到强度要求后，继续开挖下沉。以后再依次循环完成上部各节井筒的制作、下沉。

（6）井底地基处理。

1）按设计要求打好插筋，清除岩面浮渣杂物，浇筑封底混凝土和填心混凝土。

2）沉井下至设计位置后，如设有深挖齿槽，为保证齿槽的顺利施工，应将井周刃脚部位封堵。齿槽可沿长度方向分段跳块开挖，一般分4块（或3块），分两个阶段开挖。第一阶段先开挖1～2块，立模先浇筑混凝土。第二阶段可全部开挖，该阶段齿槽混凝土可与封底混凝土一起施工。

齿槽开挖前槽口边沿应打插筋，齿槽开挖的边坡可采用喷混凝土支护，若遇破碎层可用锚喷支护。

3）井间齿槽可采用平洞法开挖，并回填混凝土至刃脚底面。

（7）填心混凝土施工。

1）作为一般基础沉井，可用C15混凝土封底，高度为2～5m。

2）若渗水量不大，填心、封底可采用分期施工方法。第一期可采用预留泵坑，一边排水一边从一端向另一端封堵填心，最后撤出水泵封堵水泵坑。

3）若渗水量较大，无法采用排水法封堵，也可采用导管法水下浇筑混凝土封堵。水下混凝土浇筑厚度可为3～5m，以上部分将积水排出后仍采用普通混凝土方法浇筑填心混凝土。用导管法浇筑水下混凝土时，应按照《水电水利工程水下混凝土施工规范》（DL/T 5309）中"特种混凝土"的有关规定执行。水下浇筑混凝土的强度等级应较原混凝土设计强度提高一个等级。

4）井底封堵后若要进行防渗处理，则井底可作为防渗处理的工作面。井底混凝土封堵后，其上应根据设计需要，浇筑贫混凝土或填砂砾石。

3.5 其他型式围堰施工

3.5.1 草土围堰

草土围堰是一种草土混合结构，多用捆草法修建。草土围堰的断面一般为矩形或边坡很陡的梯形，坡比为 1∶0.2～1∶0.3，是在施工中自然形成的边坡。

草土围堰是用一层草一层土，再一层草一层土在水中逐渐堆筑形成的挡水结构，为我国传统的河工技术。其下层的草土体靠上层草土体的重量，逐步下沉和稳定，堰体边坡很小，甚至可以没有边坡（俗称收分）。其基本断面是矩形，断面宽度是依据水深和施工时上游壅水高度及基坑施工场地要求来确定，根据已有实践经验，断面宽为水深的2.7～3.3倍。流沙基础和采用机械化施工时，断面宽度应适当的加大。由于草土体的沉陷较大，需预留足够的超高，一般超高为设计堰高的 8.0%～10.0%。

草土围堰的施工方法，可分为散草法、捆草法、埽捆法3种。水中填筑时，一般采用捆草法施工，水上加高部分，捆草法或散草法均可使用；埽捆法因费时费工，防渗性能较差，故使用较少。

（1）主要填筑材料。

1）草料：麦柴和稻草是修筑草土围堰的主要材料，稻草抗拉能力和耐久性强。在选择柴草料时，要求长而整齐，并经过轻微碾压，吸水性强、长度50cm以上的支茎为宜。单个草捆重为 6.0～8.0kg。

2）土料：一般土壤即可使用。对土壤干湿度的简单测验，以在现场将土用手握紧成团，掷地能散为宜。冻土、干土、含有较多砂砾石和有机物杂质的土壤不宜使用。

3）制造捆草的长拉绳（俗称拧捆柴绳）：原料尽可能的选用稻草（麻绳造价高），绳长一般为水深3倍，直径5～7cm。绳的质量对围堰工程的质量，至关重要。在拧绳时，注意把好质量关，力求粗细均匀，紧密刚劲。

（2）捆草法水中填筑。先将草料捆成长约1.5～1.8m、直径0.5～0.7m的单个草捆，重约10.0kg，用草绳将每两个草捆捆成一体，供进占时使用。进占前，先将岸边清理，铺填一层土料，然后将草捆垂直岸边并排沉放。第一排草捆浸入水中1/3～1/2草捆长，将草绳拉直放在后边；再在第一层草捆上后退压放第二层草捆，两层草捆搭接长度一般为1/3～1/2草捆长，当压草层数较多时，搭接长度可适当减为 1/3～1/2 草捆长。随草捆逐层压放，形成一个 $30°\sim40°$ 的坡面，直到满足所需层数为止（斜坡长度不小于 1.5 倍水深），草土围堰进占施工见图 3-2。

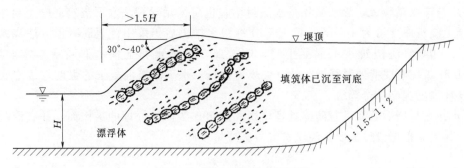

图 3-2　草土围堰进占施工图

当草捆压好后，再铺一层厚约 30cm 的散草，填补捆草间的空隙。同时盖住草绳，使其徐徐随草捆下沉。铺草工序完成后，随即进行洒水，使草料浸湿，便于下沉和压实。然后在散草上铺土，铺土厚度一般 30～35cm（汽车上土时，厚度可增大到 40cm 左右）。铺好的土层可踩实或加夯压实（一遍即可）。这样，一层草土的填筑即告完成。再按上述工序依次进行第二层草土填筑，逐渐向前进占。进占过程中，草土体端部始终保持为一个漂浮体，随前端向水中进占，草土体后部逐渐下沉，直到与地基接触为止。在相当长的一段草土体沉全河底后，再在堰顶进行夯打或用机械碾压，增加堰体的密实性。

草土围堰施工时，如果施工期水位与围堰运用期的最高水位相差较大，则可将堰体堆筑分两次完成。首先将堰体堆筑至施工水位以上 1.0m 左右，合龙后再加高水上部分的堰体。水上部分的施工较水中施工简单，不论采用散草或捆草，均为一层草一层土的填筑方法。草层和土层可铺成水平层，分层压实，分段或全面施工均可。为了节省草料，在堰体的中间部位多用土少用草，这样可以增加堰体的重量，提高其稳定性。

（3）预留沉陷超高。草土围堰的特点之一是自身沉陷量较大，因此，施工时应考虑沉陷超高。即填筑时应超过设计高程一定高度，使其沉陷后不低于设计高程。一般情况下，水中填筑的沉陷超高可按堰高的 $10.0\%\sim12.0\%$ 估计；干地填筑则按 $8.0\%\sim10.0\%$ 估计。

（4）机械化施工。草土围堰的填筑，已逐渐采用机械化施工代替人力操作，进而提高了工效。草土填筑过程中，工作量最大的环节是土料运输，采用挖土机配合自卸汽车运土，直接上堰卸料，对围堰也起压实作用。在堰顶宽大于 5.0m 时，可采用 3.5～5.0t 自卸汽车；堰顶宽大于 10.0m 时，可采用更大型的自卸汽车运土，并配合推土机平土碾压，不但工效高、质量好，而且能加速堰体下沉。

（5）施工中问题的处理。草土围堰进占过程中，最常见的问题是裂缝和滑坡，特别是在深水施工时较为普遍。其原因主要有以下几点。

1）草绳长度过短或强度不够，在草捆下沉过程中，因重力作用产生断裂。

2）堰头上土过多或因施工时上面人员过多，使漂浮体下沉速度过大而造成折断塌滑。

3）遇地基地形突变（如陡坎），草土体沉底时下坐高差较大而折断。

4）河道水深，流速很大，使堰头漂浮的草土体不易下沉，随着进占而加长，受较大力矩而折断，甚至被水冲走。

5）草捆过短或压草坡度掌握不好，易产生滑坡。

在施工过程中，应加强预防，以防断裂情况发生。当发生断裂后，如果断开部分被水冲走，处理办法可将草土头部水上部分拆除成30°～40°坡面，然后再一层草一层土继续填筑；如在静水中施工时发生断裂，断开部分虽已离开堰体，但未被冲走，应立即用麻绳等拉住断开部分，按上述处理办法继续填筑，直至与断开部分连接起来，断开部分还可利用做堰体，避免草土损失。当发现填筑体产生较大裂缝而未断开，应在裂缝处加散草和土捣实，并在上面加填草土，防止草土堰体断开。

3.5.2 块石笼围堰

（1）竹笼围堰。竹笼围堰是用楠竹编制成格笼，内填块石作堰体，用木板、混凝土面板或黏土阻水。笼体直径一般为0.5～0.6m，长为3～10m，可视需要而定。笼体过长，沉放时容易折断。采用铅丝笼或钢筋笼时，笼体可更大。

竹笼围堰不宜过高，最大高度15.0～16.0m。施工时水深不宜大于2.0～3.0m。采用木面板阻水时，允许流速一般为4.0～5.0m/s；采用混凝土面板阻水时，最大流速可达8.0～10.0m/s。

竹笼围堰施工程序为：选竹材→编笼→选填料→装笼→投料→防渗墙施工→面板施工。

1）竹材质量的检查。

A. 从外形上应选择长而挺直，竹竿粗细均匀，皮色青而带黄，表皮附白色蜡质，质地坚硬、肉厚，敲其声音清晰，无开裂、损伤、腐烂、虫蛀等缺陷。

B. 从竹龄来看，以4～6年生毛竹为好，以6年生冬竹为最佳。

C. 采伐时间以冬季采伐为好，不易虫蛀，农历白露至次年谷雨为最佳采伐期。

2）编笼。竹筋宽度约2～3cm，厚度以3mm为宜，以竹青一层最好，最低抗拉强度大于100MPa，使用期超过1～2年或受力较大时，应进行防腐处理。

竹笼编制孔格尺寸约10～12cm，竹筋搭接长度应大于3个孔格。对受力较大部分的竹笼，顶盖宜用双筋，延伸长度大于2.0m。面板拉筋应松紧均匀。

3）选填料。竹笼内填料以卵石为佳，石料大小相辅，填石密度以达到1.45t/m³为宜，最好无尖锐棱角。

4）装笼。将选好的石块进行机械装笼或机械配合人工吊入笼内，采用竹条或铁丝进行封笼。拉筋与锚桩在填石时同时埋入，不得松动。

5）投料。砂卵石垫层用水冲密实。如建在冲积层上，对表层细砂应加以平整，并铺上竹席。在竹笼与地基之间可加设插桩，以增加抗滑稳定；建在基岩上时，岩面宜先用块石填平，再叠放竹笼。竹笼用机械或人工进行搬运、投入围堰填筑区。

6）防渗体施工。采用黏土料或土袋进行防渗体的施工。必要时采用高喷、挖槽浇筑混凝土等方式进行防渗体施工。

7）面板施工。在竹笼表面覆盖混凝土或土袋防冲。

（2）木笼围堰。木笼围堰在20世纪50年代应用较多，在当时木材短缺的情况下，使用受到限制。木笼围堰既可干地搭建，也可水中沉放，可在10.0～15.0m的深水中施工。

根据我国实践经验，木笼围堰最大高度为 16.0~17.0m，超过 20.0m 时，木笼变形过大，一般采用木笼戗石混合围堰。采用木阻水面板允许流速最大为 7m/s 左右，如采用混凝土面板则允许流速可达 10m/s。

木笼围堰施工的技术要点如下：

1）木笼的节点强度关系到整体安全，既要牢固可靠，又要便于施工。节点采用栓钉连接，施工较简单，但不是每个节点都很可靠，有时会发生接头开裂和栓钉漏钉等现象。一旦节点开裂移动，就造成面板破裂、漏水，乃至失事。防范的措施有：缩小临水面和背水面框格尺寸，降低填料水平侧压力，以减小节点推力，采用拉条，使节点推力传到内格横木上［见图 3-3（a）］以减少栓钉或不用栓钉；在临水面一格浇筑混凝土，以保证临水面框格的强度［见图 3-3（b）］。

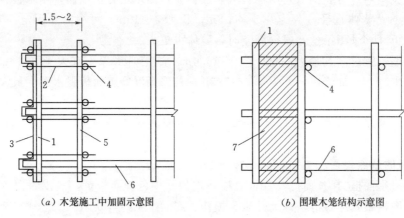

（a）木笼施工中加固示意图　　　　（b）围堰木笼结构示意图

图 3-3　木笼节点加固措施示意图（单位：m）

1—横木；2—拉条；3—面板；4—立柱；5—内格横木；6—直木；7—混凝土

2）临水面与背水面的横木有时因填料水平侧压力较大，一根横木难以承担，需用两根或多根横木才能满足抗弯和节点推力要求。采用临水面一格浇筑混凝土，并浇到堰顶时，不仅保证了临水面框格的强度要求，还可代替阻水面板。

3）横、直木的加工。横、直木的上下面应锯成平行，两端厚度要一样（见图 3-4）。由于直木一般较长，需用 2 根或 3 根接长，若两端厚度不一，则直木高低不平，横木叠搭就会歪斜，影响框壁垂直力的传递，木材加工的切削宽度 c 和厚度 h 的关系是：c 大则承压面积大，所需横、直木及垫木数量少，但 c 大则 h 小，会增加木笼层数。设计时兼顾 c 和 h，使木材用量最少。横、直木承压面宽度一般取平均宽度计算承压面积和截面模数。

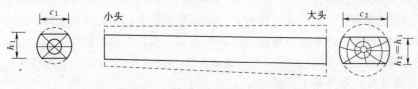

图 3-4　横、直木外形加工示意图

4）填料应采用内摩擦角大、压实性好的砾石料。根据新安江水电站工程试验，石料级配不良、抛填不加处理时，密度不宜超过 1.4g/cm³。只有选用块石级配良好，并稍加人工整理，才能提高填料密度。

5）施工质量控制点。

A. 木笼根据实测水下地形，先在岸上搭建，然后翻身，浮运至预定位置沉放。由于水下地形难以准确测量，除沉放后由潜水员在水下堵塞基础空穴外，抽水后如发现背水侧木笼底部与地基有脱空现象，应立即垫塞，以免造成不良后果。

B. 垫木加工厚度如果小于横、直木厚度，会造成垫木脱空，不能起到传力作用。

C. 横、直木如果木材弯曲过大，小头直径过小，节点栓钉打入时会有漏钉现象，造成节点质量降低。

D. 节点栓钉打入时，为避免横、直木头部开裂，栓钉穿过的第一、第二层横、直木，一般先用电钻钻孔，第三层才用人工打入。如果电钻钻孔比栓钉直径大，会造成第一、第二层横、直木节点松动。

E. 如果立柱木材直径大小不一，立柱与横木之间有脱开现象，需用木塞垫紧，使之传力均匀。

F. 木笼搭建时，由于螺栓长度规格较多，不能用错。长螺栓用在短处不易拧紧，短螺栓用在长处要削木后才能拧上，这样会降低木笼结构强度。因此，螺栓的选用必须配套。

G. 在抛填块石时容易将拉条螺栓打弯、打松甚至打坏。施工时应注意对拉条螺栓的保护。

6）木笼的节点。节点采用栓钉连接时，其可靠性不一致。所以需要进行处理：①缩小临水面和背水面框格尺寸，降低填料水平侧压力，以减小节点推力；②采用拉条，使节点推力传到内格横木上，以减少栓钉或不用栓钉；③在临水面一格浇筑混凝土，以保证临水面框格的强度。

3.5.3 浆砌石围堰

浆砌石围堰所用的石料，应就地取材。浆砌石围堰可作纵向围堰和横向过水围堰。浆砌石围堰需在干地施工，以保证砌石质量。若具备水下施工条件，可将水下部分浇筑混凝土，水上部分采用浆砌块石。

浆砌石围堰一般采用重力式，其剖面与混凝土重力式围堰相同，但一般浆砌块石的防渗性不高，故常在上游面加设浆砌条石或混凝土面板之类的防渗结构。

在宽阔河谷上的浆砌石围堰，沿围堰轴线应设置温度缝，缝的间距在 20.0～40.0m 之间，缝两侧浇筑混凝土，混凝土接触面间填沥青油毡，并设置止水。

3.5.4 钢板桩围堰

钢板桩格型围堰是一系列彼此连接的钢板桩格体所组成的临时挡水建筑物，格体钢板桩的锁口互相扣接形成一定形态的封闭空间，内部回填砂砾石料以保持格体稳定。

钢板桩做围堰不仅绿色环保，而且施工速度快、施工用工少，具有很好的防水功能。

钢板桩强度高，容易打入坚硬土层，防水性能好，能按需要组成各种外形的围堰，并可多次重复使用。但是需用专用设备打入，打入的钢板桩要相互咬合，才能起到止水作用。

（1）钢板桩围堰施工的技术要求。

1）有大漂石及坚硬岩石的河床不宜使用钢板桩围堰。

2）围堰高度应高出施工期间可能出现的最高水位（包括浪高）0.5～0.7m。

3）围堰外形一般有圆形、圆端形、矩形、带三角的矩形等。围堰外形还应考虑水域的水深，流速增大引起水流对围堰、河床的集中冲刷，以及对航道、导流的影响。

4）堰内平面尺寸应满足基础施工的需要。

5）堰体外坡面有受冲刷危险时，应在外坡面设置防冲刷设施。

6）钢板桩的机械性能和尺寸应符合规定及使用要求。

7）施打钢板桩前，应在围堰上下游及两岸设测量观测点，控制围堰长、短边方向的施打定位。施打时，应当备有导向设备，以保证钢板桩的正确位置。

8）施打前，应对钢板桩的锁口用止水材料捻缝，以防漏水。经过整修或焊接后的钢板桩应采用同类型的钢板桩进行锁口试验、检查。接长的钢板桩，其相邻两钢板桩的接头位置应上下错开。

9）施打顺序一般从上游向下游合龙。施打过程中，应随时检查桩的位置是否正确、桩身是否垂直，否则应及时纠正或拔出重打。

10）钢板桩可用捶击、振动、射水等方法下沉，但在黏土中不宜使用射水下沉方法。

（2）格体填料。填料要求能自流排水，并具有较大的抗剪强度和相对的不可压缩性。一般在围堰附近就地取材。砂砾石混合料具有抗剪强度大和良好的排水性能，适用于水力充填法回填，是适宜的格体填料，含泥量应少于5.0%。颗粒级配良好的砂也是适宜的填料，但颗粒不宜太细，细颗粒容易通过板桩锁口缝隙和排水孔流失，含泥量控制在10.0%以内。粉砂和黏土、石渣不宜做格体填料。

（3）施工程序与方法。格型围堰施工可以高度机械化，一般施工程序是：安装样架→拼装板桩→打桩→回填填料→拆除样架。圆形格型围堰的施工见图3-5。

1）安装样架。它是和格体平面形状相同的框架结构，用来临时支撑板桩和作为工作平台，其结构布置有外样架和内样架之分，大多数采用内样架。圆形样架可成整体式或装配式，根据施工条件和起吊能力决定。样架强度及刚度应满足要求，导环的直径选择要适当，至少要有两个水平导环，其间距不小于3.0m。弧形格体常用弓形样架，花瓣形格体系由4个弓形样架装配而成。圆形和花瓣形格体连弧段的样架，一般由两段弧形工字梁装配成，其两端固定在主格体的连接桩或样架上。

样架通常用数根锚柱支撑，圆形格体的整体式样架的锚柱一般为4～8根。锚柱应打入地基中，以牢靠地固定样架。安装时定位要准确，样架不能歪斜，否则板桩拼装不能闭合。

2）拼装板桩。安装前应对板桩的直度、纹理和锁口形状进行检查。吊运应仔细，以免板桩变形。应先安装圆形格体的连接桩，就位要准确、要垂直，并用电焊或拉索固定在样架上。安装的方法宜从格体两侧并列进行或两侧交替进行，使其同时装完，并在格体闭合之前能保持稳定。格体闭合时应采取预防措施，避免采用专门的闭合桩或用桩锤将板桩硬性打入。闭合困难时可提起部分板桩或摇动板桩使之滑移到位。

3）打桩。打插板桩应在同一格体的板桩全部拼装完毕，邻接格体安装2～5块板桩之后进行。打桩一般分阶段进行，每次围绕整个周边打插0.6～1.5m，直到板桩端部达到

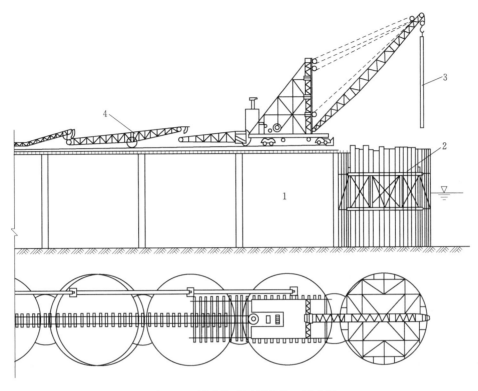

图 3-5　圆形格型围堰的施工示意图

1—已建格体；2—样架；3—钢板桩；4—胶带输送机

设计高程为止。

用汽锤或气锤打桩，且以双动式气锤效果最好。打桩宜成对打插，首先用轻型锤（锤击力约 1200kgf·m），然后用中型锤（2100kgf·m）。在板桩阻力较大、打桩困难时，可有节制的采用射水及钻孔方法进行，或将障碍物排除。对非黏性的含砾石不多的土壤，采用振动锤很有效。但对黏性土效果较差。在需要打到基岩时，当板桩同岩石接触后，要用汽锤或气锤将板桩缓缓打入岩基内。

4）回填填料。每个格体的板桩插打完毕后，为避免倒塌或发生变形，应及时回填。圆形格体可以单个进行填筑，但相邻连弧段至少要装上一部分板桩，因为鼓胀变形会给连弧段板桩的安装带来困难，甚至不能安装。连弧段的回填应在相邻的圆形格体回填后进行。而且在任何情况下都不得超过相邻圆形格体内的填料高度，以确保圆形格体不致变形。鼓形格体需逐步回填，为防止隔墙歪曲和移动，两相邻格体中填料高差不得超过 1.0~1.5m。

圆形格体回填多采用水力充填法，也可以用胶带运输机、索铲、合瓣式抓斗、自卸汽车等进行。回填时注意仓面平整，防止局部堆积，造成格体变形。弧形格体采用合瓣式抓斗回填比较合适，抓斗易跨越隔墙，便于控制格体内填料高程。

对于覆盖层较浅或直接坐落在岩石上的格体，在样架拆除前，需要回填部分填料压仓，以免样架拆除格体倒塌或变形。在格体回填到大约 2/3 高度时，已足够稳定，这时样架可以全部拆除。格体的刚度主要取决于填料的密度，为了使填料固结，可采用下列方法：①在干填的情况下，向格体内灌水，并使格体内水位超出外水位约3m；②将格体超填到最大高度进行预压，这样还可以提高锁口强度，但应注意锁口拉力的增长情况。

3.5.5 预留岩埂

预留岩埂一般是用于枯水期临时挡水。其优点是可以先挖除围堰岩埂以上的部分，在枯水期由预留岩埂挡水，明渠或基坑开挖完成后，再拆除预留岩埂。如岩滩水电站扩建工程的引水明渠长约180.0m，渠底高程193.20～212.00m，最低开挖高程193.20m。挡水围堰利用进水口预留岩埂形成，顶宽为4.0～7.0m，外侧迎水坡比为1：1～1：4.7，内侧坡比为1：0.2～1：1.5。

有些裂隙较发育的岩石作预留岩埂时，需对其进行处理，如采取固结灌浆等措施防止渗漏。如恰甫其海水利工程导流洞进口岩埂上部的岩石较为破碎，又有明显的渗漏水；金安桥水电站导流洞进口预留岩埂为玄武岩夹火山角砾熔岩及凝灰岩，岩体以镶嵌碎裂结构为主，岩石呈强风化—弱风化性状，裂隙发育，大量渗水。采用止漏灌浆方法进行处理，以保证导流明渠、引水洞和导流洞进口在相对干燥的环境施工。

3.6 围堰防渗体施工

围堰防渗的基本要求，和一般挡水建筑物无大差异。土石围堰的防渗一般采用斜墙、斜墙接水平铺盖、垂直防渗墙或灌浆帷幕等措施。

3.6.1 黏土铺盖

（1）水下抛土铺盖。水下抛土铺盖的施工方法简单，技术难度不高；水面施工场面大、抛填速度快，不需碾压，能达到快速止漏、闭气的目的。水下抛投体级配组成较均匀、塑性大、能与填土体、岸坡和已浇筑混凝土结构很好地结合成一体，适应地基变形能力强；不需维修，随着泥沙的不断淤积，防渗作用逐日俱增，是围堰这类临时挡水建筑物及部分永久建筑物中值得推广的一种较好的透水地基防渗措施。特别适用于透水层较厚、无强透水夹层的均质或双层地基上的中、低水头土坝及围堰工程，以及作为修复铺盖的有效措施。

抛土通常在静水或低流速情况下进行，当流速超过0.5m/s时，便会出现过多的流失。形成的铺盖不能反向受力，因此在有反复涌泉和承压水上冒地段不能采用水下抛土铺盖，一旦出现破坏，必须及时修复，以免扩大破坏面。

一般采用黏性土作为水下抛土铺盖用土。美国达勒斯水电站混凝土堆石坝，成功地采用级配良好、含有细颗粒的砂砾料（含砂率30.0%～50.0%）抛投水下铺盖，抛投水深达54.0m。形成铺盖的渗透系数可达$(5.08～8.47)×10^{-4}$cm/s，以后随着河水携带泥沙淤积，渗漏量逐渐减少。我国白山水电站工程二期上游围堰水下抛投风化砂形成斜墙及铺盖，采用的风化砂为含多棱角的砾石和粗中砂，黏粒含量11.0%，属砾质轻壤土（见图3-6）。施工水深10m，形成自然边坡1：1.7～1：1.97，抛填一天后取样，渗透系数K的数量级已达10^{-5}，干密度1.4～1.78g/cm^3，$c=3～6$kPa，$\phi=26°～31°$。

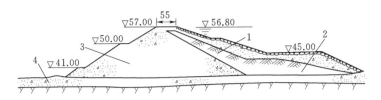

图 3-6　白山水电站工程二期上游围堰剖面图（单位：m）

1—干填黏土斜墙；2—水下抛土外铺盖；3—砂砾料；4—砂砾石覆盖层

1）对水下抛土料的要求。水下抛土铺盖主要用于堰基防渗。因此，所抛土料应能在水下浸透、崩解、固结形成具有一定防渗能力、抗冲刷能力，满足渗透稳定、边坡稳定要求的防渗体。可以从以下几个方面选择水下抛土料。

A. 土质。一般壤土、黏土、天然含水量较高处于塑态的肥黏土都是良好的水下抛土料。由于冻土浸入水中后很快解冻，同样可以在自重和渗透压力下固结，因此，土的冻结状态不影响抛投体的防渗性。但不宜采用砾质土、硬质肥黏土及粉粒含量高、黏粒含量少于 17.0% 的粉质土。

大于 2mm 砾石含量不超过 50.0%～55.0% 的砾质土虽可以用作水上干填防渗体，但在水下抛投过程中会分离、分层沉积，形成渗漏通道，且抛投区的水越深，这种现象越明显。粉质土入水即崩解，呈淤泥状态流动、不易稳定。而硬质肥黏土抛入水中以后，会形成架空渗漏通道，需很长时间才能使表面湿润软化。

长江水利委员会长江科学院（以下简称长江科学院）的试验成果（表 3-2）表明，一般黏土、壤土抛土料的自然含水量对水下抛土体的防渗能力有很大影响。

表 3-2　　　　　　　　　土料含水量对水下抛土体防渗能力影响表

抛土料自然含水量/%	13.0	19.0	25.2
水下抛土体的渗透系数/(10^{-5}cm/s)	2.19～3.10	8.2～11.0	13～22

土料含水量 25.2% 大于该土料的塑限，从玻璃槽试验可以看出，这种大于塑限的土料在水中崩解慢，抛土体多为团粒或块粒结构，架空现象比较明显，因此选用的水下抛土料的自然含水量宜小于塑限，否则应采用风干措施降低含水量。但对肥黏土，只能靠浸水软化后的土重压密作用提高防渗效果，则宜采用预洒水或浸水法增大含水量。

B. 抛土块径。黏土块径过大，在水中不易浸透软化、崩解，会造成架空；而壤土块径过小，未到水底即崩解成散粒，不仅易于流失，且形成的土体含水量过大，很难固结密实，影响抛土铺盖的稳定性。一般控制黏土块尺寸不大于 10～20cm（壤土可以不严格控制抛土块径），按块径不大于 2 倍含水量变化影响深度计算，即

$$d \leqslant 2h_f \tag{3-1}$$

式中　d——水下抛土的块径，cm；

h_f——含水量变化影响深度，由抛投时的含水量 W 与流限 W_L 之比值查图 3-7 得出，cm。

丹江口水电站工程一期低水头围堰上游抛土块径一般为 10～20cm，少数为 30cm。在开挖抛土体时未发现架空，证明少量超径土块能被已崩解的小土块包裹，被架空填满，大

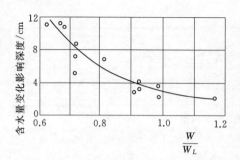

图 3-7 含水量变化影响深度试验结果图

土块本身在表面湿润软化，上部土重作用下，相互挤紧，抛土初期形成的架空会逐渐消失。

C. 崩解速度。崩解速度跟黏性土的化学性质、颗粒组成、含水量等有关。钙质土亲水性差，遇水不分散；钠黏土亲水性强，容易分散。砂壤土崩解速度最快、壤土次之，黏土最慢；而肥黏土浸水 30 天后的崩解量也不大于 5％。壤土的崩解速度随其含水量减少而减慢；黏土则相反；而砂壤土的崩解速度与土的初始含水量没有明显关系。一般认为 5cm×5cm×5cm 土块浸入水中能在 10～15min 内完全浸透，并有部分湿化崩解的土料最适宜水下抛土。

2）水下抛土铺盖防渗的工程要求。要使水下抛土铺盖达到预期防渗效果，必须使水下抛土体在施工期具有崩解、密实条件，在运行期不被水流及渗透水破坏。

A. 抛投区流速与水深。抛入水中的黏性土会被抛投区内的水流扩散、携带流失一部分。流速越大、水越深，流失量也越大。抛投区流速小于 0.5～0.6m/s，流失量一般在 15.0％以内。当流速达 0.9～1.2m/s，便会产生严重分离和细粒大量流失现象，沉积坡面几乎为一水平面，坡比约 1:15～1:20。细粒大量流失，不仅加大水下抛投量，且形成的铺盖防渗能力差。因此，宜尽可能在水下抛投施工期采取措施以形成静水区，控制最大流速在 0.5m/s 以内。

在围堰挡水运用期间，铺盖上的过流速度亦应小于铺盖固结后的允许冲刷速度，以防止冲蚀；若铺盖上部采用保护措施后，按不大于保护措施允许流速控制，以保持铺盖完整性和防渗效果。丹江口水电站工程采用黏性土做的抗冲试验结果见表 3-3。

表 3-3　　　　　　　　　　　　　　抗冲试验结果表

土质	砂壤土	重粉质壤土	粉质壤土	黏土
冲刷破坏流速/(m/s)	0.22	0.65	1.15	2.0
冲刷破坏形式	颗粒连续冲刷	颗粒或小团粒连续冲刷	颗粒或小团粒连续冲刷、并夹团块冲刷	团块冲刷

抛土水深的极限值与土料性质有关。黏粒含量多、含水量大的黏土块，在水中不易崩解，沉降快、受水深的制约作用小，可用于深水抛填。而黏粒含量低、含水量小的土料易崩解、分散成较细土粒，悬浮于水中，水深愈大，下沉历时愈长，不仅流失量大，且落淤形成抗渗力差的饱和粉粒沉积层也愈厚，这类土就不宜用于深水抛投。H. Q. 哥尔德进行水中抛填试验后提出，砾质土（小于 0.005mm 粒径的土粒占 12.0％）不能在水深超过 12.0m 条件下抛填。而我国官厅水库采用黏粒含量较多的次生黄土（小于 0.005mm 粒径的土粒含量大于 18.0％）却能在水深 13.0～26.0m 处形成干密度达 1.4～1.46g/cm³、渗透系数 8.9×10⁻⁶～4.2×10⁻⁵m/s 的水下抛土铺盖。

允许极限水深可以根据抛投土料粒径，通过水中浸泡试验得出的崩解时间求出，即

$$h \leqslant Vt \tag{3-2}$$

式中 h——允许抛投极限水深，cm；

  V——土块下沉速度，cm/s；

  t——土料在水中开始崩解时间，s。

土块在水中下沉速度可按明兹提出的半径经验公式（3-3）计算：

$$V=\sqrt{\frac{(\gamma-\gamma_w)g}{\gamma_w}\frac{\pi d}{6\eta}} \qquad (3-3)$$

式中 γ、γ_w——土块及水的密度，g/cm³；

  g——重力加速度，cm/s²；

  d——土块粒径，cm；

  η——绕流系数，方形为0.5~0.8，圆形为0.14。

明兹还证明，土块除刚进入水中时表现为加速外，是符合匀速运动规律的。这与长江科学院的实验成果是一致的。试验中还发现，土粒下沉并非直线，而是呈不规则的S形运动。并且土粒越小、水深越大，S形运动就越强烈。但不论颗粒大小，在水中运动3~4m后，都为匀速状态。

B. 抛投区的地基地形。要求抛投区的地形比较平整〔见图3-8（a）〕或稍向堰体方向倾斜〔见图3-8（b）〕。高低不平的堰基会造成水下抛土铺盖厚薄不均，不仅增大抛投量，还会在铺盖较薄处形成集中渗流，成为防渗薄弱环节。若向堰体外方向的地形倾斜坡度小于水下抛投土自然稳定边坡，还可以形成完整铺盖，但为了满足边坡稳定要求，需增大抛投量。若地形倾斜度大于水下抛投土自然稳定边坡，则难以形成铺盖。乌江渡水电站工程下游围堰为解决这个问题，在距堰脚30.0m处抛投块石戗堤，以稳定水下抛投体。

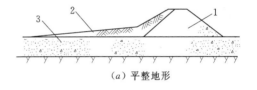

（a）平整地形

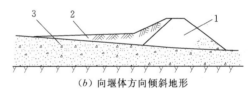

（b）向堰体方向倾斜地形

图3-8 抛投区地形对铺盖断面影响示意图
1—堰体；2—水下抛土铺盖；3—覆盖层

C. 砂砾地基渗透特性。水下抛投铺盖区所处的砂砾覆盖层本身在渗透水流作用下产生的渗透破坏是导致水下抛土铺盖破坏的主要原因。因此，铺盖区的堰基覆盖层自身应满足渗透稳定要求，逸出坡降应小于允许坡降，各层间的层间系数应满足防止产生内部管涌和外部管涌的要求。

当地基由比较均匀的砂砾组成时，渗流沿整个堰基均匀分布，扬压力不致有显著集中现象，铺盖的防渗效果比较有保证。若砂砾地基成层显著，不均匀性很大，且有许多透镜体、强透水带、不连续带，渗透水压力会沿薄弱环节传递，在堰基背水侧产生很大扬压力，铺盖易局部崩陷，形成集中渗流区。乌江渡水电站工程下游围堰黏土铺盖是抛在防冲铅丝笼块石上（见图3-9），地基又有不均匀的成堆块石，基坑抽水过程中，发现铺盖区水面有漩涡。潜水员检查时发现铺盖有集中渗漏漏斗，后采用草帘反滤，上压草袋土堵住集中渗漏区，加大抛投强度，才逐渐形成完整铺盖。万安水电站工程低水围堰堰基由砂砾质粗砂及含泥卵石层组成，但两层间系数小于10，且每层组成较均匀，地形平整，水下抛土铺盖一次成功，始终保持较好的防渗效果。

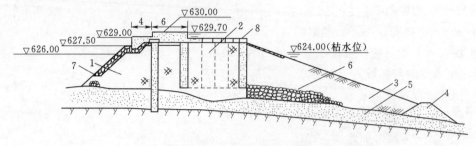

图 3-9　乌江渡水电站工程下游过水围堰剖面图（单位：m）
1—石渣；2—木笼；3—水下抛土铺盖；4—块石戗堤；5—覆盖层；6—铅丝笼；
7—干砌块石；8—混凝土护面

3）影响水下抛土稳定边坡的主要因素。水下抛土体经崩解、自行压实后的稳定边坡一般在 1：3～1：6 之间。坡脚细粒淤积部分的坡度比较平缓，可达 1：7～1：12。影响水下抛土稳定边坡的主要因素有：

A. 土料性质。土料排水性能越好，越密实，边坡越陡；土料抗剪强度越大、土块越大，坡度也越陡。土料的黏粒含量越大，土团结构越致密，坡度越陡。

B. 坡高和厚度。位于堰体迎水侧斜面上的抛土铺盖，当厚度不大时，能保持很陡的边坡，且大致与堰面铺设的反滤层面平行。当厚度继续增加时，边坡急剧变缓，其程度取决于整个铺盖的高度。

C. 抛投方法和强度。自上而下抛填坡度较自下而上抛填坡度要陡，稳定性亦差，在水位变化情况下更易滑坡。若施工方法不当，例如运土设备内充有大量积水，土颗粒细小，抛填速度过慢，抛入水中的土料迅速达到饱和、崩解成散粒，坡度会变得很缓。加大水下抛投强度，便可获得较陡的稳定边坡。

D. 抛投时的水深和流速。土块在深水中沉降时间长，崩解量大，漂距也大，边坡较平缓。浅水中抛投则相反。若水深超过土块在水中基本崩解所需深度后，自然稳定边坡只是受流速引起的漂距影响，变化也就不显著了。流速越大，流失越多，坡度也更缓。

4）水下抛土定位方法。

A. 陆上定位。适用于陆上运输机械采用端进法抛投，定位方法同常规施工放样。

B. 定位船定位。利用一艘驳船作为定位船。满载的泥驳到达后，先靠拢定位船，系好相缆、稳定船位。对好标志后，开启泥门卸泥。每次卸泥后测深，达到要求后，前移定位船。前移距为泥驳的抛泥宽度。由于卸载后泥驳迅速上浮，因此，与定位船的相缆，不能系得太紧。这种定位比较准确，抛填质量好，操作简单，卸泥安全方便，但增加驳船数量。

C. 网格坐标控制。在水中设置导标控制船只抛土位置。这种方法，施工简单，也不用设置定位船。但难准确控制抛土位置，因此，如果抛土质量差，需增加抛投量才能达到设计剖面要求。

5）水下抛土铺盖施工。

A. 抛土方向与坝轴线垂直，自上而下，迎水抛投。利用常规陆上施工机械（自卸汽车配推土机、皮带机等），紧靠已填筑坝体全面向坡前水域中抛土。这种方法工作前沿铺设面广，能达到较大的抛投强度和形成较陡的边坡，有利于提前发挥防渗作用。但施工期防渗体稳定性差，易破坏已铺反滤设施。

B. 抛土方向与坝轴线平行，填足中部水下铺盖，再向两岸进占。这种方法可以减弱抛土对铺盖坡面及反滤层的冲击作用，有利于边坡稳定。虽工作前沿较窄，也能达到较高的施工强度。但只有全部抛填完毕后，才能起防渗作用。

C. 端进法。自岸边一端平行坝轴线向另一端进占，优缺点同方法 B。

D. 自下而上分层抛填。抛土程序是由上游坡脚推进至坝身，整个铺盖分区分层抛填。采用泥驳、水力输送设备，或架设浮桥、排架一次抛足水下铺盖全部宽度。先填坡脚，水平分层，自下而上逐层向水面推进。这种方式可以防止铺盖土料向上游流失过远，有利于下层土体压密，减少流失量和控制抛投部位。但需用船上抛投或搭设浮桥、排架。

不论采用哪种进占方式，都应力求均匀抛土，避免集中一处，造成厚薄不均，引起坍坡。对铺有反滤层的铺盖，不允许采用水上堆积后，推入水中的方式施工。不允许在铺盖当中留一个缺口，成为集中渗漏的突破口。为免塌方，出水部分不应突出水面大于 $0.5 \sim 0.7\text{m}$。抛投坡度尽量接近水下稳定边坡。动水中抛投，应预先修正漂距，以减少流失。当流速小于 0.5m/s 时，可以直接抛投；大于 0.5m/s 时，宜先用竹笼、块石等隔绝水流影响，使抛投区流速在 0.5m/s 以内。

坝体及上游围堰，一般在截流后，有一定水头差的情况下抛投铺盖。这种正向水头差有利于利用在水中崩解后的黏土颗粒淤塞砂砾地基，加强抛土铺盖与地基结合，有利于发现集中渗漏部位，以便及时处理，且能加速铺盖土的渗透固结和提高渗透稳定性。下游围堰的迎水抛土铺盖则处于不利条件，宜抛填部分铺盖后即进行基坑抽水，使基坑水位低于围堰挡水位，以加速水下抛土体固结速度和提高稳定性。

完成水下抛土铺盖后，经过一定的固结、稳定时间，然后再接续水上干填黏土及坝壳料施工。

6）水下抛土铺盖施工要点。

A. 为减少水下抛土流失量，可在抛土铺盖坡脚处先抛筑一道水下堆石堤或导流堤，阻止水下抛土外流。加大抛投强度或采用直至水底才卸土的水中运土机械（抓土斗、大型导管等）抛土，也能有效地减少流失量。

B. 水下抛土铺盖边坡稳定性主要受施工期控制，而铺盖渗透稳定性主要受挡水运用期的高水位控制。为避免突然增大水头引起的渗透破坏，应利用渗透力加速固结，基坑抽水速率不宜过快。

C. 水下抛填的黏性土遇水软化，崩解的细小颗粒能够淤填砂砾地基表层，并与地基紧密结合，增大了抗冲刷能力，可以不设或简化铺盖底部的反滤层。

D. 水下抛投铺盖最有效部分位于底部，因此，宜将最好的土料用于底部，施工时应注意控制底部抛投质量。

E. 抛填速度直接影响铺盖防渗效果和工程量。抛填速度快，土块还未浸透软化、崩解，就被继续下抛的土盖住。黏土形成的边坡较陡，但土团间会产生架空；壤土虽仍可能继续崩解，但排水困难，影响固结速率，增大了孔隙水压力，抛填一定厚度后，有造成滑坡的可能性。合理的抛填速度应满足：从土体抛入水中到被上层土覆盖时间等于黏土基本被水浸透软化所需时间，或等于壤土基本崩解所需时间。砂壤土应尽快覆盖，以防止过度崩解形成淤泥。

（2）天然淤积铺盖。水工建筑物挡水后，迎水面常为低流速或静水区。河水中携带细颗粒泥沙（悬移质）在坝前淤积，形成具有一定防渗性能的天然淤积铺盖。

1）天然淤积铺盖形成方式。

A. 回流淤积。主要由于主流与回流交界面两侧形成横向含沙量梯度，泥沙通过紊动扩散作用，由主流区进入回流区形成落淤。

B. 壅水淤积。为壅水明流流态时的淤积。

C. 异重流淤积。主要由于河道各部位水流中含砂量不同，存在压力差，产生异重流潜入河道内部形成落淤。

D. 浑水水库淤积。由明流或异重流所形成的浑水水库的淤积。

E. 沿程淤积。均匀流态中的淤积。要形成天然淤积铺盖，必须在挡水建筑物附近形成回流或异重流条件。地形开阔的湖泊形水库，淤积分布于上游库段，堆积形成坝前淤积铺盖。河道形水库的淤积分布偏重于坝前库段，有利于形成坝前淤积铺盖。

为了加速落淤，对围堰工程可利用纵向围堰或另筑抛石堤拦淤，降低流速，创造回流及静水淤积条件。必要时，还可采取抽取浑水人工放淤、加强上游冲刷，或将上游两岸疏松土收集于河道中，加快落淤速度和数量。

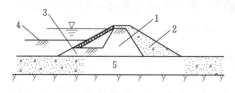

图 3-10　土坝心墙与水库淤积物连接示意图
1—墙土心墙；2—砂砾坝壳；3—壤土铺盖；
4—水库淤积铺盖；5—砂砾地基

2）天然淤积铺盖与围堰的连接。采用斜墙防渗及均质断面的围堰仅需先做一段短而薄的人工铺盖，便能很好地与天然淤积铺盖相接。对心墙防渗坝，则在上游透水坝壳下面填筑黏土铺盖，与心墙相接并延伸到土坝上游面以外，才能与水库淤积物连接成可靠铺盖（见图 3-10）。在实际工程中往往出现靠坝踵附近要求铺盖厚的地方反而淤积较薄，这时要人工补抛黏土，才能形成符合要求的铺盖。

3.6.2　岩石堰基灌浆

（1）钻孔灌浆用的机械设备。

1）钻孔机械。钻孔机械主要有回转式、回转冲击式、纯冲击式三大类。目前用得最多的是回转式钻孔机械，其次是回转冲击式钻孔机械，纯冲击式钻孔机械用得很少。

2）灌浆机械。灌浆机械主要有灌浆泵、浆液搅拌机及灌浆记录仪等。

A. 灌浆泵。灌浆泵是灌浆用的主要设备。灌浆泵性能应与浆液类型、浓度相适应，允许工作压力应大于最大灌浆压力的 1.5 倍，并应有足够的排浆量和稳定的工作性能。灌注纯水泥浆液应采用多缸柱塞式灌浆泵。

B. 浆液搅拌机。用于制作水泥浆的浆液搅拌机，目前用得最多的是传统双层立式慢速搅拌机和双桶平行搅拌机。国外已广泛使用涡流或旋流式高速搅拌机，其转数为 1500～3000r/min。用高速搅拌机制浆，不仅速度快、效率高，而且制出的浆液分散性和稳定性高、质量好，能更好地注入岩石裂隙。搅拌机的转速和拌和能力应分别与所搅拌浆液类型和灌浆泵的排浆量相适应，并应能保证均匀、连续地拌制浆液。

C. 灌浆记录仪。用来记录每个孔段灌浆过程中每一时刻的灌浆压力、注浆率、浆液相对密度（或水灰比）等重要数据。

（2）灌浆方式和灌浆方法。

1）灌浆方式。灌浆方式有纯压式 [见图 3 - 11 (a)] 和循环式 [见图 3 - 11 (b)] 两种。

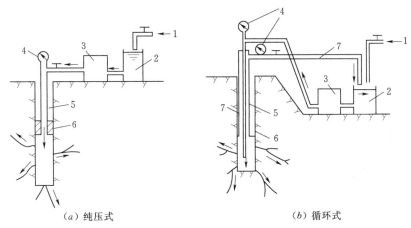

（a）纯压式　　　　　　　（b）循环式

图 3 - 11　浆液灌注方式图

1—水；2—搅拌筒；3—灌浆泵；4—压力表；5—灌浆管；6—灌浆塞；7—回浆管

A. 纯压式。纯压式灌浆是指浆液注入孔段内和岩体裂隙中，不再返回的灌浆方式。这种方式设备简单，操作方便；但浆液流动速度较慢，容易沉淀，堵塞岩层缝隙和管路，多用于吸浆量大，并有大裂隙存在和孔深不超过 15.0m 的情况。

B. 循环式。循环式灌浆是指浆液通过射浆管注入孔段内，部分浆液渗入到岩体裂隙中，部分浆液通过回浆管返回，保持孔段内的浆液呈循环流动状态的灌浆方式。这种方式一方面使浆液保持流动状态，可防止水泥沉淀，灌浆效果好；另一方面可以根据进浆和回浆液比重的差值，判断岩层吸收水泥的情况。

2）灌浆方法。灌浆孔的基岩段长小于 6.0m 时，可采用全孔一次灌浆法；而当大于 6.0m 时，可采用自下而上分段灌浆法、自上而下分段灌浆法、综合灌浆法、孔口封闭灌浆法和 GIN 灌浆法等。

A. 全孔一次灌浆法。全孔一次灌浆法是将孔一次钻完，全孔段一次灌浆。这种方法施工简便，多用于孔深不深，地质条件比较良好，基岩比较完整的情况。

B. 自下而上分段灌浆法。自下而上分段灌浆法是将灌浆孔一次钻进到底，然后从钻孔的底部往上，逐段安装灌浆塞进行灌浆，直至孔口的灌浆方法（见图 3 - 12）。

C. 自上而下分段灌浆法。自上而下分段灌浆法是从上向下逐段进行钻孔，逐段安装灌浆塞进行灌浆，直至孔底的灌浆方法（见图 3 - 13）。

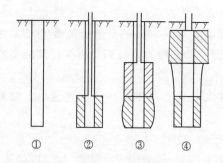
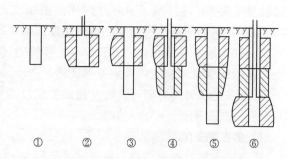

图 3-12　自下而上分段灌浆法示意图
①—钻孔；②—第三段灌浆；③—第二段
灌浆；④—第一段灌浆

图 3-13　自上而下分段灌浆法示意图
①—第一段钻孔；②—第一段灌浆；③—第二段钻孔；
④—第二段灌浆；⑤—第三段钻孔；⑥—第三段灌浆

D. 综合灌浆法。综合灌浆法是在钻孔的某些段采用自上而下分段灌浆，另一些段采用自下而上分段灌浆的方法。

E. 孔口封闭灌浆法。孔口封闭灌浆法是在钻孔的孔口安装孔口管，自上而下分段钻孔和灌浆，各段灌浆时都在孔口安装孔口封闭器进行灌浆的方法。

F. GIN 灌浆法。对任意孔段的灌浆，都是一定能量的消耗，这个能量消耗的数值，近似等于该孔段最终灌浆压力 P 和灌入浆液体积 V 的乘积 PV，PV 就称为灌浆强度值，即 GIN。

GIN 灌浆法的要点：一是采用一种固定配比的稳定浆液，灌浆过程中不变浆；二是用 GIN 曲线控制灌浆压力，在需要的地方尽量使用高的压力，在有害和无益的地方避免使用高压力；三是用电子计算机监测和控制灌浆过程，实时地控制灌浆压力和注入率，绘制 P-V 过程曲线，掌握灌浆结束条件。

GIN 灌浆法几乎自动地考虑了岩体地质条件的实际不规则性，使得沿帷幕体的总的注入浆量合理分布，灌浆帷幕的效益-投资比率达到最大。GIN 灌浆法在欧美一些国家的工程中应用，取得了较好的效果，但也有一些学者提出异议。我国于 1994 年引进 GIN 灌浆法，曾在澧水江垭水利枢纽、三峡水利枢纽等工程中进行过灌浆试验。小浪底水利枢纽工程在充分进行灌浆试验的基础上，提出了以孔口封闭法为基础，结合 GIN 灌浆法，取两者之长，并在防渗帷幕施工中应用，取得了满意的效果。

（3）帷幕灌浆。帷幕灌浆施工工艺主要包括：钻孔、钻孔冲洗、裂隙冲洗、压水试验、灌浆方式和灌浆方法的质量检查等。

1）钻孔。帷幕灌浆宜采用回转式钻机和金刚石钻头或硬质合金钻头钻进。钻孔质量要求有：

A. 钻孔位置与设计位置的偏差不得大于 10cm。

B. 孔深应符合设计规定。

C. 灌浆孔宜选用较小的孔径，钻孔孔壁应平直完整。

D. 钻口保持孔向准确。钻孔机械安装平正稳固；钻孔宜埋设孔口管；钻孔机械立轴和孔口管的方向应与设计孔向保持一致；钻进应采用较长的粗径钻具并适当地控制钻进压力。

2）钻孔冲洗、裂隙冲洗和压水试验。灌浆孔（段）在灌浆前应进行钻孔冲洗，孔内沉积厚度不得超过20cm。同时在灌浆前宜采用压力水进行裂隙冲洗，直至回水清净时止。冲洗压力可为灌浆压力的80.0%，该值若大于1.0MPa时，采用1.0MPa。

冲洗时，可将冲洗管插入孔内，用阻塞器将孔口堵紧，冲洗可采用压力水冲洗，压力水和压缩空气轮换冲洗或压力水和压缩空气混合冲洗等方式。

帷幕灌浆采用自上而下分段灌浆法时，先导孔应自上而下分段进行压水试验，各次序灌浆孔的各灌浆段在灌浆前宜进行简易压水试验；采用自下而上分段灌浆法时，先导孔仍应自上而下分段进行压水试验。各次序灌浆孔在灌浆前全孔应进行一次钻孔冲洗和裂隙冲洗。除孔底段外，各灌浆段在灌浆前可不进行裂隙冲洗和简易压水试验。压水试验应在裂隙冲洗后进行，采用五点法或单点法。

3）灌浆方式和灌浆方法。

A. 灌浆方式。帷幕灌浆优先采用循环式，射浆管距孔底不得大于50cm。

B. 灌浆方法。帷幕灌浆按分序加密的原则进行。

由三排孔组成的帷幕，应先进行边排孔的灌浆，然后进行中排孔的灌浆。边排孔宜分为三序施工，中排孔可分为二序或三序施工；由两排孔组成的帷幕，宜先进行下游排孔的灌浆，然后进行上游排孔的灌浆。每排孔宜分为三序施工；单排帷幕灌浆孔应分为三序施工（见图3-14）。

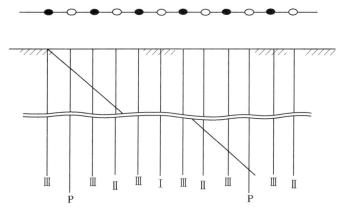

图3-14 单排帷幕灌浆孔的施工顺序示意图

P—先导孔；Ⅰ、Ⅱ、Ⅲ—第一、二、三次序孔的施工顺序

帷幕灌浆段长宜采用5.0～6.0m，特殊情况下可适当缩减或加长，但不得大于10.0m。采用自上而下分段灌浆法时，灌浆塞应塞在已灌段段底以上0.5m处，以防漏灌；孔口无涌水的孔段，灌浆结束后可不待凝，但在断层、破碎带等地质条件复杂地区则宜待凝。

4）灌浆压力和灌浆浆液变换。

A. 灌浆压力。灌浆压力宜通过灌浆试验确定，也可通过公式计算或根据经验先行拟定，而后在灌浆施工过程中调整确定。采用循环式灌浆时，压力表应安装在孔口回浆管路上；采用纯压式灌浆时，压力表应安装在孔口进浆管路上。灌浆应尽快达到设计压力，但注入率大时应分级升压。

灌浆浆液的浓度应由稀到浓，逐级变换。浆液水灰比可采用 5:1、3:1、2:1、1:1、0.8:1、0.6:1、0.5:1 七个比级。开灌水灰比可采用 5:1。

B. 灌浆浆液变换。当灌浆压力保持不变，注入率持续减少时，或当注入率不变而压力持续升高时，不得改变水灰比；当某一比级浆液的注入量已达 300.0L 以上或灌注时间已达 1h，而灌浆压力和注入率均无改变或改变不显著时，浆液应改浓一级；当注入率大于 30.0L/min 时，可根据具体情况越级变浓。

灌注细水泥浆液，可采用水灰比为 2:1、1:1、0.6:1 三个比级，或 1:1、0.8:1、0.6:1 三个比级。

5) 灌浆结束标准和封孔方法。

A. 灌浆结束标准。采用自上而下分段灌浆法时，在规定的压力下，当注入率不大于 0.4L/min 时，继续灌注 60min；或不大于 1.0L/min 时，继续灌注 90min，灌浆可以结束。采用自下而上分段灌浆法时，继续灌注的时间可相应地减少为 30min 和 60min，灌浆可以结束。

B. 封孔方法。采用自上而下分段灌浆法时，灌浆孔封孔应采用"分段压力灌浆封孔法"；采用自下而上分段灌浆时，应采用"置换和压力灌浆封孔法"或"压力灌浆封孔法"。

6) 特殊情况处理。灌浆过程中，发现冒浆漏浆，应根据具体情况采用嵌缝、表面封堵、低压、浓浆、限流、限量、间歇灌浆等方法进行处理。发生串浆时，如串浆孔具备灌浆条件，可以同时进行灌浆。应一泵灌一孔。否则应将串浆孔用塞塞住，待灌浆孔灌浆结束后，再对串浆孔并行扫孔、冲洗，而后继续钻进和灌浆。

灌浆工作应连续进行，若因故中断，应尽快恢复灌浆。否则应立即冲洗钻孔，而后恢复灌浆。若无法冲洗或冲洗无效，则应进行扫孔，而后恢复灌浆。恢复灌浆时，应使用开灌比级的水泥浆进行灌注。如注入率与中断前的相近，即可改用中断前比级的水泥浆继续灌注；如注入率较中断前的减少较多，则浆液应逐级加浓继续灌注。恢复灌浆后，如注入率较中断前的减少很多，且在短时间内停止吸浆，应采取补救措施。

7) 灌浆质量检查。灌浆质量检查应以检查孔压水试验成果为主，结合对竣工资料和测试成果的分析，综合评定。灌浆检查孔应在下述部位布置：①帷幕中心线上；②岩石破碎、断层、大孔隙等地质条件复杂的部位；③钻孔偏斜过大、灌浆情况不正常以及经分析资料认为对帷幕灌浆质量有影响的部位。

灌浆检查孔的数量宜为灌浆孔总数的 10.0%。一个坝段或一个单元工程内，至少应布置一个检查孔。检查孔压水试验应在该部位灌浆结束 14d 后进行。同时应自上而下分段卡塞进行压水试验，试验采用五点法或单点法。

检查孔压水试验结束后，按技术要求进行灌浆和封孔。检查孔应采集岩芯，计算获得率并加以描述。

(4) 化学灌浆。化学灌浆是一种以高分子有机化合物为主体材料的灌浆方法。

1) 化学浆液的特点。

A. 化学灌浆浆液的黏度低，流动性好，可灌性好，小于 0.1mm 以下的缝隙也能灌入。

B. 浆液的聚合时间，可以人为比较准确地控制，通过调节配比来改变聚合时间，以适应不同工程的不同情况的需要。

C. 浆液聚合后形成的聚合体的渗透系数小，数量级一般为 $10^{-10} \sim 10^{-8}$ cm/s，防渗效果好。

D. 形成的聚合体强度高，与岩石或混凝土的黏结强度高。

E. 形成的聚合体能抗酸抗碱，也能抗水生生物的侵蚀，因而稳定性及耐久性均较好。

F. 有一定的毒性。

2）化学浆液类型。化学浆液主要有水玻璃类、丙烯酰胺类（丙凝）、丙烯酸盐类、聚氨酯类、环氧树脂类、甲基丙烯酸酯类（甲凝）等几种类型。

3）化学灌浆施工。

A. 灌浆施工程序。化学灌浆的施工程序依次是：钻孔及压水试验，钻孔及裂缝的处理（包括排渣及裂缝干燥处理），埋设注浆嘴和回浆嘴以及封闭、注水和灌浆。

B. 灌浆施工方法。按浆液的混合方式分单液法灌浆和双液法灌浆两种。

单液法是在灌浆前，将浆液的各组成成分先混合均匀一次配成，经过气压或泵压压到孔段内。这种方法的浆液配比比较准确，施工较简单。但由于已配好的余浆不久就会聚合，因此，在灌浆过程中要通过调整浆液的比例来利用余浆很困难。

双液法是将预先已配制的两种浆液分盛在各自的容器内不相混合，然后用气压或泵压按规定比例送浆，使两液在孔口附近的混合器中混合后送到孔段内。两液混合后即起化学作用，通过聚合，浆液即固化成聚合体。这种方法在灌浆施工过程中，可根据实际情况调整两液用量的比例，适应性强。

C. 压送浆液的方式。化学灌浆一般都采用纯压式灌浆。

化学灌浆压送浆液的方式有两种：一种是气压法（即用压缩空气压送浆液）；另一种是泵压法（即用灌浆泵压送浆液）。气压法一般压力较低，但压力易稳定，在渗漏性较小、孔浅时，适用于单液法灌浆。泵压法一般多采用比例泵进行灌浆。比例泵就是由两个排浆量能任意调整，使之按规定的比例进行压浆的活塞泵所构成的化学灌浆泵，也可用两台同型的灌浆泵加以组装。

4）特殊情况处理。

A. 若钻孔过程中发现钻孔失水、掉块等现象后，应对该部位先进行灌浆处理并待凝12h后再行钻进；若钻进过程中遇较大裂隙且裂隙内有泥质充填物时，该段可不进行裂隙冲洗及压水试验，直接按技术要求灌浆，若吸浆量较小，则需提高灌浆压力。

B. 灌浆时注入率大，灌浆难以结束时，可选取下列措施处理：

①分级升压、低压、浓浆、限流、限量、间歇灌浆，一般流量控制在 40L/min 以下，若单耗达到 5t/m 干料后，仍无明显效果，则应采取间歇灌浆，间歇时间为 8h 以上；②浆液中掺加速凝剂；③若该段未灌浆结束，则应扫孔复灌直至结束。

5）灌浆质量检查。灌浆质量检查以检查孔压水试验为主，结合分析灌浆资料和取芯情况，综合评价工程质量。检查孔位置根据灌浆的实际情况确定，工程量按灌浆孔的10.0%计。在该部位灌浆孔结束7d后开始施工检查孔，采用 $\phi 75mm$ 的孔径作取芯钻进，自上而下进行单点法压水试验。第一段压水压力 0.3MPa，以下各段压水压力为 0.5MPa。

堰肩帷幕灌浆质量标准为透水率小于 5.0～7.0Lu，全孔压水合格后作一段封孔灌浆。

3.6.3 砂砾石地层灌浆

砂砾石地层灌浆的灌浆材料、制浆设备、灌浆设备、灌浆次序和灌浆方法与岩基灌浆的基本相同。但由于地层结构的不同，对砂砾石地基灌浆有一些不同的要求，主要是灌浆工艺、造孔方法和灌浆综合控制等有所不同。

(1) 钻孔灌浆方法。在已有工程实践中使用过的钻孔灌浆方法，主要包括打花管灌浆法、套管护壁法、边钻边灌法和袖阀管法等。

1) 打花管灌浆法。首先将一根下部带尖头的花管 [见图 3－15 (a)] 打入地层，然后冲洗进入管中的砂土 [见图 3－15 (b)]，最后自下而上分段拔管灌浆 [见图 3－15 (c)]。此法虽然简单，但遇卵石及块石时打管很困难，故只适用于较浅的砂土层。灌浆时容易沿管壁冒浆，也是此法的缺点。

2) 套管护壁法。如图 3－16 (a) 所示，边钻孔边打入护壁套管，直至预定的灌浆深度，接着在套管内下入灌浆管 [见图 3－16 (b)]，然后拔套管灌注第一灌浆段 [见图 3－16 (c)]，再用同法灌注第二段 [见图 3－16 (d)] 以及其余各段，直至孔顶。此法的优点是有套管护壁，不会产生塌孔、埋钻等事故；缺点是打管较困难，为使套管达到预定的灌浆深度，常需在同一钻孔中采用几种不同直径的套管。

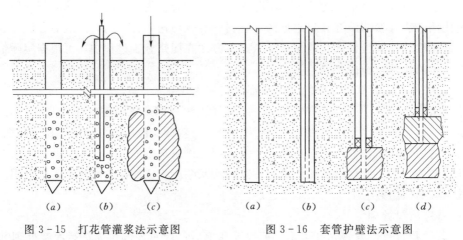

| (a) | (b) | (c) | | (a) | (b) | (c) | (d) |
图 3－15　打花管灌浆法示意图　　　　　图 3－16　套管护壁法示意图

3) 边钻边灌法 (见图 3－17)。可仅在地表埋设护壁管，而无需在孔中打入套管，自上而下钻完一段灌注一段，直至预定深度为止。钻孔时需用泥浆固壁或较稀的浆液固壁。如砂砾层表面有黏性土覆盖，护壁管可埋设在土层中，如表层无黏土则埋设在砂砾层中。但后一种情况将使表层砂砾石得不到适宜的灌注。

边钻边灌法的主要优点是无需在砂砾层中打管；缺点是容易冒浆，而且由于是全孔灌浆，灌浆压力难以按深度提高，灌浆质量难以保证。

4) 袖阀管法。袖阀管法为法国 Soletanche 公司首创，故又称 Soletanche 方法，20 世纪 50 年代开始广泛用于国际土木工程界。袖阀管法的设备及钻孔构造见图 3－18。施工程序分为下述四个步骤 (见图 3－19)。

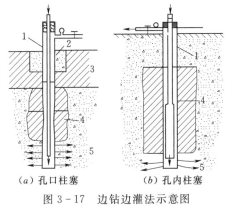

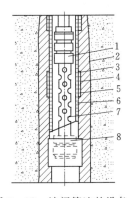

(a) 孔口柱塞　　　(b) 孔内柱塞

图 3-17　边钻边灌法示意图

1—护壁管；2—混凝土；3—黏土层；
4—灌浆体；5—灌浆

图 3-18　袖阀管法的设备及
钻孔构造示意图

1—止浆塞；2—钻孔壁；3—壳料；4—出浆孔；
5—橡皮套阀；6—钢管；7—灌浆花管；
8—止浆塞

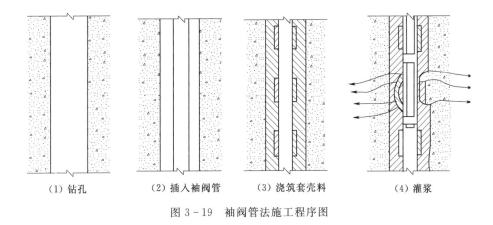

（1）钻孔　　　（2）插入袖阀管　　　（3）浇筑套壳料　　　（4）灌浆

图 3-19　袖阀管法施工程序图

A. 钻孔。通常采用优质泥浆，例如膨润土浆进行固壁，很少采用套管护壁。

B. 插入袖阀管。为使套壳料的厚度均匀，应设法使袖阀管位于钻孔的中心。

C. 浇筑套壳料。用套壳料置换孔内泥浆，浇筑时应避免套壳料进入袖阀管内，并严防孔内泥浆混入套壳料中。

D. 灌浆。待套壳料具有一定强度后，在袖阀管内放入双塞的灌浆管，进行灌浆。

袖阀管法的主要优点：①可根据需要灌注任何一个灌浆段，还可以进行重复灌浆，某些灌浆段甚至可重复 3~4 次，使灌浆更均匀和饱满；②可使用较高的灌浆压力，灌浆时冒浆和串浆的可能性小；③钻孔和灌浆作业可以分开，使钻孔设备的利用率提高。

袖阀管法的主要缺点：①袖阀管被具有一定强度的套壳料胶结，难以拔出重复使用，耗费管材较多；②每个灌浆段长度由套壳料长度固定为 33~50cm，不能根据地层的实际情况调整灌浆段长度。

砂砾地基灌浆中，袖阀管法采用的最多。

（2）钻孔灌浆施工。打花管灌浆法不用钻孔，其他灌浆方法需要钻孔，使用的钻孔设备主要包括：钻孔机械（冲击式、回转式）、水泵和泥浆搅拌机等。钻孔护壁方法有套管护壁和泥浆护壁等。

1）钻孔。

A. 清水洗孔，套管护壁，铁砂回转钻进法。该方法不用泥浆护壁，对灌浆效果是有利的，但打套管比较困难，拔起也不容易，进尺慢、费时间，故当地层较深和含有较大卵石（包括坝体灌浆）时，都不宜采用此法。

B. 泥浆循环护壁钻进法。由于泥浆在循环过程中能在孔壁上形成泥皮，可防止孔壁坍塌，不用套管护壁，钻进效率高，尤其当地层较深和含有大卵石时，国内外多采用此法。

2）循环护壁泥浆。作为循环护壁的泥浆，能起到冷却钻头、提携钻屑和保护孔壁等作用，应采用优质泥浆，以确保钻孔质量和施工进度。

评定泥浆质量的主要指标，是在尽可能小的比重下，具有较高的黏度和静切力，能形成薄而致密的泥皮以及良好的稳定性和较低的含砂量。造浆黏土以钠蒙脱土为最佳，如有絮凝现象，可采用加碱处理，以提高其分散性。国外对造孔泥浆要求极高，基本上用商品膨润土干粉造浆，搅拌设备简单，净化后可重复使用。

国内常用造孔泥浆性能指标见表3-4，若干工程所用造浆黏土的性质见表3-5。为改善泥浆性质而常用的化学处理剂及掺量见表3-6，实践证明以采用膨润土制浆最为有利。

表3-4 国内常用造孔泥浆性能指标表

性质	比重 /(g/cm³)	黏度 /cP	失水量 /(mL/30min)	静切力 /dPa	胶体率 /%	稳定性	含砂量 /%	pH 值
一般泥浆	1.15～1.25	18～30	15～25	20～50	＞90	＜0.04	＜8	＞7
优质泥浆	1.05～1.15	20～25	＜10	20～100	＞97	＜0.03	＜4	7～9

表3-5 若干工程所用造浆黏土的性质表

黏土号	塑性指数	颗 粒 组 成/%				分类
		＞0.1mm	0.1～0.05mm	0.05～0.005mm	＜0.005mm	
1	48.0	14	6.0	16.0	64.0	膨润土
2	21.1		6.0	55.0	39.0	粉质黏土
3	38.0		13.5	24.0	62.0	重黏土
4	33.8		3.0	34.5	62.5	重黏土
5	34.1		1.0	28.0	71.0	重黏土
6	32.0		6.0	22.0	72.0	重黏土
7	18.0		10.5	40.0	48.5	粉质黏土

从表3-5看出，适宜造浆的黏土一般不含大于0.1mm的颗粒，大于0.05mm的颗粒一般不超过10.0%，小于0.005mm的黏粒含量多超过50.0%～60.0%。

表 3 - 6 常用的化学处理剂及掺量表

名称	偏磷酸钠	碳酸钠	碳酸氢钠	氢氧化钠
掺量/%	0.3~1.0	0.3~1.0	0.75~1.5	0.15~0.5

3) 黏土水泥灌浆液制备。在一般情况下，特别是在砂卵石地基中，都是采用黏土水泥浆灌注，其制备方法是：将预先制备好的水泥浆加入泥浆之中，搅拌均匀，可使水泥得到很好的分散，浆体质量较好。要注意搅拌的次序，应把水泥加入泥浆中而不是把黏土加入水泥浆中。后者将产生严重的絮凝现象，并可能把搅拌机完全堵塞。

4) 灌浆综合控制。灌浆综合控制包括：布孔及灌浆次序控制、灌浆量及灌浆压力控制、灌浆结束标准及封孔等工作。

A. 布孔及灌浆次序控制。砂砾层灌浆和岩基灌浆相同，都应遵循逐渐加密的原则，加密次数视地质条件及施工期限等具体情况而定，多采用 1~3 次加密。单排孔的加密次序见图 3-20。

图中 d_0 为起始孔距，d 为最终孔距，一般采用 1~1.5m。令 n 为加密次数，则起始孔距与最终孔距的关系为

$$d_0 = 2^n d \qquad (3-4)$$

排序上也要实行逐渐加密法，在一般情况下先灌边排后灌中间排。若是地层内有地下水活动或在有水头压力的情况下，由两排孔组成的灌浆体最好先灌下游排，后灌上游排；三排孔则先灌下游排，后灌上游排，最后灌中间排。

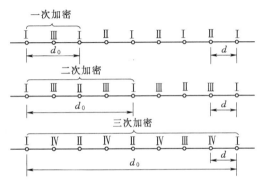

图 3-20 单排孔的加密次序图
Ⅰ——期孔；Ⅱ—二期孔；Ⅲ—三期孔；Ⅳ—四期孔

B. 灌浆控制。浆液由稀到稠，灌浆压力自上而下逐渐加大。对多排灌浆孔，无论灌注何种浆液，边排孔以限制注浆量为宜，中排孔则以灌至不吃浆为止。不吃浆则有其相对意义，一般是指达到设计灌浆压力后，地层的吃浆量小于 1~2L/min 时，即可结束灌浆工作。封孔可采取拔出注浆管，注入密度大于 1.5t/m³ 的稠浆至浆面不再下降；或清除孔内浆液，分层回填、捣实含水量适中的黏土球。

5) 灌浆效果检查。最常用的检查方法是在帷幕体内钻较大口径的检查孔，逐段做渗透试验，求出各层的渗透系数 K，验证其是否满足设计要求。渗透试验可根据实际情况采用抽水试验、压水试验或注水试验。由于抽水试验和压水试验两者求得的渗透系数常常不同，可采用式（3-5）确定渗透系数 K 值：

$$K = \sqrt{K_d K_0} \qquad (3-5)$$

式中 K_d、K_0——抽水试验和压水（或注水）试验求得的渗透系数值。

3.6.4 防渗墙

防渗墙是一种修建在松散透水地层或土石坝（堰）中起防渗作用的地下连续墙。因其结构可靠、防渗效果好、适应各类地层条件、施工简便以及造价低等优点，在国内外得到

了广泛的应用。

（1）防渗墙的作用与结构特点。防渗墙是一种防渗结构，但其实际的应用已远远超出了防渗的范围，可应用于防渗、防冲、加固、承重及地下截流等工程。在围堰中主要用于控制土石围堰及其基础的渗流。

防渗墙的类型较多，但从其构造特点来说，主要是两类：槽孔（板）型防渗墙和桩柱型防渗墙。前者是我国水利水电工程中混凝土防渗墙的主要型式。

防渗墙系垂直防渗措施，其立面布置有两种形式：封闭式与悬挂式。封闭式防渗墙是指墙体插入到基岩或相对不透水层一定深度，以实现全面截断渗流的目的。而悬挂式防渗墙是指墙体只深入地层一定深度，仅能延长渗径，无法完全封闭渗流。

对于非常重要的围堰，有时设置两道防渗墙，共同作用，按一定比例分担水头。这时应注意水头的合理分配，避免造成单道墙承受水头过大而破坏，这对另一道墙也是很危险的。

防渗墙的厚度主要由防渗要求、抗渗耐久性、墙体的应力与强度及施工设备等因素确定。其中，防渗墙的抗渗耐久性是指抵抗渗流侵蚀和化学溶蚀的性能，这两种破坏作用均与水力梯度有关。防渗墙厚度 $\delta(\text{m})$ 主要是根据水力梯度考虑而确定的，即

$$\delta = H/J_P$$
$$J_P = J_{max}/K \tag{3-6}$$

式中　　H——防渗墙的工作水头，m；

　　　　J_P——防渗墙的允许水力梯度；

　　　　J_{max}——防渗墙破坏时的最大水力梯度；

　　　　K——安全系数。

不同的墙体材料具有不同的抗渗耐久性，其允许水力梯度值 J 也就不同。如普通混凝土防渗墙的，一般在 80～100 之间，而塑性混凝土因其抗化学溶蚀性能较好，可达300，一般在 50～60 之间。

（2）墙体材料。防渗墙的墙体材料，按其抗压强度和弹性模量，一般分为刚性材料和塑性材料。可根据工程性质及技术经济比较后，选择合适的墙体材料。

刚性材料包括普通混凝土、黏土混凝土和掺粉煤灰混凝土等，其抗压强度大于5.0MPa，弹性模量大于10000.0MPa。塑性材料的抗压强度则小于 5.0MPa，弹性模量小于 10000.0MPa，包括塑性混凝土、自凝灰浆和固化灰浆等。另外，现在有些工程开始使用强度大于 25MPa 的高强混凝土，以适应高坝深基础对防渗墙的技术要求。

1）普通混凝土。普通混凝土是指其强度在 7.5～20MPa 之间，不加其他掺和料的高流动性混凝土。由于防渗墙的混凝土是在泥浆下浇筑，故要求混凝土能在自重下自行流动，并有抗离析与保持水分的性能。其坍落度一般为 18～22cm，扩散度为 34～38cm。

2）黏土混凝土。在混凝土中掺入一定量的黏土（一般为总量的 12.0%～20.0%），不仅可以节省水泥，还可以降低混凝土的弹性模量，改变其变形性能，增加其和易性，改善其易堵性。黏土混凝土的强度在 10.0MPa 左右，抗渗性相对普通混凝土要差。

3）粉煤灰混凝土。在混凝土中掺加一定比例的粉煤灰，能够改善混凝土的和易性，降低混凝土发热量，提高混凝土的密实性和抗侵蚀性，并具有较高的后期强度。这对于防

渗墙的施工和运行都是比较有利的。

4）塑性混凝土。以黏土和（或）膨润土取代普通混凝土中的大部分水泥所形成的一种塑性墙体材料。其抗压强度不高，一般为 $0.5 \sim 2\mathrm{MPa}$，弹性模量为 $100 \sim 500\mathrm{MPa}$，渗透系数为 $10^{-7} \sim 10^{-6}\mathrm{cm/s}$。

塑性混凝土与黏土混凝土有着本质的区别，因为后者的水泥用量降低并不多，掺黏土的主要目的是改善和易性，并未过多改变弹性模量。塑性混凝土的水泥用量仅为 $80.0 \sim 100.0\mathrm{kg/m^3}$，使得其强度低，特别是弹性模量值低到与周围介质（基础）相接近，这时墙体适应变形的能力大大提高，几乎不产生拉应力，减少了墙体出现开裂现象的可能性。

5）自凝灰浆。是在固壁浆液（以膨润土为主）中加入水泥和缓凝剂所制成的一种灰浆。凝固前作为造孔用的固壁泥浆，槽孔造成后则自行凝固成墙。自凝灰浆是 1969 年由法国地基公司首先采用。

自凝灰浆每立方米固化体需水泥 $200.0 \sim 300.0\mathrm{kg}$，膨润土 $30.0 \sim 60.0\mathrm{kg}$，水 $850.0\mathrm{kg}$，采用糖蜜或木质素磺酸盐类材料作为缓凝剂。其强度在 $0.2 \sim 0.4\mathrm{MPa}$ 之间，变形模量 $40.0 \sim 300.0\mathrm{MPa}$，与土层和砂砾石层比较接近，可以很好地适应墙后介质的变形，墙身不易开裂。

由于自凝灰浆减少了墙身的浇筑工序，简化了施工程序，使建造速度加快、成本降低，故在低水头的堤坝基础及围堰工程中使用较多。

6）固化灰浆。在槽段造孔完成后，向固壁的泥浆中加入水泥等固化材料，砂子、粉煤灰等掺和料，水玻璃等外加剂，经机械搅拌或压缩空气搅拌后，凝固成墙体。其强度约 $0.5\mathrm{MPa}$，弹性模量 $100.0\mathrm{MPa}$，渗透系数 $10^{-7} \sim 10^{-6}\mathrm{cm/s}$，一般能够满足中低水头对抗渗的要求。

将固化灰浆用作墙体材料，可省去导管法混凝土浇筑工序，提高造接头孔工效，减少泥浆废弃，减轻劳动强度，加快施工进度。在四川铜街子、汉江王甫洲等水电站工程中，应用了此种方法。

（3）防渗墙施工。槽孔（板）型的防渗墙是由一段段槽孔套接而成的地下连续墙。尽管防渗墙在应用范围、构造形式和墙体材料等方面可分成各种不同类型，但其施工程序与工艺是类似的，主要包括：造孔前的准备工作、泥浆固壁与造孔成槽、终孔验收与清孔换浆、槽孔浇筑、全墙质量验收等工序。

1）造孔前的准备工作。造孔前的准备工作是防渗墙施工的一个重要环节。需要根据防渗墙的设计要求和槽孔长度的划分，做好槽孔的测量定位工作，并在此基础上，设置导向槽。导向槽沿防渗墙轴线设在槽孔上方，用于控制造孔的方向，支撑上部孔壁。它对于保证造孔质量，预防塌孔事故有很大的作用。

导向槽可用木料、条石、灰拌土或混凝土制成。导向槽的净宽一般等于或略大于防渗墙的设计厚度，高度以 $1.5 \sim 2.0\mathrm{m}$ 为宜。为了维持槽孔的稳定，要求导向槽底部高出地下水位 $0.5\mathrm{m}$ 以上。为了防止地表积水倒流和便于自流排浆，其顶部高程应比两侧地面略高。

导向槽安设好后，在槽侧铺设造孔钻孔机械的轨道，安装钻机，修筑运输道路，架设动力和照明路线以及供水供浆管路，做好排水排浆系统，并向槽内充灌泥浆，保持泥浆液面在槽顶以下 30~50cm。做好这些准备工作以后，即可开始造孔。

2）泥浆固壁和泥浆循环处理系统。在松散透水的地层和坝（堰）体内进行造孔成墙，如何维持槽孔孔壁的稳定是防渗墙施工的关键技术之一。工程实践表明，泥浆固壁是解决这类问题的主要方法。由于泥浆的特殊重要性，在防渗墙施工中，国内外工程对于泥浆的制浆土料、配比以及质量控制等方面均有严格的要求。

泥浆的制浆材料主要有膨润土、黏土、水以及改善泥浆性能的掺和料，如加重剂、增黏剂、分散剂和堵漏剂等。制浆材料通过搅拌机进行拌制，经筛网过滤后，放入专用储浆池备用。

根据大量的工程实践，制浆土料的基本要求是：黏粒含量大于 50.0%，塑性指数大于 20，含砂量小于 5.0%，氧化硅与三氧化二铝含量的比值以 3~4 为宜。

配制而成的泥浆，其性能指标，应根据地层特性、造孔方法和泥浆用途等，通过试验选定。新制黏土泥浆性能指标可参考表 3-7。

表 3-7　　　　　　　　　　　新制黏土泥浆性能指标表

漏斗黏度 /s	密度 /(g/cm³)	含砂量 /%	胶体率 /%	稳定性 /[g/(cm³·d)]	失水量 /(mL/30min)	1min 静切力 /Pa	泥饼厚 /mm	pH 值
18~25	1.1~1.2	≤5	≥96	≤0.03	<30	2.0~5.0	2~4	7~9

泥浆的造价一般可占防渗墙总造价的 15.0% 以上，在通常情况下，尽可能引进泥浆循环处理系统，应做到泥浆的再生净化和回收利用，以降低工程造价，同时，也有利于环境的保护。近年来，随着城市化建设的不断推进，我国在市政工程中的防渗墙施工，开始应用先进的泥浆循环处理系统，如在地下连续墙施工过程中，通过泥浆的不断循环，钻孔中的钻渣被不断排出，从而清理连续墙孔底沉渣，保证成孔质量。

采用先进的泥浆循环处理系统，相比较有以下优点：

A. 泥浆的充分净化，有利于控制泥浆的性能指标、减少卡钻事故、提高造孔质量。

B. 对土渣的有效分离，有利于提高造孔工效。

C. 泥浆的重复使用，有利于节约造浆材料，降低施工成本。

D. 泥浆的闭路循环方式及较低的渣料含水率有利于减少环境污染。

在三峡水利枢纽工程二期围堰防渗墙施工中成功应用了与 BC-30 型铣槽机配套的 BE-500 型泥浆净化系统，对泥浆进行筛分和旋流处理，除去大于 0.075mm 的颗粒后又重新回到贮浆泥池中。该项技术可以进行推广和应用到其他的大型水利工程围堰施工中。

3）造孔成槽。造孔成槽工序约占防渗墙整个施工工期的一半。槽孔的精度直接影响防渗墙的质量。选择合适的造孔机具与挖槽方法对于提高施工质量、加快施工速度至关重要。混凝土防渗墙的发展和广泛应用，也是与造孔机具的发展和造孔挖槽技术的改进密切相关的。

用于防渗墙开挖槽孔的机具，主要有冲击钻机、回转钻机、钢绳抓斗及液压铣槽机等。它们的工作原理、适用的地层条件及工作效率有一定差别。对于复杂多样的地层，一般要多种机具配套使用。

进行造孔挖槽时，为了提高工效，通常要先划分槽段，然后在一个槽段内，划分主孔和副孔，采用钻劈法、钻抓法或分层钻进等方法成槽。

4）终孔验收和清孔换浆。终孔验收的项目和要求，按照《水电水利基本建设工程单元工程质量等级评定标准》（DL/T 5113.1）的要求执行。验收合格方可进行清孔换浆。清孔换浆的目的，是在混凝土浇筑前，对留在孔底的沉渣进行清除，换上新鲜泥浆，以保证混凝土和不透水地层连接的质量。清孔换浆应该达到的标准是经过 1h 后，孔底淤积厚度不大于 10cm，孔内泥浆密度不大于 1.3，黏度不大于 30s，含砂量不大于 10%。一般要求清孔换浆以后 4h 内开始浇筑混凝土。如果不能按时浇筑，应采取措施，防止落淤，否则，在浇筑前要重新清孔换浆。

5）墙体混凝土浇筑。防渗墙的混凝土浇筑和一般混凝土浇筑不同，是在泥浆液面下进行的。泥浆下浇筑混凝土的主要技术要求如下：①不允许泥浆与混凝土掺混形成泥浆夹层；②确保混凝土与基础以及一期、二期混凝土之间的结合；③连续浇筑，一气呵成。保持导管埋入混凝土的深度不小于 1.0m，但不超过 6.0m；维持全槽混凝土面均衡上升，上升速度不应小于 2m/h，高差控制在 0.5m 范围内；④浇筑过程中加强观测，做好混凝土面上升过程的记录，防止堵管、埋管、导管漏浆和泥浆掺混等事故的发生。

总之，槽孔混凝土的浇筑，必须保持均衡、连续、有节奏，直到全槽成墙为止。

3.6.5 高压喷射灌浆

高压喷射灌浆的主要优点是施工简便、灵活、进度快、工效高、适应性强、应用范围广。

（1）高压喷射灌浆施工设备。高压喷射灌浆施工设备是按照高压喷射灌浆的工艺要求，由多种设备组装而成的成套设备，分为造孔、供水、供气、供浆、喷灌 5 大系统和其他配套设备，共 6 个部分。

1）造孔系统。目前高压喷射灌浆工程中应用最多的是最大处理深度 150.0m 和 300.0m 的立轴式液压回转钻机。虽然高压喷射灌浆工程钻孔深度只有几十米，但是针对高压喷射灌浆工程的地质条件比较复杂，大多是黏性土、砂性土、砾卵石等形成的复合地层，还是能够满足工程需要的。因此，细颗粒松软地层或处理深度小于 30.0m 的工程，可选用 150.0m 钻机，地层复杂和处理深度大于 30.0m 的工程，可选用 300.0m 钻机。

除常用的立轴式液压回转钻孔外，还有转盘式回转钻机、冲击式钻机、射水式钻机、汽车式钻机等。这些钻机各具有不同的造孔特点，也可以用于高压喷射灌浆工程造孔，但在实际中应用并不普遍。

2）供水系统。供水系统的主要设备是高压水泵和高压胶管。高压喷射灌浆工程中，常用 3D2—S 型卧式三柱塞泵，其额定压力为 30.0～50.0MPa，流量为 50.0～100.0L/min，工作压力一般为 20.0～40.0MPa。

高压喷射灌浆工程用的高压胶管为 4～6 层钢丝缠绕的胶管。常用的胶管内径有 16mm、19mm、25mm 和 32mm 等，工作压力为 30～55MPa，要求爆破压力为工作压力的 3 倍。

3）供气系统。两管及三管高压喷射灌浆，要用压缩空气与主射流（浆液或水）同轴喷射，以提高主射流的喷射效果。目前，高压喷射灌浆工程中常用 YV 型活塞式风冷通用空气压缩机，排气压力为 0.7～0.8MPa。常用空气压缩机的技术性能见表 3—8。

表 3-8 常用空气压缩机的技术性能表

空压机型号	排气量 /(m³/min)	排气压力 /MPa	排气温度 /℃	冷却方式	动力机功率 /kW	备注
YV3/8	3	0.8	≤180	风冷	22	移动式
YV6/8	6	0.8	≤180	风冷	40	移动式
CYV6/8	6	0.8	≤180	风冷	52.9	移动式

4) 供浆系统。供浆系统主要包括搅浆机、灌浆泵和上料机三部分。

A. 搅浆机。高压喷射灌浆工程用的搅浆机，有卧式搅浆机和立式搅浆机两种。

B. 灌浆泵。灌浆泵是将浆液灌入地层的柱塞式泵，具有一定的压力和流量。三管（三介质）工法中应用的灌浆泵，其额定压力为 $P \geqslant 1MPa$，流量为 $50 \sim 150L/min$。单管（单介质）和两管（两介质）工法中应用的是高压泥浆泵。灌浆泵目前有单柱塞泵、双柱塞泵和三柱塞泵等，一般宜选用三柱塞泵。

C. 上料机。上料机用于输送水泥或粉煤灰等粉料，高压喷射灌浆工程中常用螺旋式上料机或皮带上料机。

5) 喷灌系统。主要由机架、卷扬机、旋摆机构和喷射装置等组成。

A. 机架。机架主要用来整体移动喷射系统，提升和下放喷射管，使卷扬机和旋摆机构能更准确地运转施工。高压喷射灌浆工程中常用的机架，按立架结构型式不同分为四角塔架、单桁架、折脚桁架、板架等；按机架移动形式不同分为滚轮式机架和迈步式机架等。一般立架高度为 $10.0 \sim 20.0m$，根据不同的工程条件及一次提升喷管的高度而定。

B. 卷扬机。卷扬机安装在机架的底盘上，主要用来提升和下放喷射装置。高压喷射灌浆工程中常用的卷扬机一般为单筒卷扬机。单绳提升速度 $7 \sim 13m/min$，提升力为 $30 \sim 100kN$。高压喷射灌浆施工应用的卷扬机，应具备快速和超慢速提升两种功能。快速卷扬提升可直接选用 $7.0 \sim 13.0m/min$ 中的一种提升速度，超慢速提升速度为 $4 \sim 20cm/min$。

C. 旋摆机构。旋摆机构是用来使喷射装置进行定向、摆动、旋转作业的机构。旋摆机构没有旋摆运动时，喷射管提升进行定向喷射。旋摆机构有旋摆运动时，喷射管提升进行摆动喷射，摆动角度范围为 $10° \sim 180°$。旋摆机构的旋转速度一般为 $5 \sim 20r/min$。

D. 喷射装置。喷射装置可分为单管喷射装置、两管喷射装置、三管喷射装置等。

单管喷射装置。包括单管水龙头、喷管体、喷头、喷嘴等。单管喷射装置是实现单介质喷射灌浆工艺的装置，用以输送高压浆液，使浆液在地层中切割掺搅，升扬置换土体，从而形成防渗加固墙体或桩体。

两管喷射装置。两管喷射装置的特点是浆液和压缩空气分别输入喷射管的两根不相通的管道。高压浆液从中央的浆嘴喷出，压缩空气从浆嘴外围的气嘴喷出，包围在高压浆射流的周围，以减少浆液射流的动能损耗，从而提高喷射效果。采用两管喷射装置进行高压喷射灌浆的设备包括：①超高压灌浆泵（最大压力 80.0MPa）；②空压机（气压 2.0MPa，气量 20.0m³/min）；③履带吊车式高架高喷台车（架高 34.0m，喷射杆长 26.0 ～ 30.0m）。高压喷射灌浆系统见图 3-21。

三管喷射装置。单管与两管喷射装置主要用水泥浆作为主射流，对喷嘴及输浆机具磨

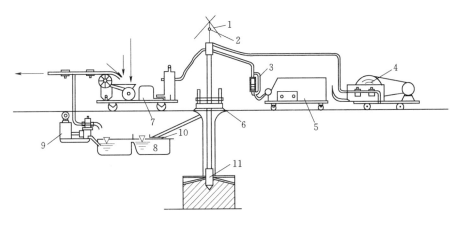

图 3-21　高压喷射灌浆系统示意图

1—三脚架；2—卷扬机；3—流量计；4—高压水泵；5—空压机；6—孔口装置；

7—搅浆机；8—储浆池；9—回浆泵；10—筛；11—喷头

损严重。三管喷射装置应用高压水泵产生的高压水作为主射流。清洁的水对输水机具磨损轻微，使高压水泵获得更高的喷射压力。从而可以提高施工效率。另外，还可以利用高压的水射流，完成许多单管与两管喷射装置难以完成的高难度特殊施工。三管喷射装置的缺点是高压水的应用增加了冒浆量，从而使材料消耗增加。

6）其他配套设备。

A. 回浆泵。在高压喷射灌浆施工中，会产生冒浆现象。有些工程可以将冒浆回收再利用，以提高材料的利用率，降低施工成本。喷射地层为砂性土时，冒浆放入浆池中沉淀后，其上部的浆液质量较好，大部分可以回收利用。当地层为黏性土、淤泥、淤泥质土时，沉淀后的上部浆液会含有大量黏土或有机质，不宜回收利用。

冒浆的回收利用率，应根据防渗墙体的设计要求和地层颗粒的含量及特性而定。一般冒浆的回收率为 20%～30%。回收浆液采用回浆泵输送到搅拌机内，并与新制浆液充分掺混均匀后方可应用。回浆泵可选用灌浆泵、泥浆泵、杂污泵等。

B. 监测装置。为了控制施工质量，及时了解各种设备的工作状况，在施工中需要有一定的监测装置，对水、气、浆的压力和流量、喷射提升速度、进浆和冒浆的相对密度等各种参数进行测量、记录，以保证施工顺利进行。

水、气、浆的压力，可以在输出管路中安装压力表进行测量。当水、气、浆喷嘴的直径不变时，只要各介质的压力正常，其流量基本上能达到设计要求。喷射管的提升速度，应由设有调速电机和调速仪的卷扬机进行提升监测和调控。浆液密度通常用泥浆密度秤进行定时测量。

（2）高压喷射灌浆施工。用高压喷射灌浆进行堤坝防渗加固，首先要全面了解各项工程的技术要求，然后对其所要处理的工程进行现场调查，搜集和了解该工程的水文、地质资料及工程设计，据此编制施工组织设计方案，选择合适的高压喷射灌浆设备。

1）工艺参数的选定。在一般情况下，重要防渗加固工程在开工前，视工程复杂程度与地质情况，都应进行现场试验，以取得较为适宜的符合该工程实际情况的施工工艺技术参数。据目前国内的有关资料，结合堤坝防渗处理经验，不同喷射类型的高压喷射灌浆施工工艺技术参数见表3-9。

表3-9 不同喷射类型的高压喷射灌浆施工工艺技术参数表

项目	喷射类型	单管法	两管法	三 管 法	
				国内	日本
高压水	水压/MPa			30～60	20～70
	水量/(L/min)			50～80	50～70
压缩气	气压/MPa		0.7	0.7	0.7
	气量/(m³/min)		1～3	1～3	>1
水泥浆	浆压/MPa	30	30	0.1～1.0	0.3～4.5
	浆量/(L/min)	25～100	50～200	50～80	120～200
提升速度/(cm/min)		20～25	5～10	5～40	5～200
旋转速度/(r/min)		20	20	5～10	5～10
摆动速度/[(°)/s]		—	—	5～30	—
喷嘴直径/mm		2.0～3.2	2.0～3.2	1.8～3.0	1.8～2.3

2) 孔距及布置形式。高压喷射灌浆的孔距及布置形式的设计是否合理，对高压喷射灌浆的质量及造价影响很大。应结合现场试验开展设计，选择合理的、适宜的孔距及布置形式，以确保施工质量，降低工程造价。作为防渗工程，临时性和一般性的工程常采用单排布孔，重要工程布置成双排或多排，以确保其防渗效果。

在相同的工艺参数情况下，在中细砂、粉砂地层中，孔距可采用2.0～2.5m；在砾卵石及卵漂石地层中，孔距可采用1.0～1.5m；在中粗砂、壤土或杂壤土地层中，孔距可采用1.5～2.0m。但针对某些具体工程，最优的孔距及布置形式还是应通过现场试验确定。

防渗工程中常用的定喷板墙，大多采用交叉折线形（"人"字形）连接，这种连接形式接头可靠，结构稳定性好。喷射方向与轴向夹角一般设计为20°～30°，连接角度为120°～140°，布孔施工时可按照由疏到密的原则，分序施工，先喷Ⅰ序孔，再喷Ⅱ序孔。

旋喷桩直径的大小，依据地层、水文地质情况的不同而有所差别，对此应做出准确的估计。我国水利水电工程的旋喷桩直径多采用1.5m左右，具体到某一个工程，准确的旋喷桩径也应通过现场试验来确定。

3) 灌浆材料与浆液控制。最常用的灌浆材料有两种：一种是固体灌浆材料，如水泥、黏土等；另一种是化学灌浆材料，如水玻璃、环氧树脂等。与以上灌浆材料对应常用的浆液有水泥浆、水泥黏土浆、化学灌浆材料的浆液。采用何种灌浆材料及浆液，应根据工程需要和工艺条件而定，一般需要通过配方试验确定。

高压喷射灌浆时，一部分浆液与地层搅混进入地层中；另一部分浆液由孔壁流出地面（冒浆）。浆液控制的主要目的是在保证浆液量的前提下，使用最优的浆液配比，尽量减少或降低冒浆量，既保证防渗效果，又节省灌浆材料，为此应采取如下措施。

A. 水泥浆液应选用合适的水灰比，一般不大于1:1，对于强度要求不高，主要作为防渗用的工程，可用一定比例的水泥黏土浆。

B. 如果地面冒浆大于设计要求，应当通过试验调整工艺参数，使其冒浆量最小。

C. 对于流出地面的浆液，应根据情况尽量进行回收，经过沉淀池沉砂后再次利用。

总之，灌浆材料与浆液控制均是高压喷射灌浆过程中的一个重要环节，其好坏将直接影响灌浆质量。为此，在正式灌浆施工之前，应对灌浆材料及浆液进行现场配方试验，从中选取最优的浆液，以保证工程的质量要求。

4）施工程序和施工方法。高压喷射灌浆施工程序，大体分为钻机钻孔、下注浆管、喷射浆体、提升设备、清洗充填、成桩等（见图 3-22）。多排孔高喷墙宜先施工下游排，再施工上游排，后施工中间排。一般情况下，同一排内的高喷灌浆孔宜分两序施工。

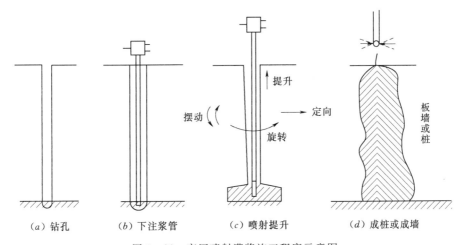

图 3-22　高压喷射灌浆施工程序示意图

A. 钻机钻孔。首先把钻机对准设计孔位，将机架垫稳、垫平、固定。控制孔位的偏差不应大于 1~2cm，钻孔要深入基岩 0.5~1.0m，或达到设计的深度，钻进过程要记录完整。在钻孔中要严格控制孔斜，孔斜率可根据孔深经计算确定，以两孔间所形成的防渗凝结体良好结合，不留孔隙为准则。

B. 下注浆管。将喷射管下沉到设计深度，将喷嘴对准喷射方向。当采用振动钻机时，下管与钻孔合为一体进行。为防止在下管时将喷嘴堵塞，可采用边低压送水、气、浆，边下管的方法，或临时加设防护措施，如包扎塑料布或胶布等。

C. 喷射浆体、提升设备。当喷射管下沉到设计深度后，送入合乎要求的水、气、浆，喷射 1~3min；待注入的浆液冒出后，按预定的提升、旋转、摆动速度，自下而上边喷射边转动、摆动，边提升直至设计高度，停止输送水、气、浆，提出喷射管。喷射灌浆过程中时刻注意检查注浆的流量、气量、压力以及旋转、摆动、提升速度等参数是否符合设计要求，并做好施工记录。

D. 管路清洗。当喷射灌浆到达设计高度后，经检查施工技术参数合格，应及时将各管路冲洗干净，以防止浆液将管阻塞，尤其是浆液系统更为重要。

E. 孔口封灌。为解决凝结体顶部因浆液析水而出现的凹陷现象，每当喷射灌浆结束后，随即在喷射孔内进行静压灌浆，直至孔口浆液表面不再下沉为止。

3.6.6 土工膜防渗

土工膜（土工合成材料）是一种轻便的、造价低廉、性能可靠且便于施工的防渗材料。土工膜用于工程防渗已有 40 多年的历史。我国坝工史上最早使用土工膜是在 1967 年修补浑江桓仁水电站工程高 79m 的混凝土单支墩大头坝时，采用了两层厚 1mm 的沥青-聚合物膜粘贴并锚固于上游坝面，运行 20 多年，效果良好。水口电站上、下游围堰用土工膜作中央防渗体，上游围堰高 42.6m，效果很好。

（1）土工膜的种类。可分为土工膜、加筋土工膜和复合土工膜三大类。

（2）土工膜防渗的适用条件。适用于土工膜防渗的有以下水利水电工程部位。

1）围堰心墙、斜墙：防渗土工膜应在其上面设防护层、上垫层，在其下面设下垫层。

2）围堰水平铺盖：当坝基为砂砾石等透水地基，确定选用上游铺盖方案时可以用土工膜取代传统的弱透水土料。

3）施工围堰防渗墙：防渗墙地面以下部位先用机具造孔成槽，土工膜铺入槽内后，及时进行膜两侧的填土。防渗墙地面以上部位首先要与防渗墙（混凝土防渗墙或土工膜墙）嵌紧，在地面以上进行土工膜铺设并将细料与土工膜交替上升。

（3）土工膜的选择。土工膜选择的关键取决于能否满足工程要求。良好的均匀性和防渗性能是选择土工膜首先考虑的问题。一般塑料制品，尤其是热压塑料制品，质地比较均一，渗透系数也较合成橡胶小，工程中选用较多。涂塑的制品均匀性较差，选用时需慎重。橡胶制品也有压制的和涂刷的两种，前者较后者优，但橡胶制品渗透系数一般较塑料制品大，应根据工程具体条件选用。

土工膜厚度，直接影响工程质量。目前，我国用得较多的是聚氯乙烯薄膜，其厚度有 0.15～0.4mm 或 0.8～1.6mm 不等，常用的土工膜厚度一般不小于 0.25mm；宽度为 0.8～1.4m。其抗拉强度为 80.0～180.0MPa；拉断时的伸长率 100.0%～150.0%；适应温度 -25.0～40.0℃；密度 1.3～1.5g/cm^3。

（4）土工膜防渗层结构。土工膜是土工膜防渗层结构的主体，但仅有土工膜还不能完成防渗功能，土工膜防渗层应包括土工膜、膜上保护层、支持层等部分。

1）膜上保护层。一般的土工膜防渗层必须在土工膜之上铺设保护层。此保护是为了防御波浪的淘刷、风沙的吹蚀、人畜的破坏、冰冻的损坏、紫外线辐射、风力的掀动以及膜下水压力的顶托而浮起等。

以土工膜防渗的围堰，土工膜上需设保护层。保护层分面层和垫层。常用的面层类型有预制混凝土板、现浇混凝土板、钢筋网或铁丝网混凝土板块石、浆砌块石等。根据面层膜和土工膜的类型。采用不同的垫层方式。干砌预制混凝土板可铺设在复合式土工膜的织物上，不需设垫层。

2）支持层。土工膜是柔性的，全靠支持层的支持而存在。支持层的作用是使土工膜受力均匀，免受局部集中应力的损坏。围堰上游面用土工膜防渗，膜下应铺设垫层和过渡层。两层合称为围堰的支持层。

先将堆石体上游面基本整平，铺块石碎石过渡层。过渡层最大粒径 15cm 左右，最小粒径 5cm 左右。

垫层粒径大小根据土工膜厚度不同进行选择。膜厚度约 1.0mm，用粒径小于 1.0cm

的小碎石或小于 2.0cm 的砾卵石做垫层。膜厚度约 0.6mm，用粒径小于 0.5cm 的砾石做垫层。

围堰上游面用二层土工织物夹土工膜的复合式土工膜防渗时，对垫层的要求可适当放松，即粒径可粗一些。对于 300～400g/m² 土工织物夹土工膜，可用小于 4cm 的卵砾石或碎石作垫层。

如果在小于 4cm 的卵砾石或碎石层上面铺筑厚 2cm 的无砂小砾石沥青或无砂小砾石水泥混凝土，则厚 0.6mm 以上的土工膜可直接铺设在其上面，不需土工织物保护。

3.6.7 其他防渗

（1）水下抽槽回填配合土截水槽防渗。与水下抛土铺盖相比，采用水下抽槽形成截水槽可节省防渗土料，结构稳定，不存在防冲问题，防渗效果也较可靠，但水下施工的技术比较复杂。

截水槽上部应与上部结构的防渗部分连成整体，下部与不透水层紧密结合。对于均质土围堰，截水槽的位置越靠近下游，堰体浸润线越高（见图 3-23），对围堰稳定性越不利。截水槽位于围堰轴线上游部分的堰基中时，浸润线位置相差不大，但当位于下游部分时，浸润线抬高极为明显。因此，对于横向围堰，一般将截水槽布置在围堰防渗轴线上，或稍偏上游，横贯整个河床并延伸到两岸。

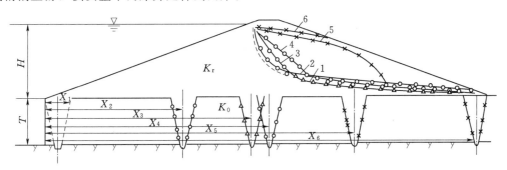

图 3-23　截水槽位置与堰体浸润线位置的关系图（$K_0/K_r=200$）

1—$X_1=3.5\text{m}$ 时的浸润线；2—$X_2=40\text{m}$ 时的浸润线；3—$X_3=60\text{m}$ 时的浸润线；
4—$X_4=65\text{m}$ 时的浸润线；5—$X_5=90\text{m}$ 时的浸润线；6—$X_6=126.5\text{m}$ 时的浸润线

截水槽轴线设于围堰轴线处时，坝体自重最大，槽底压力亦最大，有利于同岩石接触面的渗透稳定，与两岸连接的线路最短。但坝体浸润线偏高，截水槽后堰基渗径较短。若截水槽设于上游，优缺点则相反。从满库水位时的下游坡和库水位下降时的上游坡两者的稳定性考虑，则以将截水槽布置在库水位与上游堰坡相交的正下方较好。

该防渗方法的施工工序如下。

1）抽槽。流速较小及深水环境中，可以直接采用挖泥船、抓土斗、射流泵等进行水下抽槽。流速超过抽槽边坡允许抗冲流速后，在截水槽两侧抛石，待块石露出水面形成静水区后，再抽槽。

泥浆截水槽采用陆地用的挖土机械抽槽，利用泥浆固壁，当槽身挖了一定长度后，便一面开挖，一面自一端回填配合土，整座截水槽不设垂直施工缝。

为了确保槽壁稳定，抽槽时应采用优质泥浆固壁，做好对开挖槽内的泥浆面高度控制，宜高出地下水位0.5m以上。挖斗的升降应缓慢平稳，以减小对槽壁的冲刷和抽吸影响。同时控制挖槽周边的人为干扰，不得在四周堆放弃土或存在各种振动作用。在开挖过程中，要不断地对轴线、槽体宽度、槽壁垂直度和清底等情况进行检查。开挖到底后，用合瓣式抓斗和空气吸泥机清理槽孔底部。抽槽至一定宽度后，及时回填配合土。

2）配合土制备。配合土不能含有未经粉碎的干土块，也不能向配合土加水来调整稠度，要求所有颗粒均应包裹一层膨润土浆薄膜，因此，要采用泥浆拌和均匀，形成如同混凝土拌合物的稠度。配合土过稀（含水量高），回填时易产生颗粒分离，过干则可能包裹泥浆，在墙内形成泥浆囊，影响密实性。当用导管法回填时，坍落度以10～15cm为宜；用推土机回填时，坍落度以15～20cm为宜。这种回填料进入槽内不会自行流动和分离，且很快固结。

配合土一般用小型推土机拌和，场地狭窄时，采用集中拌料：用自卸汽车将槽内挖出的由固壁膨润土浆与地基砂砾石混合的土渣运至拌料场，加入所缺粒径土料和适量黏土（包括泥浆）；拌匀后，运至回填区。施工场地开阔时，将土渣卸在泥浆槽一侧，用索铲和推土机掺入适量黏土（15%～20%），就地拌和、回填，以减少往返运输。

3）回填配合土。回填前，要复测泥浆槽深度并清底。可用空气吸泥机，每隔1.5m清底1次，清除槽底沉渣及过稠泥浆。开始回填时，为防止配合土在泥浆中分离，泥浆槽起始段的槽角部分采用导管或抓斗将配合土送到槽底，直至配合土露出泥浆面，再改由推土机自坡顶起将配合土顺坡滑下，推入槽内（见图3-24），使新填土连续地、缓慢地沿已填入配合土的坡面下滑至坡脚，不留下结合面空穴。在泥浆面以下的填料表面宜用棒捣实。不允许填料自由地落入泥浆中，也不能大量翻滚入槽，以免在配合土中混进泥浆块。回填料的上升坡应缓于1：（10～12）。

施工实践表明，只要日平均气温不低于-7℃，均能顺利拌和与填筑。即使泥浆槽表面在夜间结冰，白天破冰后仍可继续施工。

泥浆槽填筑完毕后，排除地面积水，沿墙顶铺填厚度0.6～1.0m的保护层，以免配合土蒸发失水而开裂或被行走机械破坏，回填的配合土，约半年时间达到充分排水固结、防渗所需密实度。

巴西伊泰普水电站围堰工程，在最大施工水深达60m情况下，采用底宽达40m的水下直接抽槽截水槽防渗（见图

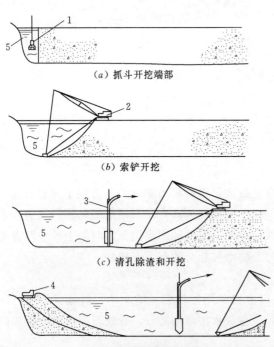

(a) 抓斗开挖端部

(b) 索铲开挖

(c) 清孔除渣和开挖

(d) 回填、清孔除渣和开挖

图3-24 泥浆槽施工过程图

1—抓斗；2—索铲；3—清孔设备；4—推土机；5—泥浆

3-25），抛投上下游各一道挡水戗堤后，采用水下挖深达 70.0m、吸管直径 600mm 的吸扬式挖泥船，容积 3.8m³ 重 1400kN 抓斗及 300kW 的高压射流泵挖除槽内的水下沙砾层（总挖掘能力 3000.0m³/h），采用水下电视及侧向扫描声呐检测清基质量。采用端进法回填。自卸汽车运残积黏土上至施工现场后，堆放在距抛土边坡面 3m 的已筑戗堤顶上，每堆存 60.0～90.0m³ 后，用两台推土机向下推压土料，迫使已填的土料内部产生变形和破坏，使之成大块黏土滑入，以避免从坡面上直接滑入水中而导致土体饱和。直至使抛土体出水面 1.0m 以内，再向前推进。出水后采用分层填筑碾压方法施工。共抛投黏土 180 万m³。最大日抛投强度超过 10 万 m³。伊泰普水电站围堰工程残积黏土干填与水下抛土工程力学性质见表 3-10。

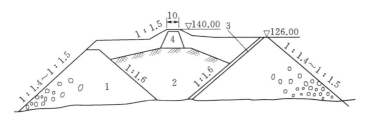

图 3-25　伊泰普上游围堰剖面图（单位：m）

1—抛石戗堤；2—水下截水槽回填残积黏土；3—过滤层（$d<300$mm）；

4—水上干填土

表 3-10　　　　　　伊泰普水电站围堰工程残积黏土干填与水下抛土工程力学性质表

项目	施工水深 /m	含水量 /%	孔隙比	干密度 /(g/cm³)	抗剪强度 /kPa
干填	无水	32～35	1.04～0.94	1.41～1.48（最大）	80～100（压实）
水下抛土	20	37～40	1.1～1.2	1.2～1.3	20～40

我国万安水电站及太平湾水电站围堰工程抽槽施工水深及砂砾覆盖层（厚 5.0m 以内）均不深厚，采用水中抛土形成高出水面工作平台后（见图 3-26、图 3-27），采用一般反铲抽槽。为防止槽壁坍塌，不断地向槽内抛黏土，用反铲搅拌成浓黏土浆固壁，且使少量残存砂砾与黏土浆拌匀，增加防渗效果。水下抽槽和黏土填筑采用平行作业方式，反铲采用端退法挖砂砾料，推土机采用端进法填土，两工序步距约 15.0m。

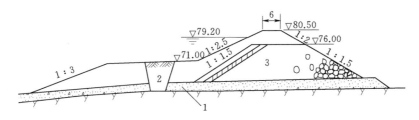

图 3-26　万安水电站二期上游围堰截水槽布置（单位：m）

1—砂粒层（厚 3～5m）；2—土截水槽；3—抛石戗堤

4）束窄高速水流冲砂抽槽。当覆盖层的砂砾颗粒不大，抗冲能力较差时，可以用人

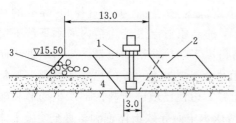

图 3-27　太平湾水电站低水围堰水
下抽槽作业示意图（单位：m）

1—反铲工作平台；2—弃渣（兼作内棱体）；
3—外棱体；4—砂砾地基

为束窄河床加大流速的方法冲刷清除截水槽内砂砾层，然后采用水下抛土形成截水槽。

　　万安水电站右河床围堰地基有厚 2.0～4.0m 的砾质粗砂。左河床低水围堰建成后，右河床流速加大至 3.0m/s，堰址处覆盖层大多被冲走。形成右河床围堰的截流施工中，龙口流速进一步加大，覆盖层基本被冲光，露出基岩，已满足截水槽清底要求。在上下两道戗堤间，回填渗透系数不大于 10^{-4} cm/s 量级的混合料，形成截水槽（见图 3-28）。

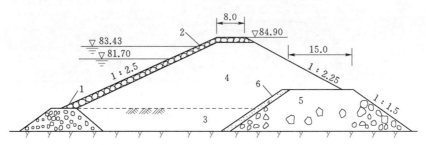

图 3-28　万安水电站一期上游围堰结构（单位：m）
1—迎水放冲戗堤；2—堆石护坡；3—水下抛土截水槽；4—混合料；5—截流戗堤；6—反滤层

　　（2）袋装黏土砌筑截水墙与围堰迎水坡防渗膜联合防渗。

　　1）袋装黏土砌筑截水墙与围堰迎水坡防渗膜联合防渗围堰实例。福生水电站位于头道松花江中下游的干流上，水电站布置形式为河床式，设计总装机容量 8000kW。土石围堰采用 5 年一遇标准设计，一期导流选定为春汛洪水流量 568.0m³/s。设计堰顶高程 418.68m，堰顶宽度 4.0m，迎水坡坡比 1∶2.0，背水坡坡比为 1∶1.7，围堰总长 519.0m。

　　福生水电站袋装黏土砌筑截水墙与围堰迎水坡防渗膜联合防渗一期围堰的有效使用期不足一年，围堰施工在秋季的枯水期进行，此时河水较浅（30～50cm），河床沙砾层厚度为 1.0～2.0m，沙砾层完整未被扰动、结构较密实，渗水性较弱。主要渗水来自砂砾料填筑的子围堰。一期围堰采用袋装黏土砌筑的截水墙、并在围堰迎水坡铺设防渗膜，并在一期围堰 C 点拐角处的迎水坡外侧铺石笼防冲体（见图 3-29）。

　　福生水电站工程一期导流施工围堰于 2009 年 10 月完工，围堰总长 519.0m，平均高度 2.0m。围堰合龙完工后进行发电厂房基础开挖，围堰渗水量很小，仅用一台 4 英寸潜水泵排水（而且是间歇性排水，每天排水时间为 10h 左右）即可满足排水要求。

　　2010 年春汛时，河水位已达 417.50m，距堰顶只有 1.0m，此时河水很深，但一期围堰渗水量并没有明显增加，发电厂房基础开挖仍为一台 4 英寸潜水泵排水即可满足施工排水要求。实践证明，该施工方案与施工方法在砂砾河床河道、河水较浅，且围堰使用期较短的情况下是行之有效的。

　　2）袋装黏土砌筑截水墙与围堰迎水坡防渗膜联合防渗围堰施工。

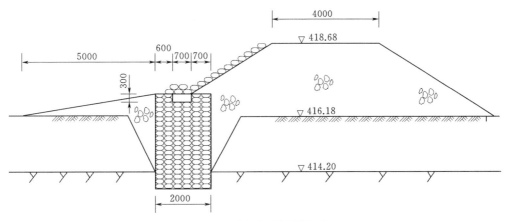

(a) 施工典型断面图

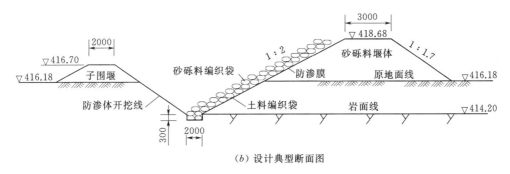

(b) 设计典型断面图

图 3-29 福生水电站工程一期围堰典型断面图（单位：mm）

A. 施工程序。截水墙沟槽开挖→砌筑黏土编织袋（砌出水面）→黏土编织袋两侧回填砂砾压实→堰体填筑→修坡→铺防渗膜→防渗膜上压砌防冲砂砾料编织袋→C 点处铺设防冲石笼。

B. 防渗截水墙施工。截水墙采用挖掘机开槽，将挖出的砂砾料堆放在截水墙沟槽的四周作为子围堰使用，将挖掘机能挖动的（施工时一般能挖动的风化岩厚度在 30～50cm 之间）风化岩岩层全部挖出。每次开槽长 5.0m，砌黏土袋长 3.5～4.0m，采用 6 英寸潜水泵强排槽内积水。黏土编织袋场外装袋，装载机运输至工作面，人工水下砌筑，当砌出槽内水面时用挖掘机铲背进行压实。截水墙高出槽内水面后，每砌筑 5 层黏土编织袋用挖掘机铲背进行压实，直至砌出河水水面为止。当一段截水墙黏土编织袋砌筑完成以后，在截水墙黏土袋两侧回填砂砾料压实，以减少下段截水墙开挖时的渗漏量。以此方式向前推进截水墙，直至截水墙施工完毕，进行下道工序施工为止。

C. 堰体填筑。采用分层填筑，挖掘机装翻斗车运输，推土机推平、压路机压实、挖掘机配合人工修坡，清理截水墙预留的压膜黏土沟槽。

D. 防渗膜铺设。在已填筑完的截水墙上的黏土墙上压膜，形式如一期围堰施工断面图（见图 3-29），在槽底铺 15cm 厚黏土人工夯实、铺膜，再在膜上压厚 15cm 黏土并夯实，将防渗膜沿围堰迎水坡展开铺平。由于一期导流施工围堰的防渗膜铺设都是在河水水面以上进行施工，围堰的防渗质量得到了保证。

E. 防渗膜连接。防渗膜连接采用锁边机缝接，铺膜时将接缝处折叠压缝，压缝重叠长度为 30cm。

F. 防冲编织袋砌筑。人工装袋、机械运输、人工砌筑。垂直水流方向砂砾编织袋沿坡顺坡方向压缝砌筑，顺水流方向砂砾编织袋垂直坡砌筑，即袋底朝外。并在围堰垂直水流方向拐角处的 C 点采用石笼护砌。

G. 围堰迎水坡护坡脚。由于截水墙砌筑高于河床，围堰防冲砂砾袋从截水墙顶开始起坡。截水墙顶受力较大，为防止截水墙因受压产生位移，造成围堰迎水坡滑坡，需要在围堰外侧回填砂砾料压实护坡脚。

4 围 堰 拆 除

4.1 土石围堰堰体拆除

4.1.1 施工布置及准备

（1）施工布置。施工道路、供风站、弃渣场、供电供水系统等是围堰拆除施工前的主要布置项目。

（2）施工准备。准备工作包括施工方案制定、方案编制和技术交底，施工道路、供风站、供电供水系统修建，弃渣场平整及道路修建，围堰上原有的设施及供电供水系统拆除，人员和设备准备等。

4.1.2 施工程序

土石围堰堰体拆除施工程序：施工方案、道路及资源准备→渣场准备→水面以上、挡水经济断面以外部分开挖→水面以上部分开挖→基坑冲水→水下部分开挖。

4.1.3 施工方法及进度要求

一些土石坝工程的围堰无需拆除，作为土石坝的一部分被永久保留。

围堰的最后拆除工作通常是在枯水期进行的。围堰拆除工作一般是在运用期的最后一个汛期过后，随上游水位的下降逐层拆除围堰背水坡和水上部分。在拆除过程中，可利用围堰留存的经济断面继续挡水（见图 4-1），并维持稳定，以免发生事故使基坑过早淹没，影响施工。

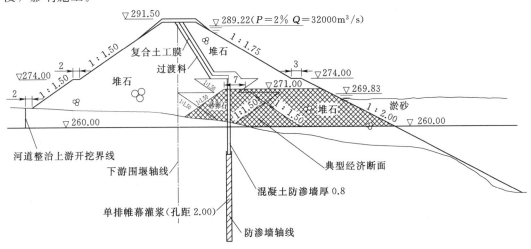

图 4-1 围堰预留经济断面示意图（单位：m）

堰内基坑冲水主要采用虹吸的方法，也有在围堰预留埂上采用开缺口冲水的方法，如葛洲坝水利枢纽大江下游就是用铲扬船挖开围堰预留埂向基坑冲水。

一般土石围堰的拆除可采用挖掘机开挖、爆破开挖或人工开挖。最后残留部分的拆除多用爆破法炸开一缺口。如果围堰是由砂土或其他细粒材料修建的，可利用水流的冲刷作用，使该缺口逐渐拓宽，达到拆除目的。如果材料不易被水流冲走，可采用长臂杆的索式挖掘机，其方法是将挖掘机停立在围堰顶上，逐步后退而将缺口拓宽。最后残留的堰体是由难以在水下拆除的材料组成的，则可能需要用细粒土料修建临时堰埂挡水，变水下拆除为干地拆除，临时堰埂则可用长臂反铲、长臂杆的索式挖掘机、挖泥船等各种方法开挖。

（1）围堰拆除施工的基本要求。

1）设计安全的经济挡水断面，对于经济挡水断面以外的开挖工程量应尽可能安排提前施工，这样可以降低后期开挖挡水断面的施工强度。

2）为了在规定的时段内按设计要求的断面开挖到位，在施工规划上，应尽量减少水下挖方，可采取变水下挖方为陆地挖方，这样更有利于提高工效，提高按计划完工的保证率。

3）对需要采用爆破技术手段拆除的方案，要充分论证研究，对于重要工程，方案确定之后，还要进行一系列的试验，进行研究。不断补充完善方案，确保万无一失，安全施爆达到预期的目的，否则，一旦出错将带来难以挽回的严重后果。

4）围堰拆除施工，应纳入整个枢纽工程的前后期工作的统一计划之中，加强组织管理，保证前后期工程的顺利衔接，这样更有利于枢纽工程的总体目标的实现。

（2）水上拆除施工方法。围堰拆除前，先对经过围堰的水、电管线和临时设施等进行移装或拆除。移装和拆除主要采取人工配开挖设备和吊车等方法进行。

1）经济断面以外部分开挖。堰顶路面混凝土和防撞墩随顶层堰体开挖同步拆除，在反铲将路面板下部堰体开挖部分后，用反铲或液压振动锤将面板破裂，再用反铲将混凝土面板和石渣一同挖装，用自卸车运至弃渣场。局部难以用机械开挖的，考虑用风镐或液压振动锤破碎后挖除。

围堰拆除采取从上往下分层进行，主要采用斗容 $1.6m^3$ 以上的反铲挖装，经济断面拆除可增加长臂反铲，15～30t 自卸车出渣。为保证围堰拆除期间大坝基坑内混凝土等项目施工正常进行，可在围堰经济断面以外部分的开挖期间修建背水侧下基坑道路。

在靠近经济断面边线时需提前测量边线位置，严格控制，防止超挖对围堰稳定造成不利。可用分区开挖的方式，以保证围堰预留经济断面的稳定性。

对于两岸建筑物边坡占压带，在分层开挖到靠近边坡时，先测量放样设计边线，根据设计坡比用反铲削坡，表面预留 30cm，做样架，由人工修整到位，确保建筑物的边坡稳定。

2）经济断面开挖。经济断面拆除开挖采用自上而下分层开挖，在预留冲水平台的前提下，最下层可采用长臂反铲进行开挖，以减少水下开挖量。

自卸汽车初期直接通过围堰两端头接两岸护坡斜坡道出渣，围堰两端若采用长臂反铲仍不能开挖到位的，可在下游填筑一条临时道路与施工便道相接，利用该道路将经济断面端头拆除干净。

（3）基坑充水方法。为保证地下电站尾水基坑内建筑物的安全，在进行水下部分拆除前，需将基坑内充水。围堰拆除应在主体工程施工达到预定形象后，才允许破堰进水；基坑充水安排在大坝基坑进水前验收完成、土石围堰经济断面及河道整治开挖全部结束后开始。

围堰充水方式有多种，包括虹吸管充水、水泵抽水、围堰开挖缺口冲水等，可因地制宜比较选择。虹吸管充水方法如下：

A. 虹吸管充水布置。计算虹吸时下游水位取水及出水高程，确定水位落差，验算充水的最大流速，并预计充水的天数。

在临时围堰一端预留岩埂平台上布置虹吸钢管，各管之间应预留一定的间距。出水口采用90°弯头，并在出口上设水封，出口处钢管车削成刀口，与密封钢堵板形成密封（钢堵板内衬厚1cm的平板橡胶）。在进水侧弯头处开设两个接口，一个作为抽真空进口，一个作为虹吸破坏口，接口处均安装对应规格的闸阀进行操作控制。为防止基坑进水时冲刷围堰坡脚，虹吸管出口布置在距离围堰坡脚5.0～7.0m处。

B. 虹吸管安装及充水。在虹吸管安装前，应根据基坑内外的水位差、基坑冲水量，以及冲水天数等情况计算需布设虹吸管的直径和数量。

土石围堰经济断面拆除完成后，即开始虹吸管的安装，虹吸管管道设施安装前在加工厂提前准备就绪。平板车运输至安装部位后，采用汽车吊进行吊装，现场焊接拼装。基坑经验收后，开始虹吸基坑充水，充水满足要求后进行虹吸管的拆除。

（4）水下拆除施工方法。水下部分的拆除施工比较困难。有些工程的围堰水下部分是淤积物，在不影响发电的前提下，可以考虑只拆除防渗墙，而不水下开挖淤积物，可以利用大坝泄水或发电的尾水把淤积物冲走。

围堰水下部分的石渣、堆石体填筑物可采用后退法在陆地上用长臂反铲开挖施工；但黏性防渗土料就很难采用后退法在陆地上开挖，可考虑用长臂杆的索式挖土机进行开挖。

长臂杆的索式挖掘机的开挖速度较慢，若水下部分工程量较大，应考虑采用链斗式挖泥船、吸扬挖泥船或高压风吹吸的方法进行开挖。

耙吸式挖泥船是吸扬式中的一种，它通过置于船体两舷或尾部的耙头吸入泥浆，以边吸泥、边航行的方式工作。耙吸式挖泥船机动灵活，效率高，抗风浪能力强，适宜在宽阔的江面上作业。

绞吸式挖泥船是在疏浚工程中运用较广泛的一种船舶，它是利用在吸水管前端装设的旋转绞刀装置，将河底泥沙进行切割和搅动，再经吸泥管将绞起的泥沙物料，借助强大的泵力，输送到泥沙物料堆积场，它的挖泥、运泥、卸泥等工作过程可以一次性连续完成，是一种效率高、成本较低的挖泥船，是良好的水下挖掘机械。

链斗式挖泥船是利用一连串带有挖斗的斗链，借上导轮的带动，在斗桥上连续转动，使泥斗在水下挖泥并提升至水面以上，通过收放前、后、左、右所抛的锚缆，使船体前移或左右摆动来进行挖泥工作。挖取的泥土，提升至斗塔顶部，倒入泥阱，经溜泥槽卸入停靠在挖泥船旁的泥驳，然后用拖轮将泥驳拖至卸泥地区卸掉。链斗式挖泥船对土质的适应能力较强，可挖除岩石以外的各种泥土，且挖掘能力大，挖槽截面规则，误差极小，适用于港口码头泊位、水工建筑物等要求较严的工程施工，有着一定的应用范围。

高压风吹吸的方法是利用高压风吹吸泥管，用高压风形成的负压把要挖除的物料吸入管道，管道把物料运输出场外。葛洲坝水利枢纽工程的大江1号船闸上游淤泥清除就是应用的吹吸法，用 $40m^3/min$ 空压机向 $\phi400mm$ 的管道内吹高压风，清淤深度达 10 多米。

在围堰拆除施工期，特别是施工高峰时期，链斗式挖泥船开挖时出渣运输相当频繁，弃渣运输船只多。施工船舶进场前，需向航运管理部门及相关部门取得船舶通行、停泊许可证，并申请发布船舶施工航行通告，明确施工工程名称和地点、施工起止日期、施工船舶名称和类型、锚缆设置情况、施工占用的水域范围、船舶作业时悬挂的信号、船舶在施工区航行的注意事项、避让方法和联系信号等。除此之外，在施工水域区段设置水上航标灯，让施工船舶与航运船舶分道行驶。遇有爆破作业，及时通过航运管理部门通知正在施工水域附近行驶的船舶，并发出警戒信号。在航运交通较繁忙的水域中，要注重水上交通安全，既要确保航运畅通，又要保证围堰水下拆除施工顺利进行。

抓斗式挖泥船是利用旋转式挖泥机的吊杆及钢索来装上抓斗，在抓斗本身重量的作用下，抛入水底抓取泥土，然后开动抓斗索绞车，吊斗索即通过吊杆顶端的滑轮，将抓斗关闭，卷扬升起，再转动挖泥斗到预定点（或泥驳）将泥卸掉。卸完后又转回挖掘地点，进行挖泥，如此循环作业。抓斗式挖泥船主要用于挖取黏土、淤泥、孵石、宜抓取细砂、粉砂，一般吊机配备在工程船上有以起重为主的、以挖泥为主的、两者兼用的三种形式，以挖泥为主的吊杆长度约 30.0m，挖泥能力大。

（5）施工形象要求。预留挡水经济断面以外的土石围堰部分拆除不受控制，在堰顶道路不使用时，即可开始该部分的开挖工作。但其开挖工作要满足枢纽工程总体施工进度计划。

预留挡水经济断面的开挖要满足发电的要求，同时还应考虑防渗墙拆除，以及水下拆除的施工时间。

4.2 土石围堰防渗墙拆除

土石围堰下部采用混凝土防渗墙防渗的，拆除时最常用的方法是对其进行爆破，通过钻孔爆破破碎，反铲等挖装，自卸汽车出渣。

4.2.1 拆除技术要求

防渗墙爆破拆除技术有如下要求。

（1）防渗墙爆破孔的布置。一般在防渗墙顶部布置爆破孔，沿轴线呈直线或梅花形布置，爆破孔间距 $a=(0.8\sim1.2)b$（b 为爆破孔排距）。防渗墙厚度越小、爆破孔间距也应越大。

（2）严格控制飞石，对于距防渗墙爆破处 200.0m 以内的建筑物及设施应进行防护。

（3）防渗墙和盖帽混凝土同时爆破拆除。

（4）为保证爆破的质量和安全，孔内采用间断不耦合的方法装药。

（5）控制爆破块度，一般要求 90% 的爆破块度小于 30cm，便于出渣。

4.2.2 拆除爆破设计

（1）爆破孔布置基本方式。

1）盖帽混凝土。盖帽混凝土结构一般高 100cm、底宽 200cm、顶宽 160cm 左右，可以采用手风钻在顶部钻 2 排垂直孔进行爆除。

2）防渗心墙。围堰防渗心墙爆破拆除一般在心墙顶部布置爆破孔，沿心墙轴线呈直线或梅花形布置，孔间距 $a=(0.8\sim1.2)b$。心墙厚度越小、爆破孔间距也越小，爆破单位立方米心墙所需工作量及材料也增加较大。

（2）爆破参数的确定。

1）炸药单耗。盖帽混凝土采用 ϕ32mm 乳化炸药连续装药，单耗 0.3~0.35kg/m³，单孔药量 300~400g，堵塞长度 0.8m，采用浅孔微差爆破分段爆除。

围堰防渗墙水下爆破单耗一般为常规爆破的 2.33~4.08 倍，即使无水条件下单耗也较常规爆破增加 50.0%~100.0%。一般 20.0m 水深部位采用常规乳化炸药单耗应达 1.5~2.0kg/m³。单耗取值较高的原因是保证在 1 孔未正常起爆的条件下，其他周边孔爆破可将该孔应爆破的岩体破碎。

2）孔间排距。根据钻孔直径，必要时考虑下套管，确定最大允许的药卷直径，由此确定线装药密度，再根据炸药单耗和药卷允许直径等，反推孔间排距。一般采用方形布孔，便于爆破网络设计。

3）装药结构。采用连续装药，一般在孔口段可适当采用小药卷，控制飞石。一般水深超 6.0m 时，飞石难以逸出水面，因此，在水深小于 6.0m 范围装小药卷。

4）预裂和光面爆破。预裂和光面爆破参数与陆地爆破基本相同，仅线装药密度适当增加 20.0%~50.0%。

（3）爆破安全控制标准。围堰拆除爆破区周围有大量需保护物，应合理确定各类需保护的安全控制标准，爆破安全控制标准过严将影响爆破方案实施，而过松又将不能保证爆破安全。因此，除按《爆破安全规程》（GB 6722）中有关规定执行外，还可针对工程特点及类似工程经验分析比较进行确定。重要工程的重点部位采用数值分析计算确定爆破安全允许标准。葛洲坝水利枢纽工程上游围堰混凝土防渗心墙拆除爆破安全振速控制标准见表 4-1。

表 4-1　葛洲坝水利枢纽工程上游围堰混凝土防渗心墙拆除爆破安全振速控制标准表

防护对象名称	爆源距防护对象 最小距离/m	允许振速（加速度） /(cm/s)	备　注
二江水电站正在运行的水电站	800	0.50	
大江电厂前混凝土护坡	60	5.00	
灌浆廊道	—	2.50	
大江电厂冲沙闸	480	2.50	
大江电厂厂房 8 号机行车梁牛腿	—	5.00（1g）	对爆破振动起控制作用的是基础帷幕灌浆等
大江电厂船闸升楼顶楼	—	2.50	
1 号船闸	420	0.41	
高压输电线基础	160	3.00	
靠船墩	290	5.00	
大江电厂基础帷幕灌浆区	250	1.20	

（4）爆破网络设计。首先应根据爆破安全允许标准、场地的爆破有害效应传播规律及防护目标相对位置，确定最大允许单段药量，再进行爆破网络设计。

最大允许单响药量采用式（4-1）计算：

$$Q_m = [([V]/K)/\alpha R]^3 \qquad (4-1)$$

式中　Q_m——最大允许单响药量，kg；

　　$[V]$——控制点允许质点振速，cm/s；

　　R——控制点至爆源的距离，m；

　　K、α——与爆破区地形、地质条件有关的系数和衰减指数。

爆破网络一般采用非电接力，即高段孔内延时，地段地表接力，保证首段起爆时，地表接力雷管传爆完毕，确保爆破网络安全。爆破网络应进行可靠性分析，计算准爆率。规模较大对震动要求较严时，应采用高精度雷管。

随着科技进步，数码电子雷管也被用于围堰拆除，数码电子雷管具有安全可靠、起爆时间可任意设置等优点。无论采用何种爆破网络，装药前均应按规范进行爆破网络模拟试验。

当多个起爆点同期起爆时，应统一指挥。特别是导流洞上、下游围堰同时爆破的情况，为满足过流要求，应根据水工模型试验成果合理确定起爆时差。

（5）爆破器材及爆破网络试验。由于国家相关标准规定雷管抗水压力为 2.0kg/cm^2，因此，当水深接近或大于20.0m时，应对所采用的雷管进行防水处理，或定制能抗深水的雷管。常规乳化炸药可在有水环境中使用，然而水达到一定深度后，对炸药的爆力有影响，一般超过10m水深后，应定制适合在深水条件下使用的炸药。

进行火工材料抗水试验，可将试验的火工材料置于爆炸专用的高压容器或深水中，使水头达到实际工况条件下的最大水头，浸泡时间应大于装药爆破时间，取出后测试雷管的准爆率，炸药的殉爆距离，炸药的爆速宜在水下测试。

（6）安全警戒设计。根据可能产生危害范围合理确定安全警戒范围。由于围堰拆除时的炸药单耗较高，因此，其安全警戒范围应较规范允许值高，遇到高山时，其警戒线按高程划定。涌浪的影响范围也是按等高线划定，水面以上再加1.5～2.0倍的浪高。

（7）安全监测设计。大型围堰拆除，应根据工程需要选择有代表性的部位分别布置质点振动速度、加速度、动应变和水击波传感器进行监测。监测设备的量程和频带范围应满足被测物理量的要求。

4.2.3　爆破拆除施工

（1）钻孔。

1）钻孔机具的选择。钻孔质量的好坏是围堰拆除爆破成败的关键。混凝土防渗墙由于厚度较小，对钻孔的要求很高，可采用YQ-100B型快速钻机造孔，必要时采用地质钻造孔。

2）钻孔精度控制。施工前进行钻孔施工技术交底。施工现场搭设牢固的作业排架和平台，以保证钻孔过程中的作业精度。钻孔过程中注意支架牢固性，并采用测斜仪及时对钻孔角度进行校对，以纠正偏差，确保钻孔质量。若出现塌孔、渗水等异常现象，立即停止钻进，启动相关处理预案，处理完毕后，重新钻孔。

造孔完毕以后，由现场施工技术人员按设计要求对爆破孔进行检查验收，对验收合格的爆破孔，往孔内插入 PVC 保护管，并且将孔口保护好。孔口保护采用圆锥形木楔子和棉纱堵塞，堵塞时将孔口标识牌和棉纱用塑料袋子装好放入孔内，并且用铅丝将标识牌固定，防止掉入孔底，后期供装药、连线所用；对不符合要求的爆破孔，采用水泥砂浆封堵，待强度达到要求后，重新钻孔。

（2）装药及堵塞。

1）装药。由于钻孔深度大，钻孔时间长，且受渗水的影响，大部分爆破孔内都有积水，装药的难度较大。为了保证装药到位，可采取以下措施。

装药前，应由专门技术人员对所有爆破工进行统一培训；组织进行装药模拟试验，通过试验，确定装药施工方法。

装药所需爆破器材由专用运输车从仓库运输到围堰所处装药施工区域平台上，再由送药人员按各爆破孔设计装填炸药规格、数量分发给各装药小组。

按设计孔深计算出每孔装药量、装药节数。装药前，测量孔深和检查孔内是否异常，对不合格的爆破孔，采用高压风水冲洗，必要时重新扫孔；对合格的爆破孔，按设计装药量、装药结构进行装药，同时，做好记录，确保每组炸药之间充分连接在一起，做到装完一孔到位一孔。

2）堵塞。对于钻孔爆破可选择袋装砂或黄泥作为堵塞材料，涌水孔用袋装砂堵塞。

爆破孔装药完成后，测量实际剩余爆破孔深度，满足设计最小堵塞长度要求，并做好详细记录。

在堵塞前加工好砂袋，砂袋采用纱布制作 ϕ80mm、长 200mm，每个装入约 70％容积的细砂，系好袋口。黄泥随装随加工，人工搓成长 100mm，直径 80mm 土卷。对于水下集中药室装药，可采用专门研制的堵塞材料。

（3）安全防护。

1）爆破振动的安全防护。严格控制爆破最大单段起爆药量，使爆破产生的振动在允许范围内。

围堰爆破规模大、单段起爆药量控制严格、分段多，为保证单段起爆药量得到有效控制，避免重段或串段现象，使爆破网络处于可控状态，应选用高精度塑料导爆管雷管或数码雷管爆破网络。必要时设置减震缝隔振。

2）爆破飞石控制和防护。根据水深调整装药量：一般水深大于 6m 时，水下爆破飞石很难飞出水面，为保证爆破效果，该部位的炸药单耗可适当取大些；对于水深小于 6m 的岩坎部分，炸药单耗则应取小些。加强孔口封堵及表面覆盖：应保证一定的孔口封堵长度，并严格控制封堵质量。在堰顶覆盖 2～3 层沙袋进行近体防护。被保护体表面覆盖：采用砂袋、竹跳板、钢丝网等材料对出露水面的区域进行覆盖。对爆破区附近建筑、暂时无法转移的设备、设施等，可在迎飞石方向采用钢板、竹跳板、废胶管帘等做立体遮护。

3）爆破水击波（动水压力）防护。严格控制最大单段起爆药量、加强孔口封堵，使炸药能量最大限度地用于破碎岩体，而不致过早或过多地逸出至水中形成水击波或动水压力。

设置气泡帷幕，防止水击波对附近建（构）筑物的损伤与破坏。一般在需保护物前布置 2 道气泡帷幕。

4）爆破涌浪防护。

A. 人、机转移：附近人群、牲畜等以及机械设备、设施等转移至一定高程（水面高程＋2 倍的涌浪高）以上。

B. 设置防浪排：在爆破区前方的防护对象近岸边，如大坝等部位，水面布置防浪竹排、干柴捆或其他防浪措施，必要时可在需保护物表面覆盖一层土工布，至预计的最高涌浪爬点以上 1m。

C. 船只停泊：加强对水面船只和人员的监管，爆破时严禁船只停靠岸边，人员应远离岸边，并撤离至安全区域，避免爆破涌浪对船只和人员造成危害。

5）爆破石渣流防护。一般采用堰内充水方案来降低石渣流对保护物体的影响，必要时在保护物体前用沙袋砌筑拦渣坎。

6）空气冲击波防护。围堰拆除爆破大多为钻孔爆破，且多为水下爆破，空气冲击波作用甚小，其防护可不予考虑。主要应避免有裸露的导爆索传爆，必要时将爆区附近房屋玻璃窗户打开，以防空气冲击波超压可能对玻璃造成损坏。

（4）警戒与起爆。按《爆破安全规程》（GB 6722）的要求执行，装药前 3 天应发布通告。

（5）爆后检查及盲炮处理。爆破后按 GB 6722 中的规定进行爆后检查。对于进行了围堰拆除爆破安全监测的工程，可从实测地震波波形的持续时间与设计时间的差别中检查是否有盲炮。此外，还可从爆堆形状等进行分析。

盲炮处理按 GB 6722 中的相关条款规定，对水下爆破孔有时需由潜水员进行网络连接，不可在盲炮附近投入裸露药包诱爆。

4.3 围堰堰基岩埂拆除

围堰堰基岩埂拆除主要采用爆破方法实施。

4.3.1 拆除技术要求

（1）严格控制爆破振动对建（构）筑物的影响。

（2）爆破拆除时应将爆渣向预定方向抛掷。

（3）应对爆破块度进行控制，使爆渣有利于机械清挖。

（4）应使爆后边界面保持平整，以使水电站运行期水流平顺。

（5）防止空气冲击波、飞石对周边区域建筑、设备与人员造成伤害。

4.3.2 拆除爆破设计

根据总体设计原则，结合各个围堰具体情况、河道水位、施工能力及爆破时间等因素，确定爆破方案。可采用垂直孔和水平孔相结合，两端和底板采用预裂爆破方法，高精度毫秒延时接力爆破方案。

（1）爆破参数选择。

1）水平孔爆破参数。

A. 爆破孔直径：根据装药要求和现有机械设备情况确定，选择直径 105～120mm 孔径，地质条件较差时要求每孔均下 PVC 套管以防塌孔，PVC 套管内径应大于 90mm。

B. 水平孔孔排距：水平孔的孔距和排距根据其单位耗药量大小来确定，其原则是自上而下逐渐加密。底板预裂孔上部第一排间排距取 $a \times b = 1.0m \times 1.0m$；底板预裂孔以上 2～5 排取 $a \times b = 1.25m \times 1.25m$；底板预裂孔以上 6 排以上水平孔取 $a \times b = 1.5m \times 1.5m$。

C. 水平孔孔深及孔底部距临空面的距离：水平孔的爆破孔深度随岩埂厚度变化而变化，其孔底距临空面距离取 1.0～1.2m。

D. 水平孔顶部抵抗线：水平孔顶部如为浆砌石区，浆砌石区先爆，水平孔最上排距浆砌片石底部距离取 1.5m。

E. 爆破最低缺口：以最适合机械清渣的爆堆形状和爆堆位置进行设计。

F. 钻孔倾角：为了方便钻孔，水平孔向下倾斜 5°，扇形孔水平方向角度变化不一，按图纸要求进行。

G. 堵塞长度：主爆孔间排距为 1.5m 时，堵塞长度 1.0～1.2m；当排距为 1.25m 时，堵塞长度 0.8～1.0m；当排距为 1.0m 时，堵塞长度 0.8m；预裂孔的堵塞长度一律为 0.5～0.8m。

H. 炸药单耗：根据爆渣部位和抛掷的要求，设计单耗 1.5～2.0kg/m³，底部和堰体前部约束比较大的部位，单耗值大于 2.0kg/m³。单耗可根据爆破要达到的目的不同进行适当调整。

I. 装药量按式（4-2）计算：

$$Q = q a W_{底} L \tag{4-2}$$

式中　q——单位炸药消耗量，kg/m³；

　　　a——孔距，m；

　　$W_{底}$——最小抵抗线，m；

　　　L——钻孔深度，m。

2）垂直孔爆破参数。

A. 钻孔直径：浆砌片石钻孔直径取 110～120mm，岩埂钻孔直径取 105～110mm。

B. 底部抵抗线：1.0～1.5m。

C. 钻孔深度：随岩埂地形变化。

D. 超钻深度：岩埂底板以上取 2.5m，边墙取 1.0～1.5m。

E. 孔排距：岩埂堰前垂直孔取 $a \times b = (1.0～1.25)m \times 1.0m$，两端垂直孔取 $a \times b = 1.5m \times 1.5m$。

3）预裂孔爆破参数。预裂孔水平布置，向下倾斜 5°钻孔，间距为 1.0m，孔口堵塞长度为 0.5m，采用导爆索将 ϕ32mm 药卷绑扎成串状的装药结构。两侧预裂孔线装药密度为 450g/m，底板预裂孔线装药密度 600g/m。两侧预裂孔与两端死角相邻的水平孔，按照施工预裂考虑。

（2）爆破网络设计。爆破网络根据周围建筑物允许振速，由爆破振动速度公式反算允许单段药量，按照 500kg 一段进行设计，要求同一排相邻段、前后排的相邻孔尽量不出现重段和串段现象，第一响爆破孔起爆设计在整个网络传爆雷管全部传爆或者绝大多数传爆后，为保证爆堆形成缺口，需合理选择最先起爆点及爆渣抛掷方向。

爆破振动速度按式（4-3）计算：

$$v = K(Q^{1/3}/R)^{\alpha} \tag{4-3}$$

最大单段药量按式（4-4）计算：

$$Q = R^3(v/K)^{3/\alpha} \tag{4-4}$$

式中　v——质点振动速度，cm/s；

　　R——爆源中心至建筑物的距离，m；

　K，α——值为场地系数；

其他符号意义同前。

4.3.3　爆破拆除施工

根据工程实际情况，岩埂拆除爆破对爆渣的要求有两类：一类是导流洞围堰爆破后可利用水流冲渣；另一类是水电站进水口、尾水洞外的岩埂爆破时要求石渣不能影响闸门槽等保护物体，且石渣破碎利于水下清渣。无论何种情况，均要求被爆体充分破碎。

施工中严格控制装药量和堵塞长度及质量，防止飞石造成破坏。采用水平孔爆破是防止飞石对闸门造成危害的重要措施。对需要重点保护的闸门等，爆破时宜开闸，也可以采用悬挂双层竹跳板、砌筑砂袋、挂双层轮胎等措施进行防护。

爆破孔布置基本形式有竖直孔、扇形孔、缓倾角水平孔、大倾角斜孔与缓倾角水平孔相结合的形式，有时还布置小洞室与钻孔相结合的形式。

岩埂围堰堰外迎水面地形起伏较大、坡度较缓，且难以测量出准确地形，表层受水流冲蚀作业有沟槽，或覆盖有边坡开挖滚落的大块石，地形地质条件对爆破较为不利，施工时应考虑能利用堰顶、非临水面等无水区进行钻爆作业。

岩埂顶部钻爆前，先用反铲清理钻爆区域，确定钻爆范围，然后进行放样布孔。采用 D7 或 YQ-100B 型快速钻机造孔，钻孔时根据爆破设计对逐个钻孔的角度和孔深进行控制。钻孔结束后要对孔深、孔斜等进行检查，然后临时封口。装药前还要再对钻孔进行检查，以确保符合爆破设计要求。

（1）预留岩埂顶部非岩石部分拆除。采用浅孔分次爆破预先将岩埂与闸门之间的混凝土挡墙、浆砌块石挡墙或混凝土基座等结构拆除。

1）混凝土挡墙拆除。预留岩坎顶部的混凝土挡墙墙体的高度及厚度都不大，可采用手风钻进行钻孔；对于大体积混凝土可采用潜孔钻钻孔，在堰顶向下钻孔宜采用高风压钻机，施工进度快；在堰后钻水平孔或缓倾角孔，宜采用快速钻（如 YQ-100B 型）等轻型钻机，以便钻孔平台的搭建。

2）浆砌块石挡墙拆除。预留岩埂顶部的浆砌块石爆破布孔形式一般是在顶部布置垂直孔或一定角度的倾斜孔。由于浆砌块石为松散结构，块石之间存在缝隙，垂直钻孔时，漏风、漏气，不容易反渣，适合采用高风压钻机（如 CM351 型）造孔，造孔过程中应及时向孔内添加黄泥护壁，可以改善孔壁漏风的情况，虽然造孔效率低，但是可以成孔，对于孔深较大的孔及局部浆砌块石砌筑松散段，高风压造孔仍很困难，如遇漏气、卡钻无法钻进时，可采用跟管钻机钻孔。

（2）预留岩埂埂体拆除。

1）采用从岩埂顶部向下钻凿垂直深孔和小角度倾斜深孔，将围堰岩埂整体一次性爆除。一般的预留岩埂迎水面坡度较缓，地形起伏较大，不适合在堰顶布孔，大多采用堰后布置缓倾角孔，由于钻孔平台的搭建条件有限，一般采用 YQ-100B 型快速钻机造孔。有时对于孔深很大如超过 30m 的孔及局部岩石破碎段，为保证钻孔精度和成孔率，可采用精度较高的锚索钻机进行造孔。

2）缺口中心线选在围堰中轴线靠下游侧，该位置临空面条件较好，而且爆破方向不正对闸门。

3）采用微差爆破技术，先形成缺口，起爆缺口两边的爆破孔，使爆渣向起爆线堆积，减小对闸门及混凝土坝面的正面冲击。

（3）钻孔异常处理措施。大多数条件下岩埂地质条件差，且多在高水位下进行造孔，造孔过程中频繁出现塌孔、卡钻、渗水等异常情况，造孔施工前，应制定造孔异常情况处理预案（措施），主要采取以下措施。

1）塌孔处理措施。水平孔钻孔和安装 PVC 管的过程中，经常发生塌孔现象。一旦出现塌孔现象，采取高压风水冲洗、重复扫孔、多次开孔的处理措施。先采用风水反复冲洗，孔内塌孔石块较小的话，反复冲洗后即可以成孔，如果塌孔石块较大，经反复冲洗效果不明显时，采取扫孔的处理措施。扫孔时，将孔内原有 PVC 管全部扫烂，扫孔达到设计孔深后，将孔内碎渣、碎 PVC 管采用风水冲洗干净，然后重新安装 PVC 管。对于多次扫孔不合格的孔，采取重新开孔的处理措施。

2）卡钻处理措施。当岩体极为破碎，中间有夹泥层，而且爆破孔较深，钻进过程中，会经常出现卡钻现象，经长时间的拔钻，均无法拔出，影响施工进度。钻孔过程中，一旦出现卡钻现象，如果拔钻时间超过一定时间（一般 4h），仍无法拔出时，放弃整套钻具及孔，在该孔周围重新开孔。

3）冒水处理措施。围堰堰外水下地形极不规则，水平孔很容易打穿，出现冒水现象。一旦出现冒水现象，立即采取堵水措施，以保证正常的施工和围堰的安全稳定。堵水措施有以下三种：①对于冒水不算太大的情况，采用木屑子加彩条布堵水，用 YQ-100B 型钻机将木屑子塞入孔底，层层彩条布封堵；②对于冒水特大的情况，木屑子等无法堵住水时，在具备灌浆条件的情况下，采用灌浆封堵，先用止浆塞、棉纱和钢筋将孔口封堵，然后采取双液灌浆，往水泥浆内掺加 20.0%～50.0% 的水玻璃；③在不具备灌浆条件的情况下，采用冲击器、钻杆加彩条布堵水，即用 YQ-100B 型钻机将冲击器、钻杆裹上彩条布、棉纱等送入孔内，将水堵住。

4）预固结灌浆措施。为了提高钻孔成孔率，对岩埂破碎严重的部位造孔前宜进行预固结灌浆。如溪洛渡水电站导流洞围堰岩坎拆除爆破，预固结灌浆孔结合水平爆破孔布置，采取自上而下梅花型隔排、隔孔灌浆的方式。灌浆孔直接布置在设计爆破孔位上，采用 YQ-100B 型钻孔，孔径 $\phi 70～120mm$。采用自上而下、纯压式灌浆方法。灌浆时分三段施工：第一段，孔口段 7.0m，灌浆压力 0.2～0.3MPa；第二段，孔口段 7.0～15.0m，灌浆压力 0.5~0.8MPa；第三段，孔口段 15m 至终孔段，灌浆压力 0.8~1.2MPa。水灰比采用 1∶1、0.5∶1 两个比级，为加快施工进度，浆液中可掺加 0.7%~3.0% 的水玻璃。

4.4　混凝土围堰拆除

混凝土围堰拆除也以爆破方法为主，局部部位可采取绳锯或盘锯切割拆除的施工方法。其爆破拆除方法如下。

4.4.1　拆除技术要求

（1）在大规模拆除施工之前，在充分了解混凝土结构及指标的基础上，选择合适的部位进行专门的墙体爆破试验。

通过爆破试验寻求合理的钻爆参数，为大规模的钻孔爆破提供依据。试验的主要内容包括：

A. 得出合理的钻爆参数和起爆方式，以确保混凝土爆破拆除的安全、质量和进度。

B. 试验参数除根据直观的爆破效果判断是否合理之外，还应结合爆破监测结果进行综合分析确定。

C. 试验采用在国内水电工程爆破试验中使用过的比较成熟的观测方法、仪器设备以及分析计算方法、经验公式等。

爆破试验参数内容包括：钻孔布置、装药结构、爆破网络、装药量、炸药种类、起爆器材、安全防护措施等，并确定爆破安全监测内容、部位、监测仪器的型号及其布置等。通过爆破试验及其爆破监测综合分析得到合理的爆破参数，确定可行的钻爆方案，既要达到混凝土围堰的有效爆破，又要确保主体工程安全。

（2）针对周围环境，做好爆破安全控制。爆破区紧邻进水口、大坝等需保护建筑物，甚至还有民房。有的水电站进水口围堰爆破时，距爆区不足 20m 就有拦污栅或钢闸门需保护。需要控制的项目有：爆破振动，水击波及动水压力，涌浪，飞石，噪声等。特别是飞石和涌浪，在警戒范围确定不合理时，可能对人员产生危害，因此，需对起爆顺序及单响药量进行有效控制。

（3）严格控制爆破块度和爆堆形状。许多围堰拆除时要求不出渣或少出渣，爆破块度要求 90% 小于 30cm，并保证爆堆有一个最低点低于堰前水位，以满足爆破瞬间分流要求。

（4）精心组织施工，确保满足工期要求。通常爆破拆除规模较大，工期紧，施工强度高，需要严格施工组织。如三峡水利枢纽工程三期上游 RCC 围堰拆除 18.67 万 m³，具有爆破孔数量多、装药量大等特点。

4.4.2　爆破拆除设计

（1）爆破孔布置基本方式。除三峡水利枢纽工程三期 RCC 围堰采用了预埋药室定向爆破拆除方案外，其余混凝土围堰一般采用钻孔爆破。RCC 围堰断面与重力坝相似，迎水面大多为直立面，背水面坡度约为 1∶0.72，呈阶梯状，堰顶宽度根据交通需要设置，通常大于 2.0m，并小于 8.0m。条件允许时尽量布置竖直孔或大倾角的斜孔，如只能在堰后布置缓倾角水平孔时，尽量避免将爆破孔布置在混凝土浇筑的层面上。岩埂上的临时挡水混凝土子围堰，高度都不很大，少量的布有钢筋，在枯水期拆除围堰时，可对子围堰进行预拆除。通常采用手风钻进行钻孔爆破拆除。

（2）爆破安全控制标准。围堰拆除爆破爆区周围有大量需保护物，应合理确定各类需保护的安全控制标准，除按《爆破安全规程》（GB 6722）中有规定执行外，还可针对工程特点及类似工程经验分析比较进行确定。三峡水利枢纽工程三期上游 RCC 围堰拆除爆破安全振速控制标准见表 4-2。

表 4-2　　　三峡水利枢纽工程三期上游 RCC 围堰拆除爆破安全振速控制标准表

防护对象名称	允许振速/(cm/s)		备　　注
	设　计	校　核	
上游坝踵处	5.0	10.0	
坝顶	10.0	20.0	
厂房基础	5.0	5.0	
帷幕灌浆区	2.5	5.0	
行车轨道（停靠点）	5.0		位置可变
厂房内机电设备（正常运行）	0.5	0.9	
厂房内机电设备（未运行）	2.0～3.0		
与纵向围堰连接处上游坝面	15.0	18.5	此处距离爆源最近
水电站引水管进口处（钢闸门门槽）	5.0		

（3）其他设计。有关混凝土围堰爆破拆除的其他设计包括爆破参数的确定、爆破网络设计、爆破器材及爆破网络试验、安全警戒设计、爆破安全监测设计等，均与本章中的 4.2.2 内容相同。

4.4.3　爆破拆除施工

混凝土围堰爆破拆除施工程序及方法与土石围堰防渗墙爆破拆除方法基本相同，可参考本章中的 4.2.3。

5 泄水建筑物施工

5.1 导流明渠施工

5.1.1 施工布置及准备

施工布置及准备主要包括交通道路规划、渣场规划、施工辅助设施布置、技术方案编制及交底、施工人员及物资准备与主要施工机械设备选择、供电及照明布置。

（1）交通道路规划。导流明渠施工道路规划，包括开挖区外和开挖区内的道路布置规划，根据地形地貌、分区开挖等情况布置施工通道；尽量能在两岸都有施工车辆通道，保障弃渣的运输。

布置时不仅要考虑前期围堰施工时的交通需要，还应结合明渠开挖施工的交通需要，以及后期混凝土和灌浆施工的交通需求。

（2）渣场规划。设置的渣场堆存量不仅要满足导流明渠开挖的弃渣量，还要考虑弃渣的运输距离，以及渣场的防护条件等。

（3）施工辅助设施布置。施工辅助设施包括空压站、物资供应站、模板加工厂、设备修理车间、混凝土拌和站等。

1）空压站。供风主要用于明渠石方开挖、边坡支护、建基面清理以及灌浆钻孔等项目的施工。空压站要根据场地条件、分区开挖等情况布置，位置相对固定，也可以采用分散与集中相结合的供风方式。布置时主要考虑供风的能力和距离。在明渠岸边布置1~2个固定式空压站，辅以若干台移动式空压机作为机动供风，以满足施工供风要求。

2）物资供应站。主要供应的物资包括火工材料、油料、砂石料、水泥等，在开工前，相应的供应站或生产系统都应按进度计划提前布置。

3）模板加工厂。模板加工厂设模板堆放区、木材堆放区和厂房区，厂房区内设加工车间、值班室、工具房及防火设施。根据各施工部位模板计划和设计规格与数量，以及施工高峰期增加的模板数量，提前加工，并承担常规生产过程中变形及缺损钢、木模板的校正、修复处理。钢筋加工厂主要承担工程使用的钢筋、锚杆、锚筋以及部分临建钢筋的加工、制作。

4）设备修理车间。开挖和混凝土浇筑施工中，有大量的机械设备投入施工，应有相应的机械修理人员和设施，保证机械设备的修理工作开展。

5）混凝土拌和站。多数导流明渠施工都涉及混凝土施工，布置混凝土拌和站时，要考虑混凝土的生产能力和砂石料的存放容量是否与混凝土施工强度相匹配，还要考虑混凝土的运输距离和运输车辆配备等。

116

（4）技术方案编制及交底。根据相关的施工规范、施工区域的地形地貌和枢纽工程总体施工计划编制导流明渠的施工技术方案及施工进度计划，编制的方案经过审查审批后向施工人员交底。

（5）施工人员及物资准备与主要施工机械设备选择。根据施工技术方案、施工计划及施工高峰期的施工强度组织相关的施工人员，以及施工机械设备和物资供应。

导流明渠施工主要是土石方明挖，以及部分水下开挖，其施工设备主要是反铲、正铲、装载机、自卸车、推土机、铲运机、钻机、挖泥船、采砂船、抓斗船等。

（6）供电及照明布置。

1）供电。现场供用电按照国家规范要求，实行三级配电、两级保护和一机一闸一漏系统。即设置总配电箱、分配电箱、开关箱，并在分配电箱和开关箱安装漏电保护装置。工地供电电压一般为 35kV，施工区域的供电电压多为 10kV。根据施工总布置及用电负荷分布情况规划供电系统，供电系统的能力应不小于高峰期负荷的计算值。

为防止系统供电出故障，一般配备柴油发电机组，作为应急备用电源。事故备用电源考虑部分施工、排水、照明及应急排水、灌浆、空压站等的要求。

用电设备中大多数为电感性负载，电能损耗大，会导致整个电网功率因素较低，根据技术规范要求，电网高峰负荷时的功率因数应达到 0.85 以上，采用无功功率补偿。

2）照明布置。施工现场、料场照明拟以照射范围广的投光灯集中照明为主，并对局部区域辅以碘钨灯、白炽灯或自镇流水银灯加强照明。

布置的现场照明应满足明渠夜间施工的要求，还要根据工程的施工进程改变现场照明的布置，保证各个施工阶段对夜间照明的需求。

5.1.2 施工程序

施工程序为：施工准备（技术方案、人员物资设备、四通一平）→临时围堰施工（或用预留岩埂临时挡水）→土方开挖（水上河床堆积物、水下开挖）→石方爆破开挖→护底施工→导墙施工→过流边坡防护施工→围堰拆除。

5.1.3 施工方法及进度要求

（1）主要施工方法。导流明渠开挖工程量大、工期紧，同时又要考虑到临时挡水围堰、纵向围堰、导流明渠底板、过流边坡防护等施工。应规划两个以上的工作区域进行相对独立开挖施工，尽早向纵向混凝土导墙、占压坝段提供施工部位。开挖中及时跟进边坡支护，支护工作面滞后开挖面不能多于一个台阶。

1）挡水围堰（堤）施工。一般采用当地材料进行挡水围堰（堤）施工，采取分层铺填碾压的方法施工，表面铺设防冲设施。上、下游横向围堰采用填筑围堰，或预留岩坎、土石加高形成全年挡水围堰，纵向围堰宜采用碾压混凝土围堰。

2）土石方开挖。采取分段分区进行水上土方开挖，采用正铲、反铲、装载机等土方施工机械进行开挖，自卸汽车运输至渣场。就近弃土时，也可采用推土机、铲运机进行开挖。

开挖之前先修筑所需用的施工道路，进行植被清理、测量放样、表土清挖，并修筑截水沟；水上土方开挖可直接挖运，石方开挖采用梯段分层爆破、边坡预裂，梯段高度按不大于 10.0m 控制，每级马道分 2 层梯段爆破。

马道预留保护层厚度可按 1.5m 控制，采用 YT-28 型气腿钻钻孔，进行水平光面爆破。可采用 2 号岩石乳化炸药，非电毫秒雷管分段起爆。地势陡、履带钻不能到达的部位，采取 YT-28 型气腿钻配合 QZJ-100B 型潜孔钻机钻孔，人工装药爆破。建基面底部预留保护层可按 1.5m 控制，水平预裂爆破施工。

弱风化下限及微风化岩石作为可利用料，爆破时采取适当减小钻孔间排距、控制装药结构和药量等措施，保证其开挖粒径不得大于 80cm。

爆破孔深由作业面台阶高度确定，钻孔角度根据临空面情况结合预裂孔倾角确定。采用大孔距、小抵抗线的布孔方式和完全耦合装药结合微差爆破网络，可以提高爆破效率、降低成本。施工中如发现钻孔质量不合格或孔网参数不符合要求的，立即返工，直至满足爆破设计要求。

开挖时严格控制开挖边线，需爆破开挖时先做好爆破设计，慎重选定爆破参数，严格控制单耗和一次起爆药量。开挖后的建基面上不得有反坡、倒悬坡，坡面上的泥土、破碎和松动岩块等均采用人工清除和处理。

建基面开挖出露后如遇到软岩易崩解的地方，在浇筑混凝土前先提前喷一层素混凝土进行封闭，防止基岩继续遇水软化崩解。

3）水下开挖。导流明渠也可进行水下开挖，开挖手段有机械开挖。在导流明渠底部低于水平面 0～10m 时，可采用普通反铲或长臂反铲直接进行水下开挖；在水深过深或水面宽阔的水道上开挖导流明渠，可采用挖泥船、采砂船进行水下开挖；对局部或少量的石方可考虑采用抓斗船进行打捞式开挖；对砂砾石或泥土的河道，可以用绞吸式挖泥船进行施工；石方可采用潜孔钻进行凿孔，爆破后采用反铲开挖或采用抓斗船开挖。

4）边坡支护。边坡支护类型主要包括：①锚杆（随机锚杆或系统锚杆等）；②喷射混凝土（包括喷射素混凝土、钢筋网或网喷射混凝土）；③预应力锚束（锚索）；④锚杆和各种喷射混凝土的组合；⑤柔性防护网。

5）护底施工。采用卵石笼抛投护底或混凝土板护底。对有护底要求的导流明渠，需要水下施工时，采用在船上抛投块石或卵石笼的方式进行，抛投点均匀布置；混凝土施工时，需先修筑围堰，再在基坑内进行护底混凝土浇筑；或者利用明渠上、下游未开挖区挡水。

（2）形象进度要求。导流明渠施工工期直接制约着河道截流的时间，导流明渠施工进度计划应满足枢纽工程总体计划的要求，其完工时间在枯水季节为佳。必须在当年汛到来前完成导流明渠混凝土浇筑和上、下游围堰拆除等工作，导流明渠在枯水季节过流，利于河道截流。

5.2 导流隧洞施工

5.2.1 施工布置及准备

导流隧洞一般是在陡峻河谷地形情况下运用，其施工时间早于拦河坝施工，一般在施工道路完成后进行，因此，其施工条件比较艰苦，场地、临建设施布置难度较大。在正式施工前，需进行施工前的准备，主要进行技术资料准备、设备物资准备、施工人员准备。

由于洞长超过 1km 时排烟困难，故先根据洞长确定是否设施工支洞或排烟通道；再根据地形条件布置施工道路及桥梁；确定隧洞施工方法，隧洞施工主要采取钻爆开挖的方法，如隧洞长度大、施工工期紧，可采用 TBM（全断面掘进机）法进行隧洞施工，在选取 TBM 法进行施工时应事先进行经济效果分析与可行性分析；进行隧洞施工的供风、通风、供水、排水设计；进行施工进度分析；选取隧洞施工的机械设备、进行人员配置；进行质量、安全、环保措施拟定。

根据施工总体布置和施工总进度进行隧洞施工组织设计的编制，提交审核后进行技术交底；建立必要的施工控制管理制度与措施。

根据施工组织设计进行施工道路桥梁的修建；进行必要的施工宿舍、办公用房的修建；进行变电设施及电网的建设；进行供排水设施的修建、管线安装；进行施工供风系统及管道的建设；进行施工通风布置及建设；进行施工照明线路及控制盘柜的布置；进行油料、火工材料库的建设；进行消防设施的建设；进行加工系统的建设；进行普通物资仓库的建设。

多方联系进行施工设备的了解和询价；根据施工需要组织设备物资进场、入库；符合招标要求的设备物资必须采用招标进行采购。

选用合格的施工人员，对涉及爆破、驾驶、高空作业等必须取得操作许可证的人员进行审核；对施工人员进行进场培训。

5.2.2 施工程序

导流隧洞施工程序为：施工便道及临建系统施工→隧洞口（施工支洞）明挖开挖及支护→隧洞洞身开挖及支护→洞身衬砌→施工期导流及监测→导流隧洞封堵。

5.2.3 施工方法及进度要求

导流隧洞一般是在陡峻河谷地形情况下运用，因此导流洞进口布置于山体一侧（见图 5-1）。为了进行施工期正常导流，隧洞进口高于河床、隧洞中轴线呈一定斜坡，进口高于出口。

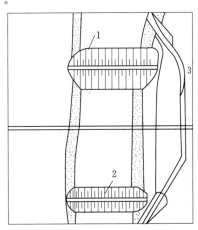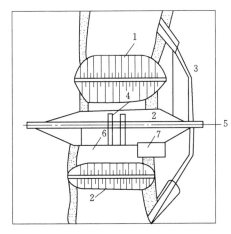

图 5-1　隧洞导流示意图

1—上游围堰；2—下游围堰；3—导流隧洞；4—底孔；5—坝轴线；6—溢流坝段；7—水电站厂房

（1）主要施工方法。

1）施工便道及通风布置。施工时，在导流隧洞进口、出口、施工支洞进口布置道路，并在洞口附近布置通风设施，进洞施工一段（约30.0m）后布置通风系统。

2）隧道洞口明挖施工。采用反铲修便道至开挖线最高处；分台阶进行钻爆开挖，开挖层高度控制在15.0m以内；钻孔爆破进行明挖施工、边线应用预裂或光面爆破进行开挖，反铲装渣。

3）洞口及边坡支护施工。隧洞洞口的支护一般采用锚杆、锚索、锚筋桩、喷混凝土。锚索及锚筋桩主要是在洞口有地质缺陷时应用，锚索或锚筋的数量一般不大；锚杆及喷混凝土是主要的支护形式，边坡采用梅花形布置或矩形布置的系统锚杆进行支护，为减少工程成本，设计时将采取长短锚杆相间布置；锚喷支护施工前搭设施工脚手架作为作业平台，脚手架可以采用双立杆脚手架、组合脚手架及升降设备，常规采用的脚手架要具有足够的刚度和强度，承受人员、材料及机具、施工冲击荷载，作业点需铺平台板，上下层间有爬梯连通；短锚杆采用气腿钻进行凿孔、长度在6.0m及以上的锚杆或有地质缺陷不易钻进位置采用冲击钻进行凿孔；根据地质情况可采用先注浆后插杆或先插杆后注浆的方式进行锚杆施工；有挂网要求的，采用人工挂网或进行整体网片绑扎（无施工脚手架遮挡的边坡可考虑采用），采用喷射混凝土进行覆盖喷护，喷射混凝土施工可采用湿法喷射或采用干喷施工。

4）隧洞开挖施工。隧洞开挖施工采用钻爆开挖的方法或TBM法进行。

A. 钻爆开挖法。分为全断面开挖与分台阶开挖方式，小断面隧洞采用全断面开挖，高大断面采用分层分部施工。各施工环节及注意事项包括：隧洞围岩钻孔施工可采用气腿钻在施工脚手架或自制作业平台上进行，也可采用多臂钻钻孔及升降台车装药爆破；下层施工除采用水平爆破孔施工也可采用潜孔钻、手风钻、液压钻钻垂直孔进行爆破；人工或机械装药，进行起爆联网；爆破；通风排烟时间控制在30～60min之间为宜；小断面长隧洞采用扒渣机进行装渣，短隧道可采用装载机倒退出渣、人工辅助清面；大断面隧洞采用装载机进行装渣，反铲或人工进行清面，汽车或有轨机车运渣出洞。

B. TBM法。TBM法施工投资大、应用条件要求高，场地需要量大，构件多，运输对公路、桥梁的要求高，其优点在于隧洞的成型好、无爆破施工、安全性好、施工现场烟尘少。在应用前需进行全面的技术、经济性分析。

施工注意事项包括：在施工前对道路进行必要的加宽，对桥梁进行必要的加固；开挖出必要的施工场地；进行边坡明挖开挖，形成进洞条件；铺设隧道掘进机的轨道，进行隧道掘进机的安装与调试；进行辅助系统的建设；进行正式掘进。

5）隧洞支护施工。对有支护要求的导流隧洞，及时跟进进行支护钻孔施工，可采用钢管脚手架搭设施工平台，或采用自制移动作业平台，也可采用多臂钻造孔、吊车配合安装，或锚杆台车造孔、安装及注浆，湿喷台车喷射混凝土，减轻人工劳动强度，加快施工速度，提高施工安全性。

6）隧洞衬砌施工。导流隧洞是临时建筑物，使用时间不长，但在地质缺陷段或作为引水隧洞等永久隧洞使用时，需要进行衬砌。衬砌结构体形主要有马蹄形、城门洞形、圆形、渐变段等，混凝土主要是钢筋混凝土。施工时大多采用钢模台车进行，在压力钢管段时采用钢管作永久内模。导流隧洞混凝土与岩壁接触面大，通常采用泵送混凝土。当断面较大衬砌厚度较厚时，底板及侧墙可采用常态混凝土施工。

7）施工期导流及监测。导流洞开挖爆破、隧洞洞壁变形、洞口堆积物都将影响导流隧洞过流，是导流监测的重点。采取爆破振动监测、洞内设多点位移计、洞口巡视的方式对导流洞进行监测。

8）不良地质地段施工。不良地质地段施工主要以预防为主，首先查清地质构造、岩性、规模、地下水活动等情况，制订有效的处理方案。这类地段一般采用浅孔、多循环、弱爆破、及时支护等方法处理，对于地下水采取排、引、截、堵等方法处理，根据地质条件可采取边开挖边支护、环向开挖和支护、分部开挖与支护、先墙后拱法等施工方法。岩石稳定性差时，采取超前锚杆、管棚、灌浆等加固岩体，对埋深较浅的部位，从地表钻孔设锚杆或灌浆加固。根据不同的地质条件，采取喷混凝土、挂网、锚杆、钢支架等不同组合的联合支护，紧跟开挖面进行，稳扎稳打，确保施工安全。

（2）形象进度要求。导流洞施工工期直接制约着河道截流的时间，其施工进度计划应满足枢纽工程总体计划的要求，导流洞的完工时间在枯水季节为佳。必须在当年初汛到来前完成导流洞混凝土浇筑和导流洞进出口围堰拆除等工作，导流洞在枯水季节过流，利于河道截流，否则将推迟半年或更长时间才能截流。

5.3 导流涵洞（管）施工

导流涵洞（管）一般用于中小型水闸、土石坝等工程。

5.3.1 施工布置及准备

（1）施工布置。临时导流涵洞（管）一般布置在河床外，其施工先于主体工程，其施工辅助设施布置时要考虑到主体工程是否利用这些设施，若不用于主体工程，则尽量就近布置拌和系统、模板及钢筋加工厂、供压站以及混凝土入仓设备等。水、电设施布置要考虑后期主体工程施工布置要求。

（2）施工准备。在施工前，先进行施工道路规划，选择或填筑施工平台；准备好需用料料源；做好供风、供水、供电设施布置；做好辅助设施布置；进行施工技术文件的编制与技术交底；做好施工人员、物资、设备的准备。

5.3.2 施工程序

导流涵洞（管）的施工分为河床一次性拦断的导流涵洞（管）方式和河床分期导流将拦河坝分期施工两种方式，前者适用于河床狭窄、来水量小，在一个枯水期就可以建成的中小型枢纽工程，或是大坝能在汛期到来之前就具备挡水条件、并建成其他泄水通道的枢纽工程。

河床一次性拦断的导流涵洞（管）方式的施工程序为：进行涵洞（管）基础处理（垫层施工）→涵洞混凝土施工（涵管埋设）→覆盖→涵洞（管）封堵

5.3.3 施工方法及进度要求

（1）主要施工方法。

1）导流涵洞（管）基础处理（垫层施工）。在基础槽开挖后，导流涵洞基础采用挤密、碾压等方法进行处理；设计要求做混凝土垫层的进行低标号混凝土施工；涵管采用混凝土现浇承台的先按设计体形进行混凝土承台浇筑，在涵管安装定位后再回填剩余的混凝土。

2）涵洞混凝土施工（涵管埋设）。涵洞混凝土施工分底板、侧墙、顶板进行施工，条件允许的情况下侧墙与顶板也可一起浇筑，其施工与普通涵洞相同。

涵管进行分段吊装，采用承插式涵管时，从下游端往上游端方向施工。采用外包止水的涵管可采用多段进占方法安装。在涵管段安装前在承台上铺垫层、接头处安装止水橡胶圈，再安装涵管，涵管运输至吊装点附近后采用吊车或履带吊进行吊装，吊装就位后进行涵管水平插接，固定止水圈。

为了防止涵管外壁与坝身防渗体之间的渗流，通常在涵管外壁每隔一定距离设置截流环，以延长渗径，降低渗透坡降，减少渗流的破坏作用。此外，应严控涵管外壁防渗体的压实质量。对于涵管管身的温度缝或沉陷缝中的止水必须精细施工。

3）覆盖。采用坝体相同区域的填筑方式进行涵洞（管）覆盖。在覆盖时注意接触涵洞（管）区域填筑料的粒径不能过大，落差不能过大，避免损伤混凝土壁。

4）紧急情况处理。由于导流涵洞（管）的导流能力有限，在修建导流涵洞（管）时应布置超流量时的泄水通道，即在上游围堰预留可以拆除的泄水段，同时，在基坑边布置泄水渠道，以解决超标准流量时的泄水问题。

（2）形象进度要求。导流涵洞（管）的导流能力有限，只能承担枯水季节的导流任务。导流涵洞（管）施工工期直接制约着河道截流的时间，其施工进度计划应满足枢纽工程总体计划的要求，必须在枯水季节前完工。导流涵洞（管）完成施工，且其上游围堰拆除后，河道才能截流。

5.4　导流底孔施工

导流底孔布设于混凝土坝中，坝体内设置的导流底孔（或利用永久底孔）将河水导向下游，其形状一般有矩形、圆形、城门洞形。

5.4.1　施工布置及准备

（1）施工布置。根据现场已有的设施及施工条件，在枢纽工程施工统一布置下进行现场施工布置。

1）利用已有的场内外交通、场地、材料供应、施工设备、生活及办公设施、供电及供水等施工条件，尽快形成施工能力，以减少施工准备时间。

2）利用其他主体工程施工已形成的生产设施和施工设备，以减少前期的临建工程投入及缩短人员设备的进场周期。

3）尽量与其他主体工程共用制冷、供风及供电系统设备。

4）尽量利用其他主体工程施工中的起吊、入仓等设备，在这些设备无法满足底孔施工时，另行布置专用设备。

（2）施工准备。进行交通道路规划、施工辅助设施布置、现场照明布置、施工人员、物资、设备准备、施工技术文件编制及交底、闸门启闭机检查、闸门槽与闸门尺寸进行核对检查。

5.4.2　施工程序

坝体中预留导流底孔的施工程序及施工方法与大坝混凝土施工基本相似，且同时进行施工，如果导流底孔只有施工期的导流功能，就比预留导流底孔的施工多了一个封堵的施工工序。

5.4.3　施工方法及进度要求

（1）导流底孔混凝土施工。导流底孔孔口模板可采用悬臂大模板，侧墙第一仓为无支腿模板，以上各仓为有支腿模板。导流底孔进口和出口体形一般为喇叭口，中间为平直段，进口和出口模板可采用定型木模板，中间采用钢模板。顶板的支撑体系可采用低合金高强钢塔架，承载能力高，安装快捷，安全性高。塔架搭设完毕后在顶部铺设工字钢主梁及槽钢次梁，次梁上铺设平面钢模板，为防止过流面留有钢模板的锈蚀痕迹，在钢模板上再敷设胶合板，进水口椭圆段采用木桁架结构。

导流底孔底板抹面仓按 1.0～1.5m 升层进行浇筑，便于底板钢筋密集区混凝土浇筑；导流底孔底板以上侧墙首仓按 1.5m 升层施工，或分成一个浇筑层一次浇筑至导流底孔底板高程，后续侧墙混凝土升层厚度一般按 2.0～3.0m 控制。顶板采用定型模板拼装立模现浇方式施工，其他部位顶板采用钢衬型式施工。

导流底孔进口段圆弧过流面采用定型圆弧模板，圆弧模板在混凝土浇筑完毕初凝前拆除，以进行人工抹面施工。导流底孔底板与进水口侧墙间的八字模板采用定型钢模板，加固方式采用内拉杆。

孔洞周边混凝土采用主体工程施工的起吊手段配吊罐入仓，为了防止安装好的模板发生移位和变形，下料时对称下料。过流孔表面采用振捣梁收面，振捣梁通过固定在边墙上的轨道控制高程，上部安装附着式振捣器，混凝土表面采用人工和抹面机抹面。

（2）金属结构施工。封堵闸门等金属结构按照设计要求实施。

导流底孔金属结构一期埋件与混凝土同步进行施工。闸门及启闭机设备、二期埋件随混凝土上升至导流底孔相应高程后开始安装。二期埋件一般在混凝土浇筑至门楣以上开始安装，后续埋件滞后混凝土 2～3 节埋件高度施工。闸门及启闭机待其安装平台形成后开始安装。

（3）形象进度要求。导流底孔的施工工期关系到大坝度汛，其施工进度计划应满足枢纽工程总体计划的要求。导流底孔施工必须在当年初汛到来前完成导流洞混凝土浇筑和上下游围堰拆除等工作，导流底孔不能过流，河道另一侧就不能截流；导流底孔在汛期过流，将增加河道另一侧截流的难度。

5.5　泄洪孔（闸）施工

泄洪孔（闸）的进口段形状一般为弧形，且为渐变结构；溢流面由反弧段、WES 曲线及斜直线段组成；布设有多层钢筋，结构复杂，成型难度大，过流面多为抗冲耐磨结构，外观、实体质量要求高。其混凝土、金属结构等施工方法及工艺要求与常规大坝混凝土、金属结构施工基本一致，其控制难点在溢流面的施工。

5.5.1 施工布置及准备

（1）施工布置。有些工程中的临时导流泄洪孔（闸）也是永久工程的一个部分，所以在枢纽工程主体布置时同时进行泄洪孔（闸）的施工布置，其混凝土、金属结构等施工利用主体工程的辅助设施及施工设备即可。

（2）施工准备。进行施工辅助设施布置、现场照明布置、施工人员、物资、设备准备、施工技术文件编制及交底。

5.5.2 施工程序

施工准备（技术方案、人员、物资设备）→测量放样→钢筋绑扎→模板安装→预埋件安装→样架安装→样架校核→混凝土浇筑→刮尺刮平（或拆模）→抹面成型→过流面的保护。

5.5.3 施工方法及进度要求

（1）泄洪孔（闸）的施工特点。

1）工程总工期较短，混凝土总量大，工期紧、施工强度大。

2）混凝土标号和级配种类多，施工工艺的衔接和施工质量的控制难点多。

3）闸室结构体形复杂、外观质量要求高，混凝上浇筑模板多样化且数量大、工艺要求高。

4）闸室段混凝土浇筑、基础灌浆、金属结构安装等穿插作业，施工项目集中，流水作业、穿插作业、上下层作业相互交织，现场协调和安全管理任务突出。

5）泄洪闸和水电站厂房结合部齿槽深度大，闸室边墩和泄洪闸边墙基础结构混凝土，直接制约泄洪闸混凝土工程的全面展开和总体施工进度。

6）泄洪闸边墩和消力池护坦边墙一般与水电站厂房毗邻，施工协调和安全管理至关重要。

（2）主要施工方法。

1）钢筋施工。

A. 常规钢筋施工：由于该部位一般多为异型结构，钢筋形状也多为异型，故加工时应按照设计的结构形状加工，且按部位编号安装。

B. 新增施工期钢筋、限裂钢筋和加长原设计钢筋。由于一期混凝土浇筑完成后距二期混凝土浇筑将存在一个较长的间歇期，故需要在仓内增设施工期钢筋和限裂钢筋，其典型布置方式如下：

一般闸门的牛腿布置两层施工期钢筋网，顺流向采用 $\phi 36mm$ 螺纹钢间距 20cm，垂直流向采用 $\phi 28mm$ 螺纹钢间距 50cm，两层钢筋网层距 20cm，顺流向钢筋按锚入坝体 3m/5m 交替布置。

在距离一期混凝土台阶下部尖角 10cm，沿斜线方向布置一层限裂钢筋网，钢筋网采用 $\phi 25mm$ 螺纹钢，间排距 25cm，钢筋分别按照锚入坝体和两侧墩墙 1.5m/2.0m 交替布置。

溢流面分为一期、二期浇筑后，原两侧墩墙内设计竖向按 1.5m/2.0m 交替布置的钢筋将无法锚入一期台阶混凝土内，故需要将两侧墩墙内原设计竖向按 1.5m/2.0m 交替布置的钢筋长度加长 1.5m。

2）模板施工。

A. 进口墩头模板施工。进口闸墩两侧圆弧模板采用专业定制的悬臂定型曲面模板，直线段采用普通悬臂模板，以确保成型质量。

B. 溢流面进口反弧段模板施工。为保证反弧段过流面混凝土结构外型尺寸，采用定型散装钢模板，放置在钢筋样架上，定型钢模板在混凝土初凝前拆除，然后采用人工抹面的方法施工。

C. 溢流面出口模板。

a. WES 曲线段。此段具有自由面的水流越过各种形式堤堰的溢流形态，其坡度较缓，为满足下料要求，不铺设模板，采用架设样架的方式控制收仓面高程，人工抹面收光。WES 曲线溢流面模板施工方式较多，其中拉模施工具有施工速度快、施工质量好、施工成本低等特点。

b. 直线段。考虑到后续工期安排及该部位的重要性，将溢流面出口直线段分成一期、二期进行浇筑，直线段均采用组合钢模板配合木模（或胶合板）进行立模。

一期直线段模板可采用内撑内拉的典型方式。一是在上一仓收仓面上预埋 ϕ32mm 插筋，插筋预埋深度 0.6m，外露 0.3m。二是在待浇筑仓内布置三角柱和 ϕ32mm 立筋，三角柱和 ϕ32mm 立筋底部与预埋 ϕ32mm 插筋焊接。三是采用 50mm×5mm 的角钢及丁字撑制作样架，丁字撑采用 ϕ20mm 圆钢制作而成，竖直段焊接在仓内三角柱和 ϕ32mm 立筋上。丁字撑上绑扎或点焊 50mm×5mm 的样架角钢，角钢顺流向分两段布置，角钢顶面即为过流面，样架角钢通过 ϕ16mm 拉条螺杆配双调节螺母，固定在仓内预埋 ϕ32mm 插筋上，模板及样架安装精度为±2mm，调整过程中采用测量仪器进行校核，以控制过流面平整度及光洁度。

因过流面每仓均为三角形，该区域拉条，样架比较多，仓面振捣及下料均较困难，所以每仓过流面需要预留下料口，每仓预留下料口的施工区域，面板架立时，预留下料口的区域先不立模板，作为下料及振捣口使用，待下料口下料及振捣完毕后，用加工成型的木模板补上缺口，转到另一下料口下料振捣。

D. 闸墩边墙模板。为保证闸墩侧墙过流面的施工质量，表孔各闸墩墩墙一般采用定型大模板。

E. 门槽模板。一般使用定型木模开孔用于预留门槽二期混凝土插筋。

3）埋件施工。

A. 金属结构预埋件施工。根据设计详图，在进口两侧门槽、门槽底坎部位布设预埋插筋。

B. 铜止水埋设。溢流面周边止水一般都设置有 2 道复合 W 形铜止水，在上游与 2 道复合 W 形铜止水连接，在下游与橡胶止水（浆）片连接。第 1 道铜止水距混凝土面 40cm，两道铜止水间距 40cm，其结构与上游横缝止水相似，一般采用止水定型模板进行施工。门槽底坎处第一道止水在二期混凝土施工前裸露在混凝土外，为保护止水完好，在进行二期混凝土浇筑前，门槽底坎内采用填砂的方式保护裸露的止水。

C. 新增预埋件施工。由于一期混凝土浇筑完成后距二期混凝土浇筑将存在一个较长的间歇期，为满足一期混凝土与二期混凝土良好结合以及大坝接缝灌浆要求，需要在一期台阶混凝土上、两侧墩墙上布置插筋同时在一期台阶背后增设一道 W 形铜止水。

典型布置方式为：

a. 在一期台阶混凝土上预埋 ϕ32mm 螺纹钢插筋，插筋长度 1m 外露 0.5m，台阶水平面上布置 3 排插筋，插筋顺水流方向的间距为 0.75m，3 排插筋之间排距为 0.5m；台阶垂直面上布置 2 排插筋，插筋顺水流方向的间距为 0.75m，2 排插筋之间层距为 0.5m。

b. 沿二期混凝土结构边线方向在两侧墩墙上预埋 ϕ32mm 螺纹钢插筋，预埋插筋距离二期混凝土结构边线 0.65m，插筋与插筋之间距离为 0.6m，插筋长度 1.5m，外露 0.75m。

在距离一期混凝土台阶下部尖角 40cm，沿斜线方向新增一道 W 形铜止水，铜止水与原设计 W 形铜止水连接，以形成一个封闭灌区。

D. 一期铜止水及混凝土面保护。溢流面分为一期、二期浇筑完成，其中有一部分 W 形铜止水预埋在一期混凝土内，为确保一期混凝土内的铜止水同后续二期铜止水有效搭接，一期混凝土内的两道 W 形铜止水端部外伸 0.5m，以便于后续搭接，同时，对外伸部分的铜止水进行安全保护，防止其发生损坏而影响后续搭接。一期混凝土面及外露铜止水范围采取在其上部搭设钢管脚手架满铺竹条板的形式进行防护。

4）混凝土施工。溢流面模板内撑内拉系统范围内设置红线区域，采用人工平仓振捣，禁止大型设备进入，浇筑时该部位优先铺料以保证与仓面非结构部分同步上升。

A. 溢流面二期混凝土划分。溢流面下部两直线段交点以下和 WES 曲线段不预留二期混凝土，其余部分（WES 曲线下首个直线段溢流面）预留台阶式二期混凝土。一期台阶同两侧墩墙一起浇筑，后续再将台阶距溢流面结构边线范围作为二期混凝土进行浇筑。

B. 混凝土布料。混凝土下料时应避开样架以免造成样架移位、变形；混凝土料罐指挥员应站在底板钢筋网上指挥下料，下料高度控制在 1.5m 以内，控制下料速度以避免冲击荷载对结构钢筋及模板样架的不利影响，严禁混凝土在钢筋网片上堆积。

C. 混凝土振捣。过流面均采用人工平仓振捣，采用 ϕ100mm 和 ϕ70mm 高频振捣器振捣，振捣棒与模板面保持同向倾斜，不得直接竖向插入以免碰到模板，振捣作业应按顺序依次进行，防止漏振。振捣中的泌水应及时刮除，不得在模板上开洞引水自流。振捣时间、振捣器插入距离和深度应满足施工规范要求。

D. 温度控制。施工中严格进行温度控制，控制混凝土入仓温度和浇筑温度，埋设冷却水管进行通水冷却，确保最高温升不超过设计控制指标。仓面浇筑过程中，为减少混凝土的温度回升，当仓面温度高于 23℃时，开启喷雾机不间断地连续喷雾使整个仓面形成凉爽湿润的环境。高温时段浇筑时，坯层浇筑完成后及时采用保温被进行覆盖，减缓混凝土温升。

E. 冬季施工应注意：①施工期间采用的加热、保温、防冻材料，应事先准备好，并应有防火措施；②混凝土的浇筑温度应符合设计要求，大体积混凝土的浇筑温度，在温和地区不宜低于 3℃，在寒冷地区不宜低于 5℃；③在岩石基础或老混凝土上浇筑混凝土前，应检查其温度。如为负温，应将其加热成正温。加热深度不小于 10cm，并经检验合格后方可浇筑混凝土。

5）过流面抹面成型。

A. 下部陡直段（一期浇筑完成）。下部陡直段区域较陡，作业人员需借助工作桥等辅助手段进行收面。混凝土接近初凝时，拆除模板，并将样架、拉杆割除，用原浆压实抹平进行抹面收光。

B. 上部缓直段（二期浇筑完成）。上部缓直段，该区域较缓，可直接作业。作业人员系戴安全绳、安全带，端部固定于上部模板围檩上；站立于组合钢模板上（与上部围檩、样架等连接，避免向下滑动）以避免对局部混凝土扰动。混凝土接近初凝时，拆除模板，并将样架、拉杆割除，用原浆填实抹平进行抹面收光。

C. WES 曲线段（一期浇筑完成）。混凝土浇平样架上口，人工振捣，然后将直刮尺紧贴样架 $\phi32mm \times 2.5mm$ 钢管上口，从下游向上游刮出表面混凝土以使过流面成型，在混凝土达到一定强度且初凝前，拆除样架，为防止浇筑与收面位于同一段样架上，样架应分段架立，分段拆除，抹面形成一段即拆除一段样架，然后用混凝土原浆将样架坑槽填实抹平，由人工抹面收光，同一截面的抹面工作同时进行。

D. 过流面进口反弧段（一期浇筑完成）。收面工作人员站立于堰前及堰顶模板上进行人工抹面工作，需在上游面、横缝面设置临空防护栏杆确保施工安全。

E. 混凝土成形手工抹面流程。混凝土手工抹面作业一般为三遍：第一遍是在全幅振捣整平后，紧跟进行的，用抹子用力搓压平整，以搓压泛浆、压下露石、清除明显凹凸为主，达到去高填低，搓压出灰浆使其均匀分布在混凝土表面；第二遍是在混凝土泌水后进行，间隔时间视气温情况而定，常温为 2～3h，以挤出气泡，将砂子压入板面，消除砂眼为主，使板面密实，并用直尺检查平整度；第三遍抹面为细抹，着重消除板面残留的各种不平整印痕，同时加快板面水分蒸发。

6）混凝土养护。在进行抹面施工时，派专人进行现场管理，确保在混凝土初凝前完成抹面施工。混凝土抹面结束后，采用覆盖麻袋洒水的方式养护，用木方或其他重物压紧，加强养护值班和检查，养护时间不少于 28d。施工期间要对成型面进行覆盖保护，避免人为意外损坏成型面。

（3）形象进度要求。泄洪孔（闸）的施工进度制约着闸门安装和过水的时间，也就是制约着原有导流系统的终止时间及整个工程施工的工期。泄洪孔（闸）的施工宜在枯水季节完成，以利于降低原过水河面的截流难度。

5.6 坝体预留缺口导流施工

5.6.1 施工布置及准备

（1）施工布置。坝体预留缺口作为汛期临时导流设施辅助导流措施，其施工布置应充分利用主体工程布置的施工辅助设施和施工设备。其导流任务结束后进行封堵时，大坝主体已上升到了一定的高度，需另行布置混凝土入仓、钢筋及材料吊运等设备。

（2）施工准备。进行施工辅助设施布置、现场照明布置、施工人员、物资、设备准备、施工技术文件编制及交底。

5.6.2 施工程序

施工程序如下。

施工准备（技术方案、人员、物资设备）→垫层上游坡面、坝面、下游坝坡、坝面缺口两侧坡防护施工。

5.6.3 施工方法及进度要求

（1）主要施工方法。混凝土坝体预留缺口施工与常规导流底孔、泄水孔（闸）的施工工序相同，在过流前做好一些必要的防护（如钢筋保护）以及过水后继续施工前进行必要的清理即可。非混凝土坝的坝体缺口导流前必须做好安全防护才能作为导流设施进行导流，非混凝土结构的坝体缺口过流防护措施见图5-2。

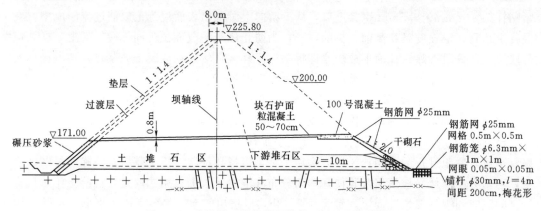

图5-2 非混凝土结构的坝体缺口过流防护措施图

1）上游坡面垫层防护。面板坝坝体上游面的混凝土面板未形成时，采用低标号碾压混凝土砂浆对垫层进行固坡。

2）坝面防护。面板坝上游面的混凝土面板未形成时，堆石坝工程的坝面上游部位可采用大块石防护，防护范围由坝面上游向下游依次逐渐增大。坝面下游部位宜采用混凝土防护。

3）下游坝坡防护。面板坝或堆石坝下游坝坡可采用钢筋网加固防护。同时，要求坝体填筑密实，下游钢筋网下坝坡平整，并采取粒径不小于20cm的块石进行干砌。

4）坝脚防护。坝脚防护一般采用钢筋石笼防护，内部密填粒径不小于10cm的块石，并用砂浆锚杆将石笼固定，砂浆锚杆打入河床基岩。

5）缺口两侧坝体边坡防护。坝体缺口两侧边坡防护采取与坝体缺口坝面相应部位防护相同的形式。

（2）形象进度要求。一些枢纽工程坝体预留的缺口是其唯一的导流通道，而另一些枢纽工程用坝体预留缺口来导流是为了保障汛期洪峰到来时不影响大坝坝体施工。不论是何种目的，坝体预留缺口的施工必须在汛期到来之前完成，否则，就失去了预留缺口的意义。

6 封　　堵

6.1　临时导流洞封堵

6.1.1　施工准备

（1）规划堵头段封堵所需材料运输路线、出渣路线。

（2）确定混凝土供应源，确定混凝土浇筑设备实际配置方案。

（3）明确水、电、风布置，施工过程中的抽排水布置。

6.1.2　封堵施工

（1）缝面处理。混凝土施工前采用风镐将洞壁原衬砌混凝土表面凿毛，并用压力水冲洗干净。

对水平施工缝面，待混凝土初凝后采用压力水冲毛处理，冲毛方向与浇筑方向相反。垂直施工缝面采用人工凿毛处理。

（2）锚筋施工。

锚筋采用"先注浆、后插杆"的方法施工，其施工程序为：施工准备→钻孔→孔道清洗→孔道注浆→锚筋制作及安装。

（3）排架搭设。导流洞封堵一般采用泵送混凝土浇筑，导流洞断面较大且交通条件允许时也可采用布料机浇筑。根据泵送混凝土流态性能要求，参照仓位施工高度，需在施工仓位内搭设施工排架，以方便施工人员仓内作业和保证混凝土浇筑时施工人员的安全，此排架同时用于回填灌浆钢管、PVC止水（浆）片和冷却水管加固等环节。

（4）预埋件施工。止水（浆）片安装时严格按设计图纸要求进行，仓面使用高压风吹干净后，使用 P3015 型钢模板及木模板结合将止水（浆）片固定到位。止水（浆）片的连接，按规范要求进行。接头逐个进行检查，不得有气泡、夹渣或假焊。采用简易托架、夹具将止水（浆）片固定在设计位置上，止水（浆）片按缝面居中设置。对安装好的止水（浆）片加以固定和保护，防止在浇筑过程中发生偏移、扭曲和结合面漏浆。

铜止水的接头采用双面焊接搭接方式连接，搭接长度不得小于 20mm。如果确因条件所限不能进行双面焊接，宜采用钨极氩弧单面焊，焊接时应先焊接一遍，再在其上加焊一遍。铜止水带不准采用手工电弧焊。焊接完成后进行渗漏检查，如发现渗漏应及时进行补焊并重新检查。

混凝土封堵后需进行回填灌浆，洞顶需埋设回填灌浆管。灌浆管采用 PVC 硬管，出口外露段采用镀锌钢管。灌浆管、止水（浆）片按要求预埋。接缝灌浆进浆管、排气管与支管均应使用三通连接，不得焊接。

在冷却水管施工前，对冷却水管进行测量定位，将定位点上引到封堵段两端模板及左右侧墙上并做出明显标识，纵向进行拉线控制，横向通过横缝标识点采用卡尺控制相应间距。混凝土浇筑前和浇筑过程中对已安装好的冷却水管进行通水检查，通水检查的压力不低于0.18MPa，如发现有被损坏、堵塞或漏水，立即恢复，将漏水或堵塞处截断，重新连接，直到滴水不漏。混凝土浇筑过程中，冷却水管应一直通水，发现堵塞或漏水时应及时处理。

（5）混凝土浇筑分层。导流洞断面尺寸较大，永久堵头较长时，需进行分段分层浇筑。

（6）模板安装。两端头封堵模板以P3015型组合钢模为主，边角处辅以木模，第一层以钢管外斜撑紧固，其他层以内拉式紧固。在需接缝灌浆的封头模板上安装球形键槽。永久堵头灌浆廊道顶拱采用在坝基帷幕灌浆平洞衬砌施工中应用的定型钢模板立模。

（7）混凝土浇筑。在混凝土浇筑前，仓面要保持洁净和湿润。浇筑混凝土入仓前，仓内老混凝土面上均匀铺一层厚2～3cm与混凝土浇筑强度相适应的砂浆，以保证新浇混凝土与老混凝土结合良好。

导流洞混凝土采用通仓薄层浇筑方法。封拱层施工时，混凝土泵在一定时间内保持一定压力，使其混凝土充填密实，防止出现架空现象。

泵管沿洞轴方向接至施工仓位。泵管末端设置在施工仓位上部，倒退法分层下料，以保证混凝土浇筑质量。混凝土浇筑到开孔高程后，及时封堵孔口。

振捣作业按照规范的有关规定执行。混凝土下料后立即振捣。振捣过程中注意对预埋灌浆管的保护，如发现移位、破损或管口脱落等，及时处理恢复，确保回填灌浆时管路畅通。

（8）养护。混凝土浇筑完毕后10～18h内即开始养护，对混凝土表面及所有外漏侧面进行洒水养护，以保持混凝土表面经常湿润。混凝土拆模后，横缝面、收仓面加强养护。

（9）固结灌浆、回填灌浆、接缝灌浆。

1）固结灌浆。固结灌浆施工流程：抬动观测孔钻孔→抬动观测装置埋设→钻孔、灌浆→封孔→检查孔钻孔→压水试验→检查孔封孔。

2）回填灌浆。回填灌浆前，先对灌浆段施工缝、混凝土面及灌浆系统等进行全面检查。采用通入压缩空气的方法检查预埋灌浆管路是否畅通。

在封堵段附近采用钢管搭设制浆平台，将水泥浆通过管道引至灌浆部位。回填灌浆按灌浆段分序加密进行，排间分Ⅰ序孔、Ⅱ序孔进行灌浆。

预埋管路灌浆采用灌浆泵通过进浆管、回浆管、排气管和排稀浆体系进行。灌浆压力为0.5～0.6MPa（以排气孔压力表为准）。灌浆应连续进行，因故中断灌浆的灌浆孔，按照钻孔要求扫孔，再进行复灌。灌浆结束后，排除孔内积水污物后封孔并抹平，回填灌浆完成后割除露于混凝土表面的埋管。

3）接缝灌浆。

A. 灌浆系统的检查和维护。在进行接缝灌浆前，应对灌浆系统进行检查和维护。在先浇段浇筑前后及后浇段浇筑后，均需对预埋灌浆系统进行通水检查。灌浆区形成后需再次对灌浆系统进行通水复查。管路畅通后，通水润缝24h，冲洗缝面，进行压水检查，吹干缝，通水测缝容积，再用风吹干，然后进行接缝灌浆。

B. 接缝灌浆施工。在混凝土内部温度降至目标温度（温度变化幅度控制在±0.5℃）附近并保持稳定后，可进行接缝灌浆。接缝灌浆时，在封堵段附近采用钢管搭设制浆平台，将水泥浆通过管道引至灌浆部位。水泥浆拌制严格按照浆液设计配比执行，即拌即用。注浆时，按照预埋管编号，自远端向近端逐次灌注。

6.2 临时导流涵洞（管）封堵

本节主要叙述临时导流涵管的封堵施工，导流涵洞的封堵施工与本节类似，可参考进行施工。

6.2.1 施工准备

导流涵管封堵前，应进行下游河道的清理，将河床降至低于导流涵管出口的管底高程。用简易钢闸门在进口处下闸蓄水和放水冲出管内淤沙，大量淤沙冲出后，对涵管进行检查，将管内未冲彻底的淤沙和杂物清理至管外，保证管道内干净畅通。并在导流涵管进口上游开挖沉砂池，避免管内冲洗后再有泥沙进入。

因管道过水时间较长，且经过洪水冲刷，还应检查管内有无被破坏而渗水现象，若管内有渗水点应先进行堵漏，不能完全堵住的做好引排，防止导流涵管封堵后不能完全闭气而渗水。

计算河流流量和围堰蓄水量，计算出围堰漫水时间，以便周密的安排混凝土浇筑时间。

6.2.2 封堵时间的选择

一切封堵准备工作完成，具备封堵条件后，关注天气预报，确认往后3d之内无降雨的迹象后，才能开始封堵，避免封堵过程中因降雨而导致围堰库内水位快速上升，影响封堵施工。

6.2.3 封堵施工

导流涵管封堵一般分三段进行，分别为心墙至进水口段即心墙至上游坝脚段混凝土管的封堵、心墙盖板下压力钢管段的封堵、心墙至下游出口段混凝土管的封堵。开始封堵前，将整条管道内的淤沙清理、冲洗干净。其施工工序如下。

心墙至进水口段：拆除斜墙至围堰段混凝土涵管、连接通风管至工作面、接混凝土输送管、钻锚杆孔、封堵进水口、安装模板、浇筑混凝土封闭涵管口、回填灌浆。

压力钢管段：接风管至施工面、管壁打磨除锈、焊接钢止水、接混凝土输送管、预埋回填灌浆管、浇筑混凝土、回填灌浆、进行下一段封堵。

心墙至出水口段：接风管至施工面、管壁打磨除锈、焊接钢止水、接混凝土输送管、预埋回填灌浆管、浇筑混凝土、回填灌浆、进行下一段封堵。

（1）心墙至上游坝脚段混凝土管的封堵施工。导流涵管的封堵首先对心墙至上游坝脚段进行施工。该段涵管封堵的关键是争速度，抢时间，必须周密计划，有序进行，本段实施的成败决定了整个涵管封堵方案实施的成败。该段封堵成功后将为压力钢管段的封堵提供可靠的施工条件。

本段开始封堵前，先在上游坝脚至临时围堰之间将导流涵管破开 3m，作为施工出入口，将混凝土输送泵管从入口处接到距压力钢管 2.0m 左右的位置，在压力钢管与混凝土管交接处的四周用电钻钻直径 20mm 的孔，便于插钢筋固定模板，模板使用圆形木模，待涵管断水后安装并用插筋两边固定牢靠。准备工作完成后，在导流管进口 20.0m 以外筑一道简易围堰，将河流短时截流，迅速将木叠梁放入叠梁槽内并倒入黏土夯实。黏土将水流截断后在管道内立即进行模板安装，并进行混凝土浇筑。混凝土采用自卸汽车运至输送泵站。对围堰挡水后可能出现的渗水及时用水泵集中抽排。导流涵管进水口至压力钢管段平均坡度为 4%，混凝土浇筑时，应使用高坍落度混凝土，利用管道的自然坡降，使混凝土自行密实。拆除混凝土输送管时，若混凝土仓面无积水，可从混凝土仓面按每次 2 根进行拆除。若混凝土仓面有积水，则应按照浇筑水下混凝土的要求，只能从导流涵管的外部拆管，使用卷扬机或滑轮组将输送管往外拖拽，边浇筑边后退，始终保证混凝土输送管出料口埋深于混凝土内 1.0～2.0m。

（2）灌浆盖板下压力钢管段的封堵施工。心墙至上游坝脚段封堵完成后，开始进行压力钢管段的封堵。压力钢管段位于心墙灌浆盖板以下，因此该段封堵是整个导流涵管封堵的重中之重，因与混凝土防渗墙连接，必须做到完全止水，不能有丝毫渗漏。压力钢管段的管内封堵工艺见图 6-1。

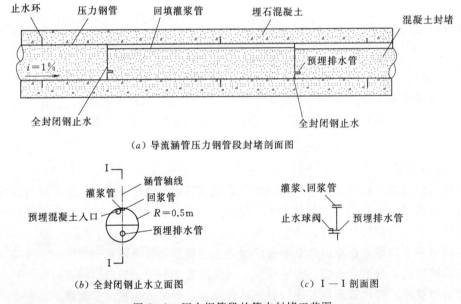

（a）导流涵管压力钢管段封堵剖面图

（b）全封闭钢止水立面图　　　（c）Ⅰ—Ⅰ剖面图

图 6-1　压力钢管段的管内封堵工艺图

本段施工的关键是确保混凝土与管壁充分结合，调整混凝土坍落度（18～20）达到免振捣的要求，保证混凝土能够自行密实。钢止水焊接应达到抗渗要求，回填灌浆充填饱满、密实，达到抗渗要求。压力钢管封堵按导流洞封堵结构要求进行施工，内设 5 道全封闭钢止水，并预留 $\phi 100mm$ 排水管，排水管下游端口安装止水阀。钢止水分上下两部分搭接，周边缝和上下搭接缝焊缝不小于 12mm。全封闭钢止水靠上部预留 $\phi 200mm$ 孔作为混凝土入口，混凝土输送泵管的混凝土出口处距上游面钢止水不大于2.0m。靠管壁顶预埋 $\phi 25mm$ 回填灌浆管和回浆管，回填灌浆射浆管距上游面钢止水不大于50cm，并用塑料薄膜包扎封口。回填灌浆在每仓封堵混凝土浇筑完成7d后进行，回填灌浆采用0.6：1（水：水泥）的纯水泥浆液灌注，压力为0.3～1.0MPa。一段回填灌浆结束后，再以相同的工艺对下一段进行封堵施工。

（3）心墙至下游出口段混凝土管的封堵。导流涵管封堵的防渗要求应在压力钢管段的封堵时已经达到，对于该段的封堵施工主要是对涵管进行充填饱满，以抵抗大坝坝体自重的压力作用。

导流涵管封堵施工可分为20m一段进行，每段使用圆形木模分隔，模板采用在涵管四周钻孔插筋支撑牢固，模板顶预留混凝土输送管入口和回填灌浆管。混凝土浇筑完成后模板无需拆除。因导流涵管向下游方向有一定的坡降，混凝土输送管距上游面模板应不大于3m，浇筑时，混凝土输送泵管的拆除难度较大，可不予拆除，将输送管掩埋于混凝土内。

回填灌浆均按《水工建筑物水泥灌浆施工技术规范》（DL/T 5148）的要求执行。

（4）施工应急措施。

1）施工质量应急措施。在导流涵管封堵施工的过程中，因线路长、管径小，施工作业受到影响的因素较多，严重时甚至可导致混凝土浇筑施工无法正常进行，如机械故障、安全隐患、天气突变等。因此，必须制定相应的应急预案，做到有备无患，使涵管封堵圆满完成。

导流涵管封堵应急措施主要是针对心墙至进水口段的封堵。此段混凝土浇筑过程中，若出现意外情况使混凝土浇筑工作无法继续，在排除故障所需时间较长时，应立即拆除输送泵管（若时间紧迫也可不拆），使用自制的小滑车将已预备好的碎石运至管内从里往外回填。当碎石回填至管口时，将管口用浆砌块石封闭，并预埋回填灌浆管，做回填灌浆处理，保证涵管封堵闭气。回填的碎石应有良好的级配，既能满足回填灌浆浆液的扩散和充填，又不会使空隙率太大，增加回填灌浆的工程量。

在处理意外情况的过程中，可用准备的水泵从围堰内将水抽到导流输水隧洞进口处排走，以减缓水位上升速度，为涵管封堵赢取充分的时间。

2）安全应急措施。施工存在的危险源主要有两项：一是导流涵管内的施工环境缺氧；二是封堵心墙上游段时围堰漫水或决堤。

管内缺氧可用鼓风机通风，通风管应直接到达施工作业面进行不间断的送风，保证管内空气的流通，且应有备用的医用氧气瓶，便于发生缺氧事故急救时使用。

围堰漫水或决堤，可用准备好的土袋，将水堵住，并迅速撤离涵管内的作业人员。涵管内出现险情时，管内的人员使用报警器向管外报警，管外的人接到报警后马上实施抢救。管外发生险情时，使用信号灯向管内报警，管内的人员接到报警后迅速撤离。

6.3 临时导流底孔封堵

封孔方案应根据工程可能具备的技术条件、封孔技术的难易程度等，参照国内外已有工程的成功经验确定。对于具有技术创新的封孔方式，应通过试验在技术上进行充分论证后确定。科学地确立导流泄水建筑物的封孔方式、方法和施工技术关系到技术上是否安全可靠、工程能否按期受益和经济是否合理。

6.3.1　封堵技术要求

（1）导流底孔一般距离混凝土下料点都较远，可以采取远距离接力泵送方式浇筑混凝土，因施工空间较小，需要注意泵车的选型及布置。

（2）堵头上游段顶部呈反弧状，该部位混凝土要充填饱满、浇筑密实。

（3）施工过程中对灌浆管路、冷却通水管路及监测埋件等进行加固和保护。

（4）封堵混凝土一般用二级配泵送混凝土，其标号高、运输路线较长，要控制各个环节混凝土温度满足技术要求。

6.3.2　封堵施工程序

导流底孔封堵施工程序为：封堵准备→下放闸门→封堵闸门→引出闸门渗漏水→底孔内混凝土面凿毛→锚杆施工→灌浆管安装→（微膨胀）混凝土浇筑→回填灌浆→接缝灌浆。

6.3.3　封堵施工

闸门落至底槛后，需要进入底孔检查闸门止水效果。检查方法主要采用强光手电筒察看闸门水封，观察水封是否有渗漏部位，渗漏量是否满足导流底孔封堵混凝土施工要求。对永久封闭、有混凝土封闭要求的闸门，采用修筑围堰的方式进行闸门前封堵，或采用水下混凝土浇筑方式进行封堵。

检查完后按要求进行导流底孔凿槽、凿毛，采用高压水进行冲洗，之后进行锚杆施工。架设混凝土泵管，泵机就位后浇筑混凝土，再进行回填灌浆及接触灌浆施工。

6.4　预留导流缺口封堵

6.4.1　导流缺口的预留

混凝土坝施工过程中，当汛期河水暴涨暴落，其他导流建筑物不足以宣泄全部流量时，为了不影响坝体施工进度，使坝体在涨水时仍能继续施工，可以在未建成的坝体上预留缺口（见图 6-2），以便配合其他建筑物宣泄洪峰流量，待洪峰过后，上游水位回落，再继续修筑缺口。

所留缺口的宽度和高度取决于导流设计流量、其他建筑物的泄水能力、建筑物的结构特点和施工条件。采用底坎高程不同的缺口时，为避免高低缺口单宽流量相差过大，产生高缺口向低缺口的侧向泄流，引起压力分布不均匀，需要适当控制高低缺口间的高差。混凝土坝体预留缺口过流前对钢筋、止水等做好防护和标识。

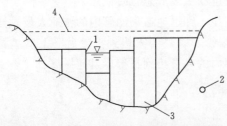

图 6-2　混凝土坝体上预留缺口示意图
1—过流缺口；2—导流洞；3—坝体；4—坝顶

6.4.2 封堵施工

封堵施工主要程序为：缝面处理→钢筋施工→预埋件施工→模板施工→混凝土浇筑→养护及冷却通水→灌浆施工。

混凝土坝体预留缺口过水后，进行封堵前必要的清理，然后进行缺口封堵混凝土施工。缺口封堵施工方法及施工要点如下。

（1）凿毛。坝体预留缺口部位凿毛面积大，要求深凿毛，即凿进老混凝土面 3～5cm。由于该部位属高速水流区，抗冲耐磨高标号混凝土凿毛难度大，需采用人工风镐配合冲击锤的方式冲凿。

（2）细部结构恢复。由于歇面时间长，现场的钢筋、止水、接地、埋管等部件有些被杂物覆盖，钢筋、止水、接地扁铁等预埋件的恢复较繁杂，需逐一加以复原。

（3）混凝土浇筑。封堵段分缝处模板采用散装钢模板，局部采用木模板补缝，散装模板采用内拉内撑的方式加固。在底板面钻孔埋设插筋，散装模板设置 $\phi16mm$ 内拉拉条，采用槽钢瓦斯、双螺帽固定。拉条间距 70cm×75cm，横、竖围檩均采用 1.5 英寸钢管。外撑采用 $\phi48mm$ 钢管或 10cm×12cm 方木加固。

为便于灌浆管及冷却管铺设，可在木模板上适当钻孔，同时，模板周边及预留槽边缘应采取麻丝封堵止浆，以防止封堵施工时混凝土浆液流失。

按照设计图纸要求，由上游至下游分段依次用混凝土进行回填，回填后进行坝前防渗板浇筑。每段回填均一仓浇筑完成。

为方便泵管架设和人员施工，仓内需搭设简易操作排架，排架采用 1.5 英寸钢管搭设而成，按立杆纵向间距为 2.5m、横向间距按不大于 2.0m 控制，立杆之间采用钢管连成整体，并适当设置剪刀撑，操作平台上铺设竹跳板。操作平台水平方向钢管需顶在廊道侧壁上，钢管之间利用卡扣件连接，竹跳板需用铁丝绑在钢管上。随着仓位的浇筑，将竹跳板及水平钢管逐层拆除，钢管排架立杆不拆除。

封堵混凝土浇筑采用搅拌车配合泵机供料，混凝土采用平浇法浇筑，坯层厚度按40～50cm 控制，采用 $\phi100mm$ 和 $\phi80mm$ 的振捣棒振捣密实，至无气泡逸出和骨料不再显著下沉为止。

在混凝土浇筑完毕 12～18h 后，按要求对混凝土进行洒水养护。

仓内冷却水管被混凝土覆盖后，即可用冷却水进行通水冷却，流量按 25～30L/min 控制，通水至混凝土内部温度满足接触灌浆要求为止。

（4）施工安全防护。闸墩施工属高空作业，而且仓外就是湍急的水流，为了避免人员和物体坠落，要求架设交通栈桥，铺设牢固的钢网平台和安全密目网，所有作业人员均应穿上救生衣。

7 工 程 实 例

7.1 三峡水利枢纽工程二期上游土石围堰施工

7.1.1 围堰施工概述

（1）围堰工程概况。二期土石围堰是三峡水利枢纽工程二期导流的屏障，是非常关键的临时建筑物，二期上游围堰被列为三峡水利枢纽工程八个重大关键技术项目之一。在二期导流期间，由二期上、下游横向土石围堰和先期建成的混凝土纵向围堰共同担负二期基坑内安全施工和保护下游城乡企业与居民安全的任务。其重要性和技术复杂性不是一般围堰工程所能比拟的。

二期上游横向土石围堰按Ⅱ级临时建筑物设计，设计洪水标准为1‰频率，相应流量83700.0m³/s，相应上游水位85.00m；并同时满足全年0.5‰频率洪水 $Q=88400.0m³/s$ 情况下的保堰要求，相应上游水位86.20m。此外，二期上游围堰施工完第一道防渗体（及下游围堰防渗体完成）后进行基坑限制性抽水，此时，上游围堰深槽段度汛子堰挡水标准为5‰频率，相应流量 $Q=72300.0m³/s$，相应上游水位82.28m。

上游围堰由左岸苏家坳，牛场子山坡，左岸漫滩、枯水河床和右岸漫滩，跨过一期土石围堰与混凝土纵向围堰上的纵堰外段相接，全线呈折线布置，其折线拱形凸向上游。围堰轴线全长1439.6m。堰体材料主要由风化砂、石渣、石渣混合料、过渡料和块石等组成，堰顶高程88.50m，宽15.0m，最大堰高82.5m。

围堰堰体及基础防渗型式采用混凝土防渗墙和高喷墙上接土工膜（二布一膜），墙下透水岩体采取帷幕灌浆措施处理。防渗体沿围堰轴线布置，全线长1371.95m，混凝土防渗墙厚0.8～1.0m，其中深槽段（0+454～0+616）长162.0m，采用双排塑性混凝土防渗墙，双墙间距6m，墙厚均为1.0m，最大墙高73.13m（一道墙）和73.5m（二道墙），平均墙高51.45m（一道墙）和52.11m（二道墙）。二期上游土石围堰典型剖面型式见图7-1。

（2）围堰施工特性。

1）设计标准高、工程施工难度大。堰体填筑设计总量589.95万 m³，防渗截水面积4.488万 m²。

2）施工水深大，挡水高度高。围堰最大填筑水深达60.0m，一般水深22～46.0m，堰体的2/3位于枯水位以下，填料的80.0％为水中抛填施工。围堰防渗墙施工实际最大高度73.13m，最大挡水水头85.0m，拦蓄库容达20亿 m³。

3）大江截流流量大。设计截流流量标准按11月20年一遇月平均流量14000.0m³/s，并且当发生19400.0m³/s洪水时（即11月中旬20年一遇旬最大日平均流量），也要确保

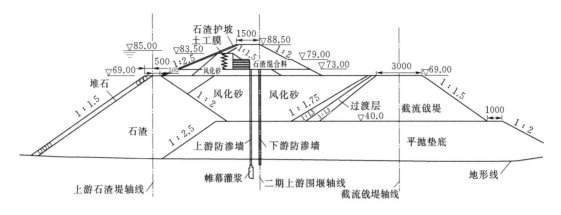

图 7-1　二期上游土石围堰典型剖面型式图（尺寸单位：mm）

截流成功。实际施工中，龙口段进占时，长江最大流量 11600.0m³/s，最大流速 2.59m/s；截流时，长江流量 8480.0m³/s。

4）围堰基础地质条件复杂，防渗墙施工难度大。堰基主河床部位平抛垫底层、新淤砂层、砂卵石覆盖层以及块球体架空堆积或残积层等，均对防渗墙施工造成较大的难度。其中河床深槽双墙段左岸存在基岩陡坡，第一道墙陡坡段高差达 30.75m（桩号 0+478.0～0+497.0），坡角一般 30°～70°，最大 83°，且坡面倾向下游方面 45°，这样对防渗墙施工及其结构稳定较为不利。

5）施工工期短，施工强度高。按照三峡水利枢纽工程控制性进度，大江截流及随后的二期围堰堰体填筑和防渗工程施工要求在一个枯水期内建成并实现基坑抽水。实际施工中，月最大填筑强度 159.1 万 m³（1997 年 11 月），并创造了昼夜抛填 19.4 万 m³ 的世界纪录；防渗墙最大月成墙面积约 1.48 万 m²（1998 年 3 月）、造孔面积 1.35 万 m²。

6）平抛垫底施工难度大。截流和围堰体施工包括水下平抛垫底，与航运关系非常密切，施工期间要确保长江不断航，并满足航运的水流条件。这与国内外大多数围堰施工不同。

（3）围堰施工概况。大江截流及二期围堰工程主要分为四个阶段进行：第一阶段 1996 年 11 月至 9 月，主要完成四个预进占段回填及防渗墙施工，上、下游围堰水下平抛垫底至高程 35.00～37.00m。第二阶段 1997 年 9 月至 11 月，围堰水下平抛垫底至高程 40.00m 以上，11 月 8 日高质量实现三峡水利枢纽工程大江截流，于 1997 年 11 月 28 日完成防渗墙施工平台的填筑。第三阶段 1997 年 11 月至 1998 年 8 月，主要完成堰体风化砂振冲加密，河床段防渗墙单墙段和双墙段第一道墙于 1998 年 5 月 5 日全线封闭，1998 年 6 月 21 日相应完成帷幕灌浆，1998 年 8 月 6 日完成第二道防渗墙，1998 年 8 月 27 日相应完成帷幕灌浆和隔墙施工以及 1998 年 9 月 15 日堰体加高填筑至高程 88.50m，1998 年 6 月 25 日基坑开始限制性抽水，1998 年 9 月 12 日基坑抽干并转入经常性排水阶段。第四阶段 1998 年 12 月 30 日至 1999 年 1 月 6 日，主要完成围堰背水侧坡脚反滤压坡施工。三峡水利枢纽工程二期上游围堰工程量见表 7-1。

表 7 - 1 三峡水利枢纽工程二期上游围堰工程量表

序号	项 目 名 称	合同量	设计量	实际完成工程量
1	填筑工程/万 m³	564.30	589.95	555.81
2	风化砂/万 m³	155.38	154.38	137.94
3	石渣混合料/万 m³	109.55	130.13	122.72
4	石渣料/万 m³	187.96	214.16	199.34
5	块石/万 m³	18.26	17.35	20.73
6	中石/万 m³	8.58	8.35	9.89
7	大石/万 m³	4.37	4.17	5.78
8	堆石/万 m³	8.59	3.89	5.60
9	砂砾石毛料/万 m³	49.85	26.42	25.46
10	砂卵石垫层料/万 m³	1.49	2.82	2.66
11	过渡料/万 m³	19.43	19.82	24.88
12	碎石料/万 m³	0.88	0.77	0.81
13	开挖及块石拆除/万 m³	5.84	22.79	5.81
14	防渗墙/万 m³	38190.00	44880.00	38504.16
15	旋喷墙/万 m³	0	0	
16	帷幕灌浆/万 m³	6040.00	9420.00	7437.10
17	土工膜/万 m³	4.19		4.33
18	混凝土浇筑/万 m³	990.00		1270.72
19	风化砂振冲加密/万 m³	18.78		15.52
20	反滤压坡/万 m³			1.16
21	块石护坡/万 m³			

7.1.2 平抛垫底

大江截流及二期围堰是在葛洲坝水库中进行施工的，水深大，流速低。截流水工模型试验表明，截流戗堤堤头有坍塌现象，且规模较大，严重时危及施工机械设备和人员的安全，为了遏制堤头坍滑的规模和频率，避免堤头坍滑事故发生，在河床深槽段采用水下平抛垫底，减少截流戗堤进占抛投水深，保证了截流施工的安全，降低了截流龙口进占抛投强度，对高速、安全实现大江截流起到重要作用。

按设计要求，上游围堰河床段低于高程 40.00m 的深槽部位采用砂砾料、石渣及块石平抛垫底。水下平抛垫底范围为戗堤和堰体底部，水流向宽 280.0m，其中围堰轴线上游侧宽 80.0m，下游侧宽 200.0m；左右方向长 185.0m，水下抛投面积约 4.42 万 m²。上游围堰平抛垫底施工分两个阶段进行，第一阶段为 1996 年 12 月至 1997 年 7 月，平抛垫底至高程 35.00～37.00m；第二阶段为 1997 年 10 月至 11 月，平抛垫底至高程 40.00m，截流戗堤龙口段，平抛垫底至高程 45.00m，局部垫底至高程 52.00m。上游围堰水下平抛垫底工程量见表 7-2。流失系数为砂砾石 1：1.15、石渣 1：1.04。

表 7-2 　　　　　　　　　　上游围堰水下平抛垫底工程量表

抛填材料	设计量	抛投量	断面量
砂砾石/万 m³	26.416	30.642	25.459
石渣/万 m³	33.177	36.495	35.090
块石/万 m³	14.397	14.397	17.725
合计	73.990	81.534	78.274

平抛垫底施工特性为：抛填工程量大，抛投强度高；抛填水深大，最大水深为57.0m，最小水深40.0m，平均水深48.5m；平抛垫底范围位于长江主航道，施工与长江航道之间的矛盾突出；河床为葛洲坝水利枢纽工程蓄水后新淤积粉细沙层，平均厚度8.0m，最大厚度达21.0m，因其易于冲失，从而延长了平抛成形稳定的时间和增加了抛投工程量。

（1）施工程序。在制定平抛垫底施工程序时，除了考虑结构要求和施工船舶特性外，还要考虑航运和施工安全。为了既满足平抛施工，又保证航道畅通，分为左、右两个区，一区通航；另一区施工。

1）将有效航宽355.0m分成左、右两个平抛区，先右侧平抛，左侧通航；右侧抛填至高程35.00～37.00m后，航道改到右侧，进行左侧抛投。

2）在平抛区施工时，首先分序连续抛投至高程35.00m，形成拦砂坎；然后，定位船上移抛填围堰轴两侧宽30.0m的砂砾石料至高程35.00m；接着抛填其余部分的砂砾料。此时，定位船下移，再抛填压顶压坡块石至高程37.00m以上。

（2）施工方法。

1）抛填料采运。

A. 砂砾料：采用长江下游云池料场，在料场用750m³/h链斗采砂船挖装、700m³砂驳和1000m³甲板驳运到工地，然后用输砂趸船和双10t抓斗转至500m³体开驳或280m³开底驳运至抛填部位。

B. 石渣料：在苏家坳12号料场用装载机用20～32t自卸汽车运至左上围堰4号截流基地，再用4m³铲扬挖装、500m³体开驳或210m³侧抛驳运至抛填部位。

C. 块石料：在料场用反铲选取合格的块石，用20～32t自卸汽车运至左上围堰4号截流基地堆存；然后采用4m³铲扬船挖装、500m³体开驳或210m³侧抛驳运至抛填部位。

2）定位。

A. 在抛投区，用一艘1600t趸船在规划好的条带内定位。定位船五锚作业，定位、摆动、移位准确灵活。

B. 组织测量专班，对抛投起点、终点、边坡、转点等控制点严密监测。每次移位，定位均用岸上经纬仪交会，定位及摆动和上下移动用六分仪校位，准确控制设计抛投断面。

C. 定位船左右设压缆装置，不影响长江航运，其上绞缆装置齐全，抛投船只停靠稳定。

3）抛填。

A. 平抛区按垂直围堰轴线方向每40～50m分成一个作业条带，抛投时定位船在作业条带范围内左、右摆动，上下移动。

B. 抛填船只，依托定位船准确按顺序抛填。

C. 抛填5～6d后，施测1：1000水下地形图，然后按间距20m绘横断面图，对照设计断面，检查水下抛填体形。

D. 超过20m水深用回声仪施测，20m以内用测绳施测。当抛填接近设计高程时，用回声仪检测。

（3）质量控制。

1）严格控制料源质量，对围堰轴线上的砂砾料在料场装船时，用隔筛筛除大于80mm的砾石，石渣及块石质量控制在挖装时进行。

2）平抛质量控制的关键是做到准确定位，且各种填料不允许混抛，尤其不允许石渣与块石抛至防渗墙轴线上，以免给防渗墙造孔带来困难。

3）在上游围堰，定位船选定在戗堤区域，抛填至高程35.00m；然后定位船向上游移位，在防渗轴线上、下15m范围内率先抛填$d \leqslant 80$mm砂砾石料，抛至高程35.00m后再抛填两侧砂砾石料，最后抛填压顶压坡块石。

4）当流量大于14400m³/s、垂线平均流速大于1m/s时，砂砾石料停抛；或者垂线平均流速在1.2m/s以下时，提高砂砾石料的含砂率，继续抛填。

5）平抛施工作业时间视水情相机决定，流速小抛，流速大则停抛，其目的是防止抛填料粗化与减少抛填损失。

7.1.3 围堰填筑

（1）施工项目及工程量。施工项目为二期上游土石围堰施工，三峡水利枢纽工程二期上游围堰工程量见表7-1。

（2）施工方法与填筑料的施工质量要求。二期围堰堰体填筑分水下抛填和陆上填筑两部分组成。当堰体抛出水面，采取分层碾压密实，分层填筑上升。

1）堰体水下抛填施工。采用端进法施工，32～77t自卸汽车运输，推土机平料，邻近戗堤部分的堰体，随戗堤跟进。由高程79.00m缓坡降至高程69.00m，其降坡坡度与戗堤一致，局部作为戗堤进占施工回车平台。迎水侧石渣堤，领先堰体10m进占，防渗部位堰体尾随石渣堤进占，确保上游石渣料不漂移到防渗轴线上。

2）陆上填筑施工。上游围堰高程69.00m以上采取陆上填筑，端进法施工，32～77t自卸汽车运输，推土机平料。戗堤合龙后采取分层填筑，每层0.8～1.0m，大于13.5t振动碾压密实。

围堰主要填筑料的施工质量要求：

风化砂：混杂在风化砂中的大于20cm的岩石体予以剔除，并控制在5.0%以内，含泥量小于10.0%。风化砂水下抛填振冲加密密度不小于1.8t/m³，水上分层碾压干密度大于1.9t/m³。

石渣混合料：粒径大于5mm的含量为50.0%～70.0%，小于0.1mm含泥量不大于

5%，水下进占最大粒径按 1000mm 控制。石渣混合料水下抛填自重压密干密度大于 1.9t/m³。

石渣料：石渣主要用于上游石渣堤，一般粒径为 5～600mm，其中 200～600mm 块石含量大于 50%，粒径小于 200mm 的含量为 10.0%～20.0%，大于 5mm 的含量超过 90.0%，小于 0.1mm 的含泥量不大于 5.0%。水下抛填自重压密干密度大于 1.9t/m³，水上分层碾压干密度 2.1t/m³。

围堰填筑压实参数见表 7-3。

表 7-3   围堰填筑压实参数表

项目 填筑料		风化砂	石渣混合料	砂砾料	石渣料
碾压机具	名称	振动碾压	振动碾压	振动碾压	振动碾压
	碾重/t	13.5	13.5	13.5	13.5
铺筑厚度/cm		80	60～80	60～80	60～80
碾压遍数		6～8	8	8	8
限制粒径/cm		$d\leqslant 2/3$	$d\leqslant 50$	$d\leqslant 50$	$d\leqslant 50$
碾压条件		充分洒水	充分洒水	充分洒水	充分洒水
控制干密度/(g/m³)		>1.90	2.00～2.10	>2.00	>2.10

3）加筋土挡墙施工。上游围堰深槽双墙段，为解决第二道防渗墙施工与上游度汛子堰填筑相干扰的问题，满足汛期第二道墙施工要求，设计将原重力式挡墙修改为加筋土挡墙。

加筋土挡墙为混凝土预制块拼装面板，并用塑钢复合拉筋带连接而成，利用塑钢拉筋与填料之间的摩擦力来保证预制块挡墙的稳定。加筋挡土墙轴线呈折线布置，长 270.0m，高 5.0m（高程 73.00～78.50m）。距面板 1.0m 以内及底层厚 0.5m 填筑砂卵石料，上游方向 10.0m 范围加筋土挡墙填筑石屑渣料或风化砂。

施工程序与方法：首先清理防渗墙顶部接头部位，预埋 30cm 土工膜，浇筑混凝土抗滑墩，铺设 50cm 风化砂及平铺土工布，安装第一层面板，铺设第一层塑钢复合筋带，铺设 50cm 砂卵石料，安装第二层面板，铺设第二层塑钢复合筋带，靠近上游方向 10m 范围内回填厚 50cm 石屑渣料（风化砂），靠近面板 1m 以内填筑砂卵石料，依次循环。

按照设计施工详图，提前预制面板，待养护满足吊装强度要求后，用吊车配 20t 汽车运至安砌部位上。安装前用经纬仪测量放样，每上升一层用 500g 锤球挂线检测。层间错缝，竖缝留作排水用，水平缝用 M5 水泥砂浆找平，（面板安砌时略向内倾斜），筋带与上、下层面板采用穿筋方式连接，并绑扎以防抽动。面板周边 1.0m 范围内砂卵石料用小装载机辅以人工顺筋带方向摊铺扒平，铺层厚 50cm 并夯实。填料采用 32t 自卸汽车运输，反铲辅以人工摊开，推土机平料，填料与压实顺序均以筋带中部逐步回填碾压至筋带尾部，最后压实靠近面板部位。

4）土工膜施工。围堰防渗墙施工平台（上游高程 79.00m、高程 73.00m）以上采用土工合成材料防渗。其施工方法为：首先将土工膜截成宽 1.0m，并将预埋接头两面脱膜 10cm，然后用木板固定在盖帽混凝土设计位置上，浇筑盖帽混凝土时，混凝土从两侧均匀下料并振捣密实，土工膜埋设深 30cm。

5）混凝土立柱施工。围堰在左右岸预进占段防渗墙端头高程 79.00～73.00m 设有连接高低墙的混凝土立柱，立柱一侧与混凝土塑性墙相接；另一侧与土工膜连接。混凝土立柱浇筑前首先按设计要求预埋"之"字形土工膜接头。土工膜接头安装，按设计尺寸预制定型模板，现场拼装模板时将土工膜（30cm）夹在定型模板上，最后浇筑立柱。

7.2 三峡水利枢纽工程碾压混凝土纵向围堰施工

7.2.1 围堰施工概述

三峡水利枢纽工程一期碾压混凝土纵向围堰布置在中堡岛右侧，围堰轴线全长 1195.47m，按其使用功能分为上纵段、堰坝段和下纵段。上纵段为临时建筑物，堰坝段和下纵段为永久建筑物。上纵堰外段为全断面碾压混凝土，上纵堰内段、堰坝段和下纵段为"金包银"结构型式，围堰主体为碾压混凝土，基础垫层、外部防渗层及廊道周边为常态混凝土，混凝土工程量 159.2 万 m^3，其中碾压混凝土 130.3 万 m^3。围堰结构型式为重力式，施工时只分横缝，不分纵缝，通仓浇筑。

碾压混凝土优先选用 52.5 级中热硅酸盐水泥，也可选用 42.5 级低热矿渣硅酸盐水泥，碾压混凝土中高掺粉煤灰，$R_{90}200$ 掺灰量：52.5 级中热为 45.0%，42.5 级低热为 30.0%～33.0%；$R_{90}150$ 掺灰量：52.5 级中热为 55.0%～58.0%，42.5 级低热为 40.0%。采用长江天然砂石骨料，骨料为三级配，粗骨料最大粒径 80mm，砂子细度模数 2.4～2.8，砂子含水率小于 6.0%。为改善混凝土的性能，混凝土中掺减水缓凝剂木质素磺酸钙或 JG4，引气剂 DH9。为保证碾压混凝土施工质量及满足温控要求，碾压混凝土施工时间为 10 月至次年 5 月间，夏天高温季节除上纵堰外段外一般不浇筑。

纵向围堰混凝土于 1994 年 12 月 14 日开始浇筑，1997 年 4 月完成。混凝土浇筑最高月强度 19.3 万 m^3，最高日强度 $8114.0m^3$，浇筑最大仓面面积 $5285.0m^2$。

7.2.2 原材料及仓面准备

（1）高效缓凝剂的使用。碾压混凝土浇筑仓面较大，层间作业时间较长，为延缓混凝土的初凝时间，有利于层面结合质量，混凝土中掺 JG4 型高效缓凝剂。经试验掺加 JG4 型高效缓凝剂后可使碾压混凝土在气温 35.0℃ 左右的情况下，初凝时间延长至 6～7h；在气温 10.0～25.0℃ 时初凝时间大于 8～10h。常态混凝土的初凝时间较碾压混凝土缩短 2h 左右。从而，在正常施工作业条件下，可保证混凝土初凝前覆盖上一层混凝土，有效地解决了层间结合问题。

（2）模板。基岩面 1.0～2.0m 采用组合钢模板，其上采用大型悬臂钢模板（宽×高 = 3.0m×2.1m）和多卡模板（宽×高 = 3.0m×2.4m）。组合钢模板由人工架立；大型悬臂模板和多卡模板采用汽车吊拆装，预埋螺栓固定。其拆装方便，速度快，一般 1～2d 可完成一个仓位（400.0～500.0m²）的拆模和立模工作量，拆模后混凝土表面平展，无错台。

7.2.3 混凝土拌和与浇筑

(1) 混凝土拌和。混凝土拌和系统由 2 座郑州产 $4 \times 3.0 \mathrm{m}^3$ 拌和楼和 1 座澳大利亚连续式拌和楼组成，总拌和能力达 1 万 m^3/d 以上。为保证拌和质量，需通过现场试验确定混凝土拌和最佳投料顺序，混凝土拌和最佳投料顺序见表 7-4。为满足温控要求，1 号、2 号拌和楼配备制冷总容量 $27.2 \times 10^9 \mathrm{J/h}$ 的制冷能力，在 3—5 月和 10—11 月可生产出机口温度 $10 \sim 14 ℃$ 的低温混凝土。碾压混凝土拌和时间为 150s，机口 VC 值控制在 $5 \sim 10s$ 之间。

表 7-4　　　　　　　　　　　混凝土拌和最佳投料顺序表

拌和楼编号	投 料 顺 序
1 号楼（$4 \times$ J3—300 型）	大石＋小石→水泥＋粉煤灰→水＋外加剂＋中石＋砂
2 号楼（$4 \times$ J3—300 型）	大石＋中石＋小石→水＋外加剂→水泥＋粉煤灰＋砂
3 号楼（ARAN—200 型）	骨料＋水泥＋粉煤灰→水＋外加剂

(2) 混凝土运输。拌和楼至仓面运输距离 $3.0 \sim 4.0 \mathrm{km}$，最大高差 45m。混凝土水平运输采用 $15 \sim 20 \mathrm{t}$ 自卸汽车。下纵段和上纵段由汽车直接入仓浇筑，堰坝段由汽车运输至仓外转料罗泰克胎带机入仓浇筑。基础垫层和防冲板常态混凝土，由汽车运输转料，由丰满门机和履带吊卧罐入仓或转料罗泰克胎带机入仓浇筑。对于汽车直接入仓浇筑的部位，进仓口前 $30.0 \sim 50.0 \mathrm{m}$ 设自动冲洗台或人工冲洗台，冲洗水压不小于 0.5MPa，混凝土运输入仓前均彻底冲洗汽车轮胎和底盘上的污泥。冲洗平台至入仓口的进仓道路铺设干净卵石或碎石，在入仓口铺设钢板或麻袋，以确保泥水污物不被带进仓里。进仓道路加强维护，随时补充碎石和冲洗，保证排水畅通，路面洁净。

为减小骨料分离，汽车直接入仓卸料时，一车料分两次卸料或在车厢设置后挡板；采用门机或罗泰克胎带机入仓时，卸料高度小于 1.5m。此外控制碾压混凝土 VC 值为 $5 \sim 8s$，对减少骨料分离亦较为有效。

(3) 混凝土浇筑。

1) 碾压混凝土间歇上升。纵向围堰轴线长 1195.47m，共分 39 个堰段，施工时根据合同工期目标，综合考虑混凝土的拌和能力、入仓强度、仓内摊铺、碾压作业及方便施工等因素，共分 13 个碾压混凝土浇筑仓，仓面面积 $2000 \sim 5285 \mathrm{m}^2$，为保证各个浇筑仓位能够均衡上升，利于立模作业和温控防裂，设计要求浇筑一个升程 $3 \sim 5 \mathrm{m}$，然后间歇 $3 \sim 5 \mathrm{d}$，待碾压混凝土强度达 $40 \mathrm{kg/cm}^2$ 以后再浇筑下一个升程。每个浇筑升程实际为 $1.8 \sim 2.4 \mathrm{m}$。

2) 碾压混凝土摊铺、碾压及防渗层常态混凝土施工作业。碾压混凝土按条带铺料，铺料条带宽 $10 \sim 15 \mathrm{m}$，上、下纵段沿上、下游方向铺料，堰坝段沿坝轴线方向铺料，碾压混凝土正式施工前，对摊铺碾压及操作工艺进行了现场试验，确定铺料厚度 35cm，压实后 30cm，大于 10t 振动碾碾压遍数为 $6 \sim 8$ 遍，碾压混凝土的湿密度不小于 $240 \mathrm{kg/m}^3$，满足设计要求。

第一层碾压混凝土卸在已铺好砂浆的层面上，砂浆铺设时注意：①砂浆铺设按浇筑条带分区铺设，不得超前，且随铺随卸料，保证在砂浆初凝前完成第一层碾压混凝土的铺筑；②砂浆具有一定的流动性，其坍落度保持在 $6 \sim 8 \mathrm{cm}$ 之间，并使铺筑厚度均匀，一般为 2～3cm。砂浆铺设质量是保证升程间层面良好结合的关键，施工过程中严禁使用干砂浆或提前铺设过多。

碾压混凝土摊铺采用履带平仓机，为解决一次摊铺产生的骨料分离问题，采用二次摊铺，即先摊铺下半层 15～20cm，然后在其上卸料再摊铺成层厚 35cm。采用二次摊铺后，对料堆之间及周边集中的骨料经平仓机反复推刮后能有效分散，再辅以人工分撒处理，可有效地解决骨料分离问题。

第一条带平仓完成后立即开始碾压，振动碾采用大型双轮自行式，自重为 10t。碾压时振动碾行走速度 1～1.5km/h，碾压方式和碾压遍数经现场试验确定为无振 2 遍＋有振 6～8 遍。碾压条带间搭接宽度大于 20cm，端头部位搭接宽度大于 100～150cm。边角部位采用小型振动碾压实，碾压作业完成后经核子密度仪观测，其密度达到设计要求后再进行下一层碾压混凝土作业。对全断面碾压混凝土，靠模板边在 30～50cm 范围加注水灰比 0.5：1.0 的水泥浓浆后用插入式振捣器振捣密实。为保证碾压层间的层面结合良好，仓面碾压混凝土的 VC 值最好控制在 6～10s 之间，并尽可能地加快混凝土运输速度和缩短仓面作业时间，控制在下一层碾压混凝土初凝前，铺筑完上一层碾压混凝土。

"金包银"结构的外部防渗层常态混凝土浇筑层厚与碾压混凝土层厚相同，为 30cm，常态混凝土与碾压混凝土的施工程序曾采用两种方法：方法一是先浇碾压混凝土，在碾压混凝土初凝前，浇筑常态混凝土，振捣时在常态混凝土与碾压混凝土结合处将振捣器斜插入碾压混凝土中充分振捣，然后再用振动碾在交接部位补充碾压 2～4 遍；方法二是先浇常态混凝土，在常态混凝土初凝前铺筑碾压混凝土，对常态混凝土与碾压混凝土结合部位，采用振动碾压实，大型振动碾无法碾压的部位采用小型振动碾碾压，碾压遍数为无振 2 遍＋有振 6～8 遍。施工中两种方法都可行，方法二因先浇的常态混凝土流动性好，振捣后易形成坡度，在常态混凝土初凝前铺筑碾压混凝土，经振动碾压实后两者易结合好。而方法一，先浇的碾压混凝土干硬，施工时不易自然形成坡度，采用振捣器斜插振捣效果有限，经现场观察发现两者结合不太理想，因此方法二使用较普遍。

3）施工缝面处理。碾压混凝土升程间的施工缝面处理，一般在碾压混凝土收仓后 10h 左右采用低压水冲毛，开仓前再用风砂枪冲毛并结合人工刷毛处理，清除混凝土表面的浮浆及松动骨料，以露出砂粒和小石为准。

碾压混凝土施工过程中因故中止或其他原因造成层面间歇时间超过设计允许间歇时间时，会产生施工冷缝，视间歇时间长短分成Ⅰ类及Ⅱ类冷缝，碾压混凝土层面允许间歇时间及施工冷缝分类见表 7-5。对Ⅰ类冷缝面，将层面松散物及积水清除干净，铺一层 2～3cm 砂浆后，即进行下一层碾压混凝土摊铺、碾压作业；对于Ⅱ类冷缝面，先对层面进行冲毛和刷毛，再清除混凝土表面的浮浆、松动骨料及仓内积水，铺设砂浆后即可进行下一层碾压混凝土铺筑。

表 7-5　　　　　　　碾压混凝土层面允许间歇时间及施工冷缝分类表

月　份	层面允许间歇时间/h	Ⅰ类冷缝/h	Ⅱ类冷缝/h
11—3	≤10	10～24	>24
4、5、10	≤8	8～24	>24

4）造缝。碾压混凝土浇筑仓面一般为 2~4 个堰段，每个堰段不分纵缝，但堰段之间布置有横缝，堰段之间的横缝采用埋设沥青杉板或打孔填砂形成。埋设沥青杉板造缝时，每一碾压层（厚 30cm）埋设一次，埋深 10~15cm；打孔填砂造缝则是待碾压混凝土浇完一个升程后施钻，钻孔间距 15~20cm，钻孔深度为每一升程的 2/3，孔中填砂。

5）仓面喷雾。碾压混凝土由于浇筑层薄，层间作业时间长，在气温较高的 4—5 月和 9—10 月阳光下浇筑预冷混凝土时，温度倒灌量较大，要求仓面有喷雾措施，以降低浇筑时仓面的区域环境气温，并保持层面湿润，有利于保证碾压混凝土的施工质量。仓面喷雾采用以风带水管道小孔式喷雾法，将管道固定在浇筑仓长边方向两侧模板顶部，开仓时打开风水阀门，风水混合后经管道小孔喷出成雾，以覆盖整个仓面，现场测试可降低仓面小环境温度 3℃左右。

6）冷却水管埋设及初期通水冷却。碾压混凝土中埋设冷却水管在本工程之前在国内外均无先例，先后试验三种埋设方法：①碾压混凝土收仓后挖槽埋入冷却水管；②在碾压混凝土收仓面上，采用振动碾压管成槽，埋入冷却水管；③直接在收仓面上铺设。经试验比较，直接在碾压混凝土收仓面上铺设是较方便和有效的，现场普遍采用这种方法。

对于温控要求严格的基础强约束区混凝土在 4 月、5 月、10 月施工时，除预冷骨料降低混凝土机口温度外，一般还要求埋设冷却水管进行初期通水冷却降温。冷却水管直径 2.54cm，水平间距 1.5~2.0m，垂直间距 1.8~2.4m，单支水管长度要求小于 250.0m，碾压混凝土浇筑后 3d 开始通河水，通水流量 18L/min，通水时间 25~30d，采取上述措施可使混凝土最高温度降低 3℃左右。

7）混凝土表面养护与表面保温。混凝土初凝后采用洒水方法进行养护，使混凝土表面经常处于湿润状态。对于施工层面连续养护至上一层混凝土开始浇筑时为止，对于永久暴露面，养护至混凝土龄期 28d 以上。

混凝土表面保护选用高压聚乙烯泡沫塑料，保温时采用竹片压紧固定于混凝土表面。在保温期内应注意：①一般应避免气温骤降拆模，一旦拆模则立即对其表面进行保温；②定时对各保温部位进行检查，根据气象预报寒潮来临前加强检查，如发现有损坏、残缺、脱落等情况应及时更换和修补；③保温材料应紧贴混凝土表面，防止被风吹开降低保温效果。

7.3 三峡水利枢纽工程三期碾压混凝土围堰施工及拆除

7.3.1 围堰工程概述

三峡水利枢纽工程三期碾压混凝土围堰为Ⅰ级临时挡水建筑物，围堰轴线位于大坝轴线上游 114.0m 处，围堰全长约 580.0m，围堰右侧同白岩尖山坡相接，左侧与混凝土纵向围堰堰内段相连。三期碾压混凝土围堰为重力式坝型，围堰顶高程 140.00m，顶宽 8.0m，最大底宽 107.0m，最大堰高 115.0m，迎水面高程 70.00m 以上部分为直立面，高程 70.00m 以下为 1:0.3 的边坡，背水面高程 130.00m 以上为直立面，高程 130.00~50.00m 平台间为 1:0.75 的边坡。坝体高程在 40m、90m 分设排水廊道，高程 107.50m 设爆破拆除廊道。三期碾压混凝土围堰平面布置见图 7-2。

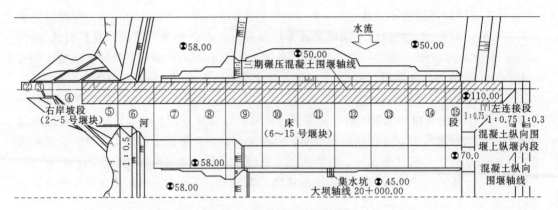

图 7-2 三期碾压混凝土围堰平面布置图（单位：m）

②～⑮—坝段序号

7.3.2 围堰施工

混凝土围堰分两阶段实施：第一阶段工程于 1998 年年底前完成，工程内容包括右岸一期纵向围堰堰内段（已浇至高程 140.00m）、三期碾压混凝土围堰河床段（已浇至高程 50.00m）、三期碾压混凝土围堰岸坡 2～5 号坝段（已浇至高程 140.00m）；剩余部分为第二阶段施工内容，第二阶段修建的堰体全长 380m，最大坝高 90m，共 110 万 m^3 碾压混凝土。第二阶段堰体基本上由碾压混凝土浇筑而成，标号为 $R_{90}C15$，抗冻 D50，抗渗 S8，与基岩相接部位采用常态混凝土。

（1）施工特点。

1）施工工期短，浇筑强度大。110.52 万 m^3 的混凝土工程量要求在不到 6 个月的时间内浇筑完毕，浇筑强度与施工速度均属世界之首。

2）施工场地狭窄，施工干扰大。三期碾压混凝土围堰施工场地仅限于上游土石围堰与三期厂坝之间的狭长地带，施工布置难度大，并且在浇筑过程中同时进行三期厂坝、厂房的基坑开挖，爆破飞石对围堰施工影响很大，另外，在基坑道路共用等方面也存在相互干扰。

3）浇筑仓面大，施工条件复杂。三期碾压混凝土围堰采用通仓薄层连续上升，单层最大浇筑面积 1.9 万 m^2，仓内施工人员、机械密集，各工序间交叉作业频繁，施工组织难度大。

4）堰体内布置有廊道、爆破药室、止水等结构，这不仅给碾压混凝土浇筑增加难度，而且这些结构的本身施工就存在较大的难度。

（2）碾压混凝土围堰施工方法。

1）混凝土摊铺方式。采用全断面通仓碾压方案，根据国内外施工经验及施工机械的情况，并经现场试验，最终选择压实层厚 30cm，连续上升的施工方案。

最大仓面面积达 19000m²，按压实层厚 30cm，层间间歇 6h 的计算，入仓强度应达到 950m³/h。针对如此高强度的要求，方案比较时研究了通仓平层连续铺筑上升和通仓斜层铺筑上升两种方式。经过施工过程仿真分析，平层铺筑法在拌和系统供料强度能保证的情况下，有利于高强度快速施工，故选用了平层铺筑上升方式，可比通仓斜铺筑缩短1.5个月。

2）碾压混凝土运输入仓方式及设备配置。不分纵缝，可以最大限度地简化仓面，但最大仓面面积达19000m²，施工上如果要做到连续上升，按压实层厚30cm，层间间歇6h计算，入仓强度要求达到950.0m³/h。因此，如何保证混凝土的连续高强度的供应，选择什么样的入仓方式及相应的设备配置对于保证工程进度及质量至关重要。

要满足这一要求，首先要在初凝时间上取得突破。根据施工规范要求：混凝土从拌和加水到碾压完毕的历时不宜超过2h，美国甚至规定该历时为45min。经过室内及现场反复试验，最后确定掺用JG3型或ZB-1A型高效减水外加剂，使初凝时间延长20～23h。

碾压混凝土入仓方式，根据该围堰施工场地狭窄、道路难布置、施工工期紧等特点，经过综合比较，考虑到在土石方填量最小、上部施工方案来得及衔接的情况下，选用围堰高程90.00m以下碾压混凝土全部以自卸汽车直接入仓，高程90.00～115.00m以自卸汽车为主、塔（顶）带机为辅入仓，高程115.00m以上以塔带机为主、仓内汽车转料为辅的方案。

汽车入仓存在三个关键问题：一是入仓之前必须把汽车冲洗干净，不允许有污物带入仓内；二是入仓口的倒换和碾压过渡的处理；三是仓内的行驶路线、指挥、卸料等各个环节的周密规划，以便使整个施工有序进行。

3）混凝土拌和系统配置。结合后续大坝和厂房施工，共布置两个系统，4座自落式拌和楼（2座4×4.5m³，2座4×3m³），可以满足1000m³/h的供应要求。一个系统直接由汽车接料运至仓内；另一个系统先由皮带机运到堰后一转料平台，然后由自卸汽车转运入仓，缩短汽车运距约1.5km。

仓内设备配置，共配备16台BW-202AD和DD-110型号的振动碾，13台不同型号的平仓机和推土机。采用先静压2遍，再由振动碾压8遍。防渗层压实度按98.0%控制，其他部位要求达到97.0%。

4）道路布置。根据地形条件、入仓强度等因素，共布置有5条道路，随着仓面的升高，道路逐渐减少。高程90.00m以下围堰下游两侧各布置1条道路，高程90.00～115.00m仅在右侧布置1条道路，高程115.00m以上取消道路。入仓道路采取全断面填筑，下部填方量大、路面宽的部位布置多条车道，道路半幅填筑上升，每次上升60cm，半幅车辆通行，互相交替随堰体上升逐渐抬高。入仓口路面宽度始终保证在20～24m之间。在距入仓口前30m范围填干净碎石脱水路面，上铺钢栏栅。

5）塔（顶）带机布置及应用。堰体浇至高程90.00m后，塔带机开始投入使用。2台塔带机布置在下游侧，可覆盖大部分仓面范围并浇至堰顶。根据三峡水利枢纽工程二期经验，塔带机采用"1楼1线1机"方式，即1台塔带机配1条供料线，直接连接到右岸高程150.00m拌和系统，该拌和系统任意1个楼均可向两台塔带机供料，方便灵活，保证率高。

在采用塔（顶）带机运输入仓浇筑过程中，将三峡水利枢纽工程二期施工时摸索出的一系列成功经验运用于三期碾压混凝土围堰施工，并在施工过程中不断总结完善，成功解决了施工过程中骨料分离、集中、层间结合不良的问题，保证了工程质量和进度。所采取的主要技术措施有以下几个方面。

A. 尽量减少标号、级配种类。三期碾压混凝土围堰原设计上游 4m 防渗层采用 $R_{90}C15$ 二级配变态混凝土，其余部位均为同标号三级配碾压混凝土，但在施工过程中，二级料与三级料的频繁转换对施工效率影响很大，并且随着仓位的升高，仓面宽度逐渐缩小，导致在两种拌和料交界处骨料集中现象较严重。经过研究，将高程 128.00m 以上的防渗层混凝土改为三级料，实践证明效果较好。

B. 对混凝土配合比进行适当调整。尽可能减少大石含量，将混凝土料中的大石减少 5%，砂的细度模数控制在 2.6 ± 0.2 以内，砂率控制在 32.0%～34.0%之间，石粉含量控制在 15%左右。为防止 VC 值变化幅度较大，砂含水率控制在 6.0%以内，混凝土 VC 值尽可能小，一般控制在 1～3s 之间。

C. 加强施工工艺控制。安排一座拌和楼供应一条供料线，以保证供料线料流量的高强度、连续和均衡；下料导管长度限定 6～9m，导管下料口距仓面高度保持在 1.5m 以内，同时混凝土料还必须在已摊铺好但未碾压的混凝土层面上，保证混凝土料始终是"软着陆"；一次布料长度控制在 10～15m 之间、宽度控制在 15～20m 之间，堆料厚度为 70～100cm。

D. 布料盲区浇筑措施。三期碾压混凝土围堰在两端及中部均存在布料盲区，盲区在围堰轴线方向长度随仓位上升而逐渐扩大，到堰顶时，左侧盲区长约 50m，中间盲区长约 40m，右侧盲区长约 80m。在仓面较宽时盲区采用汽车转料，当仓面较窄时采用塔顶带机定点下料，推土机、装载机转料。

6）模板选择。三期碾压混凝土围堰施工强度高，工期紧，模板设计的优化与否是主要因素之一。模板的设计应以结构简单，安装方便为主要目标。为保证碾压混凝土围堰快速施工的正常进行，模板除了满足拆装方便、稳定性好的基本要求外，还需要克服混凝土连续施工时的各种施工荷载所产生的作用力，同时，根据堰体形式，还应考虑在围堰上游面高程 70.00m 和下游面高程 130.00m 转折处模板安装的连续性等。

经过模板方案比较和多次生产性试验，最终在上游面采用连续交替上升的翻转模板，局部用木模板补缺；下游面高程 130.00m 以下采用预制台阶模板或散装组合钢模板；下游面高程 130.00m 以上采用组合钢模板。

A. 上游翻转模板。翻转模板每块面板长 3.0m，高 2.1m，重约 1.0t，由面板、支撑桁架、调节螺杆、操作平台、锚固件等组成。其中每块模板布置 1 排 4 根锚筋，距模板上口 45cm。施工时以垂直叠放的三块模板为一组，在浇筑过程中交替上升，施工荷载始终由最下层锚筋承担。

由于翻转模板在工作状况时为悬臂结构，作用在模板上的所有荷载最终转换为集中力由锚固件承担，锚固件承载能力的大小不仅影响施工质量，而且直接关系到施工的安全性，因此，在模板设计时对锚筋反复计算，并多次进行锚筋抗拔力试验，为确保万无一失，在埋设锚筋的变态混凝土浆液中掺加 122HE 型早强剂，经检测各龄期模板锚筋的抗拔力均在理论计算的拉拔力的 1.6 倍以上，模板上口最大变形为 6.5mm，保证了模板施工的质量和安全。

上游面高度方向为直线段施工时，上、下层模板桁架内弦杆直接用插销铰接，外弦杆则通过调节螺杆连接，在高程 70.00m 转折处内、外弦杆均是直接用插销铰接，根据转折角度和桁架内、外弦杆间距通过几何计算，外弦杆长度设计为183cm。这样就实现了在高程70.00m转折处混凝土的连续上升。上游翻转模板结构及施工状况见图7-3。

翻转模板提升吊装采用人工配合8.0t以上吊车进行，经测算，每块翻转模板拆装用时5~8min。

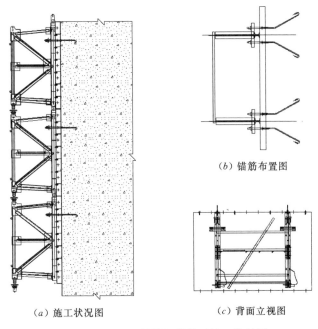

（b）锚筋布置图

（a）施工状况图　　　　（c）背面立视图

图7-3　上游翻转模板结构及施工状况图

B. 下游台阶模板。按照原设计要求，下游面高程130.00m以下台阶全部采用预制模板，混凝土每上升两层需要吊装一次，吊装频繁，随着浇筑上升仓面变小，在仓内布置汽车吊吊装模板对混凝土施工干扰增大，经过研究，高程在69.80~130.00m之间改为散装组合台阶模板。

下游散装台阶钢模板由面板、背支架和锚桩等组成，面板采用P3015型散装钢模板，背支架是采用∠50×50mm角钢和φ20mm的圆钢加工而成的小桁架，桁架宽40cm，靠模板侧弦杆（内弦杆）长90cm，外弦杆长65.5cm，锚筋用长30cm、φ20mm的短钢筋垂直面板锚入混凝土中并通过末端螺丝将模板固定，施工时按照围堰下游面台阶尺寸立模，每4级台阶为一个模板施工单元，内、外弦杆依次相靠，逐层支撑，交替拆转上升，施工荷载逐层传递，最终由最下层锚筋承担，除最下层锚筋螺杆紧固外，其余3层均不上紧。安装和拆除均方便施工，有效避免了施工干扰。下游台阶组合钢模板见图7-4。

C. 下游垂直面模板。下游面高程130.00~

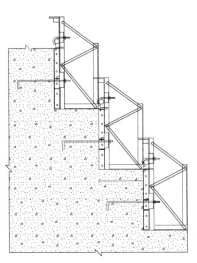

图7-4　下游台阶组合钢模板图

140.00m 为垂直面，高度为 10m，若采用翻转模板，不仅成本高，使用率低，而且起始安装时还需要停仓间歇，经过施工设计，最终采用散装组合钢模板，模板面板采用 P3015 型散装钢模板，横、竖围令采用 ϕ48mm 的钢管，在施工过程中以垂直方向的 7 块面板（高 2.1m）为模板高度，混凝土每上升一层（层高 30cm）翻转一次，模板通过内拉拉条固定，拉条焊接固定在仓内预埋的蛇型三角钢柱上，蛇形三角钢柱竖直布置在距下游面 40cm 处，随堰体上升以 3m 左右为一节对接加高。散装组合钢模板的使用，保证了堰体高程在 130.00m 处下游面出现转折时混凝土浇筑施工的连续进行。

7）混凝土配合比优化设计。为适应碾压混凝土连续、快速施工，需要解决大体积混凝土施工水化热温升的问题，从施工工艺角度考虑，在混凝土中设置冷却水管以降低内部水化热的方法虽然可行，但不适合三期碾压混凝土围堰快速施工的要求，只有采取其他措施降低混凝土水化热。由于是通仓浇筑，仓面面积大，每层浇筑用时较长，因此混凝土的初凝时间不能过短，以免覆盖不及时出现冷缝。此外，由于碾压混凝土连续上升，模板锚筋受力时混凝土龄期较短，应保证有足够的强度，这一系列问题都要求对混凝土配合比进行优化设计。

三期碾压混凝土围堰混凝土配合比是通过室内试验和现场生产性校核试验后提出，并经批准后使用，实际使用的碾压混凝土配合比见表 7-6。

表 7-6 实际使用的碾压混凝土配合比表

混凝土设计指标	水胶比	粉煤灰掺量/%	级配	砂率/%	用水量	胶材用量/(kg/m³)			减水剂品种及掺量	引气剂品种及掺量	VC 值/s	含气量/%
						水泥	粉煤灰	总量				
R90150 F50 W8	0.50	55	2 级配	39	93	84	102	186	ZB-1AJG3 0.6%	AIR202 10/万	1~5	4~6
		55	3 级配	34	83	75	91	166				
		55	3 级配富灰	34	83	75	109	184			3~7	

根据试验检测，在混凝土中掺入粉煤灰减少了水泥用量，降低了水化热；缓凝高效减水剂的使用，使混凝土减水率达到 21.3%，初凝时间延长 200min 以上；引气剂的应用使混凝土抗冻、抗渗性能有明显提高；在变态混凝土浆液中掺加 122HE 型早强剂的使用掺量为 2.0%，使混凝土各龄期模板锚筋的抗拔力均在理论计算的拉拔力的 1.6 倍以上，保证了模板施工的质量和安全。

8）仓面施工。

A. 仓面规划与实施。施工时根据仓面大小及混凝土生产能力分区域施工。除 6~8 号堰块高程 58.00~69.80m 和 6 号堰块高程 69.80~82.10m 通仓施工外，其余仓次面积较大，分为两个施工区域同时施工，为使生产有序进行，各区域沿轴线方向分成若干条带，条带宽度根据施工仓面具体宽度按正比调整，一般为 12~25m。其施工区域和条带划分情况见表 7-7。

混凝土浇筑根据施工区域和条带分块进行，各块的浇筑顺序按照保证混凝土及时覆盖、有利于工序的衔接，同时减少入仓口道路改道对施工的干扰等原则进行排序。

表 7-7　　　　　　　　三期碾压混凝土围堰仓面施工区域和条带划分情况表

堰　块	高程/m	施工区域数/个	施工条带数/个
6～8 号堰块	50.00～69.80	1	4
6 号堰块	69.80～81.50	1	3
9～15 号堰块	50.00～58.00	2	4
9～15 号堰块	58.00～69.80	2	4
7～15 号堰块	69.80～76.10	2	4
7～15 号堰块	76.10～81.50	2	3
6～15 号堰块	81.50～107.60	2	2
6～15 号堰块	107.06～113.00	2	2
6～15 号堰块	113.00～140.00	2	1

　　三期碾压混凝土围堰每个施工仓位面积大，混凝土方量大，机械设备多，并且在混凝土浇筑施工的同时还要进行模板、预埋件、钢筋及混凝土预制构件等项目的安装施工。因此，在施工过程中根据围堰结构的变化对不同的高程段均做了详细的仓面设计，在仓面设计中对仓面施工分区、条带划分、碾压混凝土浇筑流程、混凝土标号分区、VC 值（仓面小于 10s）、碾压厚度（30cm）等技术要求均做了明确规定，而且对仓面工艺流程、机械配置和模板、预埋件施工、劳动力配置等进行了详细的施工设计。每个仓次开仓前由技术人员对相关操作人员进行详细的技术交底，仓面设计经审核后复印发放到施工员、质检员、各作业班组中。仓面设计的实行对规范施工组织管理起到了重要作用。

　　B. 卸料与摊铺。碾压混凝土施工按条带法铺料，条带方向平行于围堰轴线。每一层铺料厚度控制约为 35cm，为方便操作，需在周边模板上作出明显的标记。

　　碾压混凝土摊铺设备采用 D-65P 型平仓机，按照高峰期最大浇筑强度 935.0m³/h 分析，施工高峰期仓面配备 9～10 台平仓机才能满足浇筑强度。由于平仓设备多，每台设备需划定作业范围，以免互相干扰。

　　C. 碾压。碾压作业采用条带搭接法，碾压方向垂直于水流方向，碾压条带间的搭接宽度 15～20cm，碾压不到的部位铺变态混凝土，用插入式振捣器人工振捣密实。碾压行走速度控制在 1.4～1.6km/h 范围内，碾压遍数按无振碾压 2 遍→振动碾压 8 遍→无振碾压 2 遍顺序实施。

　　碾压设备选用德国 BW-202AD 型和 BW-201AD 型振动碾，靠近模板边位置用 BW-201AD 型振动碾碾压。在施工高峰期，仓面里的碾压设备达到 15 台 [按 65m³/(h·台) 计算]，才能满足浇筑强度。碾压设备如此之多，再加上摊铺设备、运输设备、模板吊装设备、切缝设备等，仓面繁忙拥挤，为避免设备施工互相干扰，需要合理地布置摊铺碾压条带和汽车运行通道，划定设备的作业范围，使摊铺和碾压有机地衔接，最大限度地发挥设备的效益。

　　在碾压过程中，除按规范操作外，其技术要求包括：①碾压层面上必须全面泛浆，对不泛浆的部位应挖除、重铺细料碾压；②对于层面泌水部位，清除泌水后铺设砂浆，然后再铺上层混凝土料；③每层碾压作业结束后，及时按网格布点监测混凝土的压实密度，若所测密度低于规定指标，则应及时补碾。

D. 切缝。横缝的成缝方式采用切缝机切割，这种方式不占直线工期，不影响仓内施工，适合于大仓面快速施工。切缝机施工按照先切缝再填缝后碾压的施工程序，每层的成缝面积不少于设计缝面的60.0%。填缝材料采用金属片，快捷方便。

E. 层间结合及施工缝处理。层间结合不良是碾压混凝土施工中普遍存在的问题，三期碾压混凝土围堰采取如下措施以改善层间结合问题：①加强施工组织管理，做到快速入仓、快速摊铺、快速覆盖；②在保证不陷碾的情况下，尽量采用低VC值施工；③在上游4m范围的层面上铺洒灰浆，并及时覆盖；④采用有显著缓凝作用的缓凝剂；⑤仓面采取喷雾加湿措施，以平衡VC值损失。

9) 廊道、爆破药室及断裂爆破孔施工。堰体内高程在107.50m布置有爆破廊道，在6号和7号堰块高程82.00m布置有纵向廊道，在15号堰块高程90.00m布置有横向廊道。高程在101.50m、106.40m和108.70m处平行堰轴线布置了3排爆破药室，间距分别为5.0m、4.0m和2.2m，各爆破药室的装药孔孔口引入高程107.50m廊道内，高程在109.70m布置有1排ϕ100mm的断裂炮孔，每根长15.45m，间距为1m，孔口引出下游面。在遇到廊道等结构时，通常需停仓间歇，等各种结构安装好后再继续上升，在三期碾压混凝土围堰施工过程中，由于采用优化的施工措施，除6号堰块高程82.00m廊道和6~15号堰块高程107.50m廊道安装施工时安排停仓外，其余均是在混凝土浇筑过程中完成安装施工，未影响施工生产的连续进行。

A. 廊道施工。第二阶段堰体内所有廊道均采用预制廊道施工。预制廊道每节长1.0m，壁厚25cm。在廊道底板和廊道安装槽施工完毕后采用16t汽车吊配合人工进行安装。7号堰块高程82.00m廊道和15号堰块高程90.00m横向廊道采用预埋[36槽钢作为安装槽，再在槽钢内直接安装预制廊道。所有廊道底板钢筋均是在混凝土浇筑过程中进行安装，然后采用薄层摊铺、静碾碾压，或直接浇筑变态混凝土的方式进行底板混凝土施工；跨永久横缝处的预制廊道安装缝隙处采用SR2型防水材料填充，不另设止水片。这些技术的实施应用保证了混凝土层面不间歇，连续上升。

B. 爆破药室及断裂爆破孔施工。爆破药室安装：混凝土预制爆破药室分预制管和预制盖板两部分，壁厚25cm，预制盖板上预埋有连接装药孔的短钢管。采用8t以上汽车吊进行安装，安装时按照测量放样点控制，误差控制在5cm以内，验收合格后在其周边预埋插筋将其固定。装药孔采用ϕ219mm钢管，随混凝土的上升逐节安装，每节长度不超过1m，节间采用对接连接。

断裂爆破孔施工：采用预埋ABS管施工，单根爆破孔（长15.45m）由3~4节ABS管承插连接而成，接头处用胶带密封，爆破孔铺设好后用ϕ20mm的U形锚筋卡固定。

10) 上游防渗层施工。三峡水利枢纽工程蓄水以后，三期碾压混凝土围堰设计挡水水头为90.0m，防渗要求高，根据设计要求，上游4.0m为防渗层，其中，上游50cm浇筑变态混凝土，其余3.5m范围在混凝土层层间均匀铺3mm厚的水泥净浆。

同时，原设计堰体上游迎水面还需喷涂水泥基渗透结晶型防水材料，由于三期碾压混凝土围堰主要是在低温季节施工，上游面翻转模板拆转上升后立即挂设保温被，无充足的时间进行该项工作，加之，为简化施工工艺，避免过多的上、下交叉作业，经过仔细研究，取消了迎水面防水材料的喷涂，改为在上游 50cm 范围变态混凝土内掺 KIM 型防渗剂。

上游变态混凝土采用挖槽注浆后振捣的方式施工，槽深 20cm 左右，注浆量按三级配变态混凝土 30.0L/m³，二级配变态混凝土 20.0L/m³ 控制，用专门加工的标准桶计量，均匀地注入浆槽内，从浆液拌制到振捣完毕控制在 40min 以内。

（3）施工质量控制。

1）混凝土 VC 值的控制。三峡水利枢纽工程三期碾压混凝土围堰 VC 规定为 1～8s，可以说对下限没有严格规定，以不陷碾为原则。实际施工过程中通常情况下按 3s 左右控制，阴雨天气按 4～6s 控制。通过现场施工发现，低 VC 值情况下不仅砂浆丰富，可碾性好，压实度容易满足要求，而且对防止骨料分离起到重要的作用。

2）碾压混凝土的运输质量控制。塔带机可以实现从拌和楼至仓面直接布料，关键是如何防止骨料分离。采取的主要措施包括优化混凝土配合比、适当增加胶凝材料等，其配合比见表 7-6。供料线运输时保证送料连续、均匀、适量，控制卸料方式、卸料高度和料堆高度。布料与平仓交叉作业，布料在已摊平但未碾压的层面上，减少骨料分离效果明显。对于小范围的骨料分离，辅以人工分撒处理。

3）防渗层的工艺控制。围堰迎水侧宽 4m 设置防渗层，采用二级配碾压混凝土，其中上游侧宽 50cm 的范围内加净浆成为变态混凝土，并掺水泥基防渗剂。

防渗层层面铺洒净浆，并及时覆盖、平仓和压实混凝土。上游侧宽 50cm 的范围内改性混凝土采取挖槽加浆，并振捣密实，对挖槽的深度与宽度、净浆比重、加浆量和振捣方式进行严格控制，混凝土摊铺后 30min 内挖槽、洒浆完毕，洒浆 10min 后开始振捣，并在 30min 内振捣完毕。

改性混凝土与碾压混凝土结合部位搭接宽度按不小于 20cm 进行控制，采用先碾压混凝土、后改性混凝土的顺序施工，结合部位要求认真振捣后再补碾。

（4）施工效果。三期碾压混凝土围堰采用的施工方案和技术均是以保证高强度连续施工为目的进行优化设计，由于一系列优化的施工方案和施工技术的成功应用，在施工过程中，除安排的正常间歇外，没有出现因故停仓现象，保证了施工连续进行，创造了多项世界纪录。围堰于 2002 年 12 月 16 日开始浇筑，2003 年 4 月 16 日浇至堰顶，施工历时 4 个月。在 2003 年 1 月达到 48 万 m³/月的浇筑纪录，最大日强度 2.1 万 m³，最大月上升 27m，最大连续上升高度 57.5m。钻孔取芯及进水后的观测数据表明，施工质量优良。

7.3.3　围堰爆破拆除

（1）概述。根据三峡水利枢纽工程"三期导流、明渠通航、围堰挡水发电"的施工方案，三期碾压混凝土围堰于 2003 年完建，此后碾压混凝土围堰全线挡水，三峡水库开始蓄水，三峡水利枢纽初步具备防洪效益。围堰运行也为在三期主体工程安全施工条件下，保障永久船闸通航和左岸电厂发电奠定了基础。在右岸大坝浇筑至 185.00m 后，整个大坝已具备泄洪挡水防洪条件，三峡水利枢纽将由围堰挡水发电期过渡到初期运行期。因此，需于 2006 年汛前对三期围堰高程 110.00m 以上影响右岸水电站机组过流部分进行爆破拆除，拆除工程量约 18.67 万 m³。

（2）爆破拆除方案及安全标准。

1）爆破拆除方案。围堰爆破拆除方案总体为：左侧纵向围堰连接段及右侧 5 号堰块、6 号堰块段采取爆破破碎法钻孔炸碎，以解除对中间堰块的约束；中间河床段 7～15 号堰块段采取爆破倾倒方案，即利用三个预埋集中药室倾倒爆破的拆除方式。爆破孔（药室）的布置情况如下。

A. 河床段 7～15 号堰块段利用在围堰施工中已经预埋的 3 个爆破药室及水平断裂孔。同时，为便于倾倒，在爆破实施前在每两个堰块交界处钻一排切割孔，共 8 排。堰顶孔距 0.85m，堰后坡面孔距 0.9m，孔径 91mm，倾倒堰块爆破药室及水平断裂孔典型断面见图 7-5。

B. 岸坡段、5 号堰块、6 号堰块与左接头段为深孔爆破，6 号堰块由于堰前底部高程较高，倾倒后的块体将仍高于 110.00m，故相应增加了深孔爆破设计，即倾倒加炸碎以利于爆破后的清挖。左接头段及 5～6 号堰块堰顶孔排距 3m×2m，孔径 110mm，堰后坡面孔排距 2m×1.5m，孔径 100mm，均呈梅花形排列。在堰后坡面高程 110.00m 与纵堰交界处布置 1 排水平预裂孔，孔距 1m，孔径 100m。其深孔爆破孔典型断面见图 7-6。

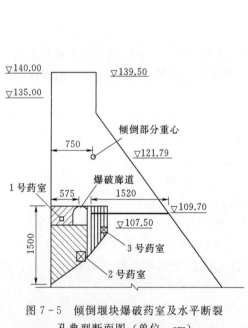

图 7-5　倾倒堰块爆破药室及水平断裂
孔典型断面图（单位：cm）

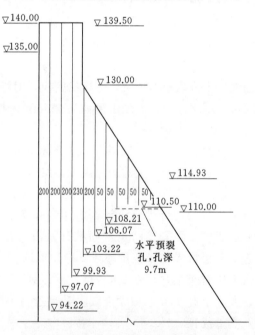

图 7-6　炸碎堰块（左接头段）深孔爆破
孔典型断面图（单位：cm）

C. 为保证保留体右岸坡段 4 号堰块的外形和稳定，在 4～5 号堰块交界处设 1 排光面爆破孔，孔距 0.9m，孔径 91mm。在横堰与纵堰交界处布置 1 排垂直预裂孔，孔距 0.9m，孔径 91mm，确保爆破后纵堰部分不受到损害。爆破孔采用连续装药结构，最大单段起爆药量 475kg。对堰顶爆破孔，分别自距孔口 10m、5m 处二次减少装药，以防止飞石。爆破孔堵塞长一般为 2.5～3.0m。3 个药室全部采用混装炸药，控制最大单段起爆药量690kg。水平孔堵塞长2.2～3.4m，垂直孔堵塞长5.5m。起爆顺序大体为：从左岸向右岸，自上游到下游，先炸碎区后倾倒区。为保证爆破效果，控制爆破有害效应，考虑本次爆破孔数多，分段数目多，所有爆破孔药室均采用数码雷管作为起爆雷管，以避免雷管本身延时误差带来的串段、重段问题。数码雷管延时可在0～15000ms范围设置。

2）爆破拆除安全标准。围堰拆除爆破产生的主要有害效应包括：爆破振动，倾倒块体触地震动，水击波、动水压力、飞石、块体倾倒产生的涌浪等，拆除时，堰前挡水水位135.00m，大坝全线挡水运行，坝顶高程185.00m，左岸水电站14台机组全部投产发电，右岸水电站厂房正在施工。据此，爆破设计和施工执行了严格的爆破安全控制标准，三期上游碾压混凝土围堰拆除爆破安全控制标准见表7-8。

表7-8　　　　　　　三期上游碾压混凝土围堰拆除爆破安全控制标准表

防护类别	防护对象	允许振速/(cm/s)	
		设计值	校核值
振动速度	大坝上游坝踵处	5.0	10.0
	大坝坝顶	10.0	20.0
	水电站厂房基础	5.0	5.0
	大坝帷幕灌浆区	2.5	5.0
	行车轨道（停靠点）	5.0	
	厂房内机电设备（正常运行）	0.5	0.9
	厂房内机电设备（未运行）	2.0～3.0	
	与纵向围堰连接处上游坝面	15.0	18.5
	水电站引水管进口处（钢闸门门槽）	5.0	
水击波	防护对象	允许水击波压力/MPa	
	大坝迎水面	0.4（混凝土）	
	引水管钢闸门	0.4（钢结构）	
	止水结构	0.4（塑性结构）	
动应变	防护对象	0.4 允许动应变/$\mu\varepsilon$	
	大坝下游折坡处混凝土	80（校核值130）	
	钢闸门	500（16Mn）600（A3）	

（3）爆破拆除特点及难点。

1）爆破拆除特点。

A. 爆破规模大。三期碾压混凝土围堰爆破拆除混凝土量18.67万m^3，爆破钻孔进尺1.5万m，装药量191.5t，雷管2506发，起爆弹1295发，分959段起爆，上述指标均超过了当时国内外水利水电工程围堰爆破拆除纪录。

B. 爆破在深水条件下进行。三期碾压混凝土围堰爆破时堰内水位充至高程139.50m，药室最大水深38.0m，钻孔爆破最大水深45.3m，而此前国内外成功爆破的围堰最大水深仅为22.0m。

C. 爆破控制要求严格。围堰轴线与三期厂房坝段轴线距离仅114.0m，断裂孔孔口距大坝上游面最近处的只有86.5m，与左岸水电站电厂距离650m。围堰爆破必须保证三峡大坝与各种建（构）筑物及设施的安全，确保三峡水利枢纽左岸电厂正常发电不受影响。因此，必须采取控制爆破和相应安全防护的措施。

D. 爆破方案无先例。采用"爆破倾倒＋钻爆炸碎"在国内外围堰拆除史中尚无先例。其中倾倒可靠性、爆破药室布置、药量计算，影响区域安全防护、生态环境保护等方面都需要通过创新性研究解决。

2）爆破拆除难点。

A. 三期碾压混凝土围堰爆破拆除规模大，且为深水爆破，为保证爆破拆除效果，必须具有陆上同类拆除数倍的爆破能量。但又因爆破安全控制标准严格，必须控制爆破有害效应在安全范围内，故如何实现围堰拆除的同时又绝对保证周边保护对象的安全为本次爆破拆除最为关键的难点。

B. 满足爆破拆除性能要求及装药特点的高威力、高抗水混装乳化炸药研制及改进，良好的抗水、抗压综合性能的火工器材的优选。

C. 密间距（最密间距0.85m），超深孔（最深孔45.8m）的钻孔精度控制及钻孔工效。

D. 长距离、大高差混装乳化炸药的安全输送，如何保证深水孔混装炸药装药的连续性，深水条件下爆破孔及药室的堵塞等。

E. 防止水击波对水工闸门破坏的气泡帷幕防护方案，满足防护要求的帷幕设置及工艺参数选定。

F. 保证围堰向上游倾倒，围堰快速充水施工并防止火工器材长时间浸泡。

（4）火工器材性能试验及生产模拟试验。

1）火工器材性能试验。火工器材性能试验条件水深为40.0～50.0m，浸泡时间5～7d，主要试验项目为：专项研制的混装乳化炸药抗水抗压下的爆速、感度、密度等性能试验；成品乳化炸药的爆速、殉爆距离检测和抗水抗压下的爆速等性能试验；数码雷管、高度导爆管以及雷管的抗水抗压性能、准爆可靠性、延时误差或精度等性能试验；导爆索与起爆弹的抗水抗压下的准爆性能试验，试验分阶段进行。

针对前阶段试验暴露的火工器材爆力不足，耐水性能差等问题，进行了配方或工艺改进，或更换品种。经后阶段试验检测，火工器材均满足性能要求，并在此基础上，确定了火工器材选型。

2）生产模拟试验。生产模拟试验项目主要包括：混装炸药车模拟生产试验；小型装药车模拟生产试验；堵塞材料及堵塞施工模拟试验；1：1模拟网络准爆性试验；气泡帷幕配置及性能试验等。

经生产模拟试验及改进，解决了炸药生产过程难以快速成乳、铝粉粉尘超标等问题，对混装车做了相应改造，使之适应高威力混装炸药现场混制的输送工艺要求。检验了炸药混制、装药设备的性能及作业配套，确定了炸药混制、泵送工艺，检验了爆破堵塞材料拌制后的泵送性能，以及堵材硬化后对网络准爆性的影响。验证了爆破过程对网络的破坏程度及相关防护措施。对装药、堵塞、联网各工序的操作工艺质量提出了具体标准要求。优选确定了气泡帷幕发射管结构及孔径，以及对应不同水深的风压风量配置参数，验证了采用气泡帷幕防护后水击波衰减程度。

（5）围堰爆破施工。

1）超深爆破孔的钻孔及精度控制。根据围堰钻孔施工钻孔类型多、孔位密集、环境复杂、钻孔深度大、精度要求高、钻孔强度高等特点，采用如下方案和措施：①采用 TC-702 型全站仪进行钻孔放样，计算机校核测量网点；②深度大的堰顶爆破孔，采用 XY-2 型回转地质钻机造孔。堰后斜坡面爆破孔，深度稍浅，搭设牢固排架，采用 100B 型钻机造孔；③钻孔过程注意支架牢固性，采用测斜仪校对钻孔角度并及时纠正偏差。

2）装药施工。为减少火工器材及炸药在水下浸泡时间，控制装药时间在 3d 之内。采用移动式地面站进行炸药所需半成品的生产，混装乳化炸药车进行炸药半成品的运输与现场混装乳化炸药生产。廊道内的装药采用混装乳化炸药车将炸药混制，并通过穿过堰顶排水孔输药管泵送到廊道内的两台小型装药器内，再由装药器泵送至各药室内。装药器经专项研制，其装药过程与混装炸药车能力匹配，具有一定的接药容量以及加压计量泵送功能，并可调节装药速率。对于堰后坡面上的装填混装炸药的爆破孔，采用加长输药管或在坡上布置装药器二次转运并泵送入爆破孔的方式进行装药。对于堰顶装填混装炸药的爆破孔用 2 台混装车集中装药。卷状炸药的装药采用人工装药。

3）防水装药施工。由于爆破钻孔深度大，钻孔时间长，受雨水与渗水的影响，爆破孔或药室内一般都有积水，难以保证混装炸药装药的连续性；加之装药完毕后堰后充水，爆破孔内炸药处于深水下，浸水后性能也将会受到影响。为此，针对爆破孔（药室）及装药的类别，综合采用了抽、吹方式排水，挤、隔方式进行装药。

A. 排水方法。药室孔排水，用自吸泵将药室内的水抽干。爆破孔排水，用相应扬程的潜水泵将爆破孔内的水抽干，对有泥浆沉淀的深孔，先用压力风吹孔，将泥浆搅浑后用潜水泵抽出。

B. 装药方法。

a. 药室装药：对混装炸药、起爆药包均用定制的塑料袋隔离。装填时，先将隔离袋随输药管送入孔内，然后边充气边装填，装填完毕后包扎好隔离袋，再进行堵塞作业。爆破药室装药堵塞结构见图 7-7。

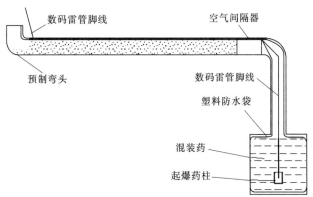

图 7-7　爆破药室装药堵塞结构示意图

b. 爆破孔装药：对于混装炸药装填，由于混装炸药流动性好，且密度大于水的密度，直接将输药软管插入孔底，装药时根据装药速度，缓慢将软管向上提，孔内水柱随着药的装入被缓慢挤出。对于深度不大于15.0m的爆破孔，采用人工提管，深度超过15.0m的爆破孔，采用卷管器辅助提管。卷状炸药的装填，采用边装药边用爆破杆送药，水柱随着药的装入被缓慢挤出，保证装药的连续。

4）堵塞施工。药室与爆破孔堵塞均采用新型堵塞材料，具有硬化速度快，硬化强度高，微膨胀，抗滑、防渗性能好等特点。堵塞材料采用砂浆拌和机搅拌，然后利用下料漏斗、溜管及灌浆机将拌和后的堵塞材料混入爆破孔或药室。在溜管出口处设控制阀门，控制下料速度及下料量，阀门后接灌浆管，灌浆管插入堵头，堵头上设排气槽，以保证灌注密实。

5）爆破网络连接。爆破网络为数码雷管毫秒微差爆破网络。网络连接难点为，联网工作量大，网络类型复杂，防水要求高，立体交叉作业等。为保证网络连接正确无误、可靠安全，采用分片分区，编组作业，挂牌标识，分序检查等措施。片区间网络连接为从江心向岸边依序联网，先联支路，后接主线。各片区联网完成后，进行全面检查，防止错联、漏联、回联。河床段廊道内药室、排水孔、断裂孔、切割孔均采用数码雷管，其余爆破孔采用高精度非电雷管和数码雷管相结合。爆破网络主用数码雷管起爆，整个网络一次点火。

6）气泡帷幕防护。为保护大坝坝体及进水口和排砂孔闸门，在坝前布置了气泡帷幕保护。气泡帷幕发射管采用双排直径50mm钢管，排距0.5m，壁厚4.5mm，发射孔径为1.0mm，采取在每个闸门前单独布置的方式。气泡发射管可靠固定，深度低于被保护建筑物底端1～3m，长度略长于保护对象。在围堰充水过程中经常检测，使其保持良好的状态。通过试验，确定40m左右水深所需风压为0.8MPa、风量为双排每米用风量为0.7m³/min，75m左右水深所需风压为1.2MPa，风量为双排每米用风量为1.4m³/min。在爆破前15min启动空压机形成气泡帷幕。

7）围堰充水。为围堰顺利倾倒以及保护大坝，在爆破前将堰内基坑充水至高程139.50m（库区水位降至高程135.00m），充水总量为350万m³。共配备了12套DN600mm虹吸管和21台水泵，总充水能力为6.78万m³/h。充水分2个阶段：第1阶段采用虹吸充水至高程98.00m，等待装药；第2阶段充水在装药完毕后进行，先采用虹吸＋泵抽方式充至高程132.00m，然后采用泵抽方式充至高程139.50m。虹吸管道设施、浮筒泵站等在完成相应充水任务后及时拆除，固定泵站在爆破前断开电源，爆后回收处理。

（6）爆破实施及效果。2006年6月6日16时，爆破准备一切就绪，碾压混凝土围堰拆除准时起爆，并按预定起爆顺序在12.888s以内完成了设定的爆破过程，爆破拆除获得成功。具体结果如下。

1）拆除部分轮廓符合设计要求。水下地形测量和水下录像表明：围堰倾倒缺口形成轮廓与设计预期缺口体形一致，各堰块全部倾倒在堰前上游，并陷入堰前淤泥中；剩余堰体顶部高程平均在110.00m左右，基本平整。

2）爆破影响控制在设计允许范围之内。在大坝、基础帷幕灌浆区，左岸水电站厂房中控室等关键部位实测爆破振动值均小于安全允许控制标准，堰块在倾斜过程的触地振动亦小于事前预计值；闸门前实测水击波比预期值稍大，但闸门动应变远小于控制指标。静态观测成果显示测值变化量均较小，在安全范围内变化；数值仿真计算表明，在爆破荷载作用下坝体动静应力叠加在安全范围内。

综上所述，三期碾压混凝土围堰拆除爆破对周围建（构）筑物影响较小，周围建（构）筑物及设备均是安全的，未对大坝及左岸水电站正常运行带来影响。

7.4 三峡水利枢纽工程二期下游土石围堰拆除

7.4.1 围堰拆除施工概述

（1）围堰拆除概况。二期下游横向围堰平面呈突向下游的折线形式，位于大坝下游 400～600m。围堰轴线全长 1075.9m，左端接白虎岭南坡，跨长江河床左侧漫滩，河床深槽，右侧漫滩和中堡岛下游边滩，跨过一期土石围堰与混凝土纵向围堰相接。二期下游围堰按Ⅲ级临时建筑物设计。

堰体材料主要由风化砂、石渣混合料、块石料、过渡料等组成。设计堰顶高程为 81.50m，二期下游围堰从 2002 年 1 月 16 日开始拆除，6 月底经济断面以外部分拆除开挖完成，2002 年 7 月 1 日破堰进水，进行经济断面部分拆除开挖，11 月中旬前拆除完成明渠截流要求的最小拆除范围，以满足明渠截流要求，2003 年 4 月底围堰拆除完成。

（2）围堰拆除范围。

1）自左导墙（轴线 Y 坐标 48＋696.5）以右泄洪坝面全部拆至高程 53.00m。

2）左导墙以左轴线 X 坐标 20＋600（离大坝轴线 600m）上游拆除至高程 50.00m、X 坐标 20＋600 下游以 1∶3 反坡与地面线相接。

3）下游围堰左堰头结合长江护岸和尾水渠边坡平顺连接。

（3）拆除经济断面。宜昌水文站 7—9 月时段 10.0% 频率最大日平均流量为 66600m³/s，以此流量标准相应水位 75.81m，经济断面堰顶高程取 77.30m。其经济断面见图 7-8。

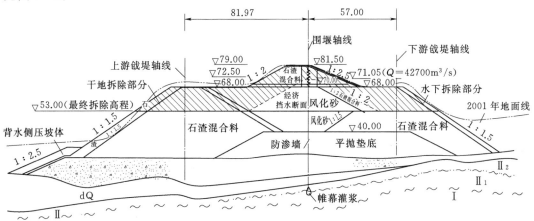

图 7-8 二期下游围堰拆除经济断面图（单位：m）

7.4.2 围堰堰体土石方拆除

（1）堰体拆除施工。三峡水利枢纽工程三期明渠截流前，二期下游围堰要求最终拆至高程 53.00m（堰体局部至高程 50.00m，防渗墙拆除至高程 52.50m）。二期下游围堰堰体土石方拆除工程量为 349 万 m³。

为满足截流要求，可先拆从左导墙往右至纵向围堰部分，开口边坡为 1:5，拆除底部高程 53.00m，底部宽度 410.00m，工程量 243 万 m³，剩余 100 万 m³ 可在三期截流后继续拆除。

（2）主要渣场。在坝址下游共布置三处堆渣场，累计容量 360 万 m³。

陈家冲弃渣场，位于永久船闸下游航道以左的陈家冲，该弃渣场容量为 200 万 m³。

下游水下弃渣场两处，位于围堰下游及隔流堤下游部分右侧长江深槽，两处弃渣场容量共计 160 万 m³。

（3）施工机械设备。主要施工机械设备见表 7-9。

表 7-9　　　　　　　　　　　主要施工机械设备表

机 械 名 称	规格型号	单位	数量
挖掘机	8～10m³ 正铲	台	3
	8m³ 反铲	台	2
	4m³ 正铲	台	2
	2～3m³ 反铲	台	2
推土机	320HP	台	8
自卸汽车	77t	辆	45
	32t	辆	18
潜孔钻	80～100 型	台	3
铲扬式挖泥船	4m³	艘	2
反铲式挖泥船	8m³	艘	2
抓斗式挖泥船	6.8～8m³	艘	3
链斗式挖泥船	750m³/h	艘	2
钻爆船		艘	2
石驳	500m³	艘	8
	300m³	艘	4
拖轮	480m³	艘	8
	300m³	艘	4

7.4.3 混凝土防渗墙拆除及效果

（1）防渗墙拆除难点。二期下游围堰堰体内布置有防渗墙（单排），左岸段、右岸段混凝土防渗墙墙顶高程 79.00m，墙厚 0.8m；河床段混凝土防渗墙墙顶高程 70.00m，墙厚 1.1m；防渗墙内预埋有塑料管或钢管及钢管保持架。预埋钢管段墙体在围堰桩号 0+199.72～0+909.4 段，当墙体深度大于 40m 时，沿轴线按 1.5m 间距埋设有 $\phi100$～

110mm 的钢管（预埋钢管用 6～8m/根的钢管焊接加长；预埋钢管时，为固定钢管，按 6～8m/层布设了以 ϕ22mm 钢筋制作的保持架）。防渗墙混凝土拆除工程量为 1.47 万 m^3。

根据要求，混凝土防渗墙高程 77.30（或 70.00）～52.50m 段需在 7 月 1 日基坑部分充水后爆破拆除。其难点在于混凝土防渗墙内有预埋的灌浆钢管及固定钢管的保持架，因此，将钢管炸断及保持架炸散是混凝土防渗墙爆破拆除成败的关键。

（2）防渗墙爆破试验。根据现场机械设备水下开挖的能力，要求爆破后塑性混凝土防渗墙块度 95％不大于 50cm，预埋灌浆钢管长度不大于 100cm，固定钢管的保持架分离松散。

为了达到上述要求，确保水下开挖顺利进行，于 2002 年 2—4 月底组织了钢管模拟爆破试验、部分火工品材料性能检测试验及塑性混凝土防渗墙拆除爆破试验。防渗墙爆破试验结果表明：

1）无钢管段混凝土防渗墙爆破采用直径 50mm 的药卷、净间距为 50cm 的均匀间隔装药结构，能够获得较好的爆破效果，除孔口出现少量大于 50cm 的大块外，其余均能满足设计要求。从现场出渣情况看，爆后墙体基本呈疏松状，非常有利于开挖施工。

2）有预埋灌浆钢管的混凝土防渗墙爆破采用直径 50mm 的药卷、净间距为 30～35cm 的均匀间隔装药结构，能够获得较好的爆破效果，装药段钢管炸成片条状，孔口部位钢管炸成短管状，空间长度均小于 100cm。

（3）防渗墙拆除爆破设计要点。

1）根据爆破试验的成果结合拆除段的具体情况，对于爆破的各项参数进行了分析和计算确定。

2）装药结构。为了使爆破能量分布合理、加强破碎效果，根据墙体位置、孔深和孔内各部位规定的线装药密度，采用纵向均匀间隔布置药包的串状装药结构。为了使底部爆破平整、不出现凸埂，充分破碎底部墙体，方便出渣并提高出渣效率，满足拆除设计高程，底部 2m 采用连续装药布置，孔口紧邻堵塞部位采用减弱装药布置。药卷采用 ϕ60mm 的乳化炸药（重量 1.2kg，长度约 40cm）。

3）爆破网络。由于混凝土防渗墙墙体强度较低，两侧的侧向约束作用有利于墙体的爆破破碎。为使爆炸能量更好地破碎墙体，二期下游围堰混凝土防渗墙拆除爆破采用孔间微差爆破方式。

最大单响起爆药量为两个最大单孔药量之和，即 60kg。

爆破网络分为两部分，一部分为接力传爆干线，采用塑料导爆管毫秒雷管连接。传爆干线设于混凝土防渗墙两侧，每条干线由传爆结点组成，结点间除了纵向连接外，两干线结点间还进行交叉连接，组成双复式交叉传爆网络。混凝土防渗墙拆除爆破的整个网络共有 181 个结点，从左侧向右侧传爆，总延时 9500ms。

4）安全控制。二期下游围堰混凝土防渗墙附近的主要建筑物有大坝、水电站厂房、左导墙，右侧的纵向围堰和左厂房尾水渠护坡等。混凝土防渗墙拆除爆破时产生的有害效应——爆破地震波和水击波（基坑充水至一定高程）将对附近建筑物产生一定的振动影响。为了掌握拆除爆破对周围建筑物的影响情况，在邻近的主要建筑物相应部位布置振动测点，进行爆破质点振动速度安全监测；在下游围堰与大坝之间水域布置水击波测点，廊道内布置声波观测孔进行爆破前、后声波对比观测，检测爆破对帷幕灌浆及固结灌浆的影响情况等。通过综合观测分析，全面掌握这些重要建筑物在防渗墙拆除爆破前、爆破瞬间和爆破后的细微变化，以评价其安全状况。根据建筑物安全标准的有关规定及类似工程的经验，确定本工程主要建筑物安全控制标准见表7-10。

表7-10　　　　　　　　　　　　主要建筑物安全控制标准表

建筑物及部位	允许质点振动速度/(cm/s)	允许水击波压力/(kg/cm³)
泄洪坝段下游坡脚	5.0	1.0
大坝下游基础帷幕灌浆	1.2	
左岸水电站厂房	5.0	
左岸水电站厂房尾水平台及下游挡水墙	5.0	1.0
左岸水电站厂房电机设备	0.9	
尾水闸门	5.0	0.6
纵向围堰	5.0~8.0	1.0
120m栈桥	5.0	
左岸导墙下游坡脚	5.0	1.0
左岸护坡	5.0~8.0	

A. 爆破振动安全控制。大坝、纵向围堰等建筑物均建于基岩上，条件类似的葛洲坝水利枢纽大江围堰混凝土防渗墙爆破拆除获得的爆破质点振动速度衰减规律经验公式为

$$v = 101.3(Q^{1/3}/R)^{1.97} \tag{7-1}$$

式中　　v——质点振动速度，cm/s；

　　　　Q——最大单响起爆药量，kg；

　　　　R——爆源至测点的距离，m。

确定的最大单响起爆药量为60kg，根据式（7-1）计算的各建筑物爆破质点振动速度值（见表7-11）。结果表明除纵向围堰外其他建筑物相应部位的质点振动速度远小于爆破质点振动速度安全控制标准。水电站厂房墙体为薄壁高耸结构，根据已有经验，其顶部振动速度可能较底部放大6倍，顶部允许5cm/s的振动速度，则底部允许0.83cm/s，验算底部振动速度为0.08cm/s，远小于允许振动速度，左岸水电站厂房处于安全范围以内。

B. 水击波安全控制。根据设计单段起爆药量及水中建（构）筑物与爆区的距离，计算爆破水击波压力值（见表7-11）。结果表明：水击波压力值较小，不会引起不良影响。

（4）施工安全控制。

1）炸药运到施工现场后，在左堰头设置岗亭值班，将无关人员清场，严禁烟火。

2）药串加工雨棚由专人负责警卫，确保安全。

3）爆破警戒安全距离合适，并应及时准确到位和发挥作用。

4）其他要求按照《爆破安全规程》（GB 6722）等有关规定执行。

（5）混凝土防渗墙爆破效果。2002年7月1日下游围堰混凝土防渗墙爆破以后即进行爆破效果的跟踪调查，调查结果表明：从整个混凝土防渗墙表面情况看，爆破效果较好，

表 7 - 11　　　　　　　　　　　主要建筑物安全验算表

建筑物及部位	最大单段药量 /kg	距离 /m	计算质点振动速度/(cm/s)	计算爆破水击波压力/(kg/cm²)
泄洪坝段下游坡脚		360.0	0.012	0.156
大坝下游基础帷幕灌浆		369.0	0.013	—
左岸水电站厂房	60.0	459.4	0.008	—
左岸水电站厂房尾水平台及下游挡水墙		428.6	0.010	0.132
左岸水电站厂房电机设备		430.0	0.010	—
尾水闸门		435.0	0.010	0.131
纵向围堰	11.4	—	—	—
120m 栈桥		405.0	0.010	—
左岸导墙下游坡脚	60.0	307.7	0.019	0.182
左岸护坡		78.9	0.270	—

表面形成的漏斗槽均匀，爆渣块度破碎，大块极少，仅见的最大块之一的尺寸为 170cm×90cm×60cm。爆破结果说明，设计施工的堵塞长度能够取得较好的爆破效果。由于孔口段 5m 范围为减弱装药结构，孔口 5m 以下为正常装药结构，且线装药密度达 1.7kg/m，因而下部墙体的破碎效果较表面的更好，从已经开挖的施工情况看，挖装较为顺利，局部的少数的大块及长钢管，对整个围堰的开挖影响极小。

对二期下游围堰拆除爆破前后外观观测成果的统计分析表明，振动监测测值稳定，爆破对监测的建筑物没有造成不利的影响。

大坝及其附近建筑物 362 条振动测线和 13 条水击波测线与灌浆廊道内的帷幕灌浆区和固结灌浆区爆破前后的声波速度检测结果都表明，爆破振动速度和水击波压力值均控制在安全标准之内，声波检测无甚变化。综上所述，爆破的有害效应均得到了有效的控制，爆破对大坝、厂房等建筑物均未造成破坏影响。

7.5　向家坝水电站工程二期纵向围堰施工

7.5.1　概述

向家坝水电站工程二期纵向围堰为混凝土重力式，布置于左岸一期基坑内，由大坝上游段、大坝结合段及大坝下游段三部分组成，其轴线结合冲沙孔坝段布置。其中，大坝上游段自上游向下游方向分为柔性结构段、沉井段。大坝上游段长 250m，顶宽 3～7m，顶高程 305.00～272.00m，堰基覆盖层厚达 45～62m，最大堰高 92m；中间段结合冲沙孔坝段布置，顶高程 340.00～292.50m，顶宽 30.0～12.4m；大坝下游段长 240m，顶宽 7m，顶高程 290.50～280.00m，最大堰高 40.5m，建基面为微风化岩体。纵向围堰大坝上游段地基，采用了沉井、强夯、高压旋喷灌浆等综合处理。

7.5.2　纵向围堰大坝上游段施工

纵向围堰上游段布置在冲沙孔坝段上游，全长约 250m，由柔性结构段、沉井段组成。

（1）纵向围堰上游柔性结构段施工

1）纵向围堰柔性结构段结构型式。纵向围堰柔性结构段桩号二纵上 0—165.5～0—270，堰顶高程 270.00～296.00m，底部高程 260.00m，顶部宽度 3m，围堰两侧综合坡比均为 1：0.75。柔性结构段由内外两侧的钢筋石笼、中部的堆石填料及埋在碾压密实填料内的具有一定抗拉强度并与钢筋石笼连接的拉筋、钢丝网加筋带所组成。钢筋石笼放置在围堰断面两侧，宽度各 2m，每 1m 为一层；钢筋石笼之间为加筋填料，每隔 1m 设置一层钢丝网加筋带和加强拉筋，分别布置在每层钢筋石笼的中部和顶部高程。围堰结构顶部高 3～4m 为钢丝网石笼。柔性结构段桩号二纵上 0—168.8～1—210 段与二期横向土石围堰街头段内设置拉筋。为防止填料内细小颗粒的流失，在填料与钢筋石笼及钢丝网石笼之间设置无纺土工织物。

纵向围堰柔性结构段坐落在第 9 号、10 号沉井上游的回填基础上，需对高程 260.00m 以下基础进行加固处理。其中高程 250.00m 以下堆石基础、10 号沉井左侧的格宾挡墙基础，采取强夯处理；靠一期土石围堰边坡基础采取高压旋喷灌浆处理；高程 250.00～260.00m 采取加筋水泥碎石处理，厚 3～10m，顶部高程 260.00m，其中属引水渠堰内段部位顶部 2m 采用钢丝网石笼防护。

2）基础强夯施工。桩号二纵上 0—165.5～0—210.0、坝左 0+139.0～0+231.9 范围，在高程 250.00m 对下部回填堆石料回填区采取强夯处理，强夯面积约 2800m^2。10 号沉井左侧的格宾挡墙基础后增加了强夯加固处理，强夯面积约 500m^2。

主要施工程序：坡面及基础面清理→堆石填筑→碾压→取样及验收→试夯试验→进场→测量自然地基标高→施工放线、定位→标出夯点位置→第一遍点夯完毕→平整场地（便于第二遍点夯夯机行走）→施工放线、定位→标出第二遍夯点位置→第二遍点夯完毕→平整场地→第三遍满夯→满夯完毕→碎石找平及碾压平整→测量标高→清场。

强夯机械选用 UB162 履带吊强夯机，锤重 16t，锤径 ϕ2.20m，落距 13m，锤底静压值 42.11kPa，采用两遍点夯和一遍满夯。夯点采用正方形插挡布置，每遍夯点间距 6m×6m。点夯夯击能采用 2000kN·m，夯击次数 4～5 击，夯坑达到 1.5m 时进行填料，原夯位进行夯击，最后两击夯沉量平均值不大于 50mm。满夯夯击能 1000kN·m，击数 1 击，以夯坑周边隆起量不大于 120mm 为准。

第一遍点夯为主夯，当主夯夯坑成形后立即进行坑内填料赶平（填料粒径不大于 30cm 的砂石）继续进行主夯，连续重复以上操作，直至点夯完成，且夯沉量达到规范要求才能收锤，第一遍主夯完成推平后进行第二遍副夯；第二遍副夯完成推平后进行最后一次满夯。

3）高压旋喷灌浆施工。高喷处理范围为二纵上 0—168.8～0—218.0 和坝左 0+123.9～0+163.9 所在区域内的柔性结构段的基础部分。覆盖层加固区上部约 5m 主要为砂夹砂卵石层，其余部分主要为沙层。覆盖层加固处理的底高程 250.00m，高喷深度自左向右为 2.4～19m。高喷孔孔距×排距为 2m×2m，桩直径 1.2m，呈正方形布置。高喷桩总数为 260 个，钻孔工程量为 3590.8m，灌浆工程量为 2689.4m。

根据施工部位不同分为三区三批施工：即高程 260.00m 平台施工区，在堰基填筑到高程 260.00m 平台后第一批施工；围堰占压边坡部位施工区，在堰体填筑到高程 263.00～268.00m 平台时第二批施工；右侧堰外施工区，为第三批施工。

4）塑性结构施工。

A. 主要施工程序。高程 260.00m 基础清理、验收、放样→安装内外两侧 1.0m 层高的钢筋石笼（钢筋石笼骨架就位、底部骨架钢筋与已铺设的拉筋焊接、在骨架内安装钢丝网网箱、钢筋石笼单元相互焊接绑扎）、铺设无纺土工布→内外两侧钢筋石笼充填满石料，顶部钢筋（盖子）焊接→下部 0.5m 层高的加筋土填料摊铺及碾压→填筑 0.5m 高后铺设钢丝网加筋带，并与钢筋石笼绑扎连接→上部 0.5m 层高的加筋土填料摊铺及碾压→铺设拉筋，穿过土工布伸入钢筋石笼，并与钢筋石笼顶部骨架钢筋焊接→重复上述操作直至距离结构体顶部 3～4m 处→顶部钢丝网石笼安装。

B. 基础开挖及清理施工。主要为左侧高程 260.00m 水泥加筋碎石基础清理，将基础面上因高喷施工产生的杂物、弃渣清理干净。

C. 加筋碎石结构体施工。以高程 260.00～261.00m 范围的结构体施工为例，每 1m 高钢筋石笼间结构体为一循环，施工分下部 0.5m 层高和上部 0.5m 层高两部分施工。

a. 下部 0.5m 层高（高程 260.00～260.50m）结构体施工，先铺设高程 260.00～260.50m 碎石，采用 LSS218A 型振动碾碾压密实。

b. 钢丝网加筋带施工。钢丝网加筋带设置在每层钢筋石笼中间部位，基础层设置在高程 260.50m 处。在下部碎石填料碾压完毕后即开始钢丝网加筋带的施工。钢丝网加筋带铺设时，下铺填料顶面应平整；铺设时应把钢丝网张拉平直、绷紧，不得有折皱；端头应固定或回折锚固。

五绞钢丝网选择宽度为 1～3m，在加工厂剪切，长度根据实际情况选择尽量长一些，以减少绞合工作量和绞合施工时间。铺设方向垂直结构体轴线，相邻网片之间搭接长度不小于 50cm。同层钢丝网相邻网片边端钢丝与网格钢丝之间使用 2.2mm 的绞边钢丝缠绕绑扎，每隔 10cm 绞合 2 圈。钢丝网加筋带与钢筋石笼采用绑扎方式连接。

c. 上部 0.5m 层高填料施工。在钢丝网加筋带施工完毕后开始上部 0.5m 层高填料施工，其碎石填筑、碾压与下部 0.5m 层高内的碎石填筑、碾压施工工艺相同。

d. 拉筋施工。拉筋铺设时，应与经过夯实达到规定密实度的填土相密贴，锚锭板埋入填土内，不得有悬空现象，以保证受力均匀。拉筋垂直钢筋石笼水平放置，伸入钢筋石笼并与钢筋石笼顶部骨架钢筋焊接。

拉筋施工完毕后开始下一个 1.0m 层高结构体施工，首先进行下部 0.5m 层高填料施工，然后进行钢筋石笼安装施工、钢丝网施工、上部 0.5m 层高填料施工及拉筋施工。后续工序依此类推，直至距离结构体顶部 3～4m。

D. 钢筋石笼和钢丝网石笼。钢筋石笼安装前，为防止填料内细小颗粒的流失，在围堰填料周边设置无纺土工织物，即在桩号二纵上 0＋168.80～0＋210.0 段填料与石笼之间（填料引水渠侧、填料顶部）、桩号二纵上 0－210.0～0－259.0 段填料与石笼之间（填料引水渠侧、填料顶部、填料二横堰侧）设置无纺土工织物，并与引水渠底板无纺土工织物连接。钢筋石笼安装，先测量放样石笼位置，将钢筋石笼骨架摆放就位，摆放时应使钢筋石笼骨架长度方向与结构体轴线方向垂直，再安装钢丝网网箱，将网箱内装填石料并满足

80％的填充料粒径为 10～30cm，网箱填满后将顶盖绑扎。

柔性结构体顶部高 3～4m 的范围内设置有钢丝网石笼，顶部钢丝网石笼的装配施工工艺与上述钢筋石笼内钢丝网石笼装配工艺相同。钢丝网石笼安装，长度方向与结构体轴线垂直，从下游向上游逐层安装，同层相邻钢丝网石笼通过绑扎方式进行连接。钢丝网石笼间绑扎应按设计详图进行施工，即每 10cm 边端用钢丝双圈绑扎一次。同时，每层钢丝网石笼与周边相邻的钢筋石笼也采用绑扎方式进行连接。

（2）纵向围堰大坝上游沉井段施工

1）纵向围堰大坝上游沉井段结构型式。纵向围堰上游桩号范围二纵上 0＋000.0～0－168.8，大坝桩号分界线 0—019.5，自下游向上游分设为 1～5 号堰块。其中：1 号堰块长 35.9m，2 号、3 号堰块长均为 38m，4 号堰块长 40.1m，5 号堰块长 16.8m，1～4 号堰块坐落在基岩上并贴靠沉井群左侧布置，5 号堰块坐落在 9 号和 10 号沉井上。1～4 号堰块堰基设计有厚 1m 常态混凝土垫层，垫层分堰块进行浇筑，混凝土标号为 $C_{90}20$，止水基座混凝土采用常态混凝土，1～4 号堰块堰体迎水面 50cm 范围、廊道周边、模板及预埋件周边等范围采用变态混凝土，其中迎水面 50cm 范围变态混凝土标号为 $C_{90}15W8$，其余部位变态混凝土标号为 $C_{90}15W6$。堰体其他部位均为 $C_{90}15W6$ 碾压混凝土。堰体廊道预制混凝土采用 C20 常态混凝土浇筑。沉井间宽 2m 范围内浇筑 $C_{90}15$ 自密实混凝土。5 号堰块浇筑 $C_{90}20$ 常态混凝土。各堰块分缝处迎水面止水处采用厚 1cm 的沥青杉板隔缝，其余部分采用切缝机切缝后嵌 4 层彩条布。

沉井群由间距 2.0m 的 10 个沉井组成 L 形，下沉深度 40.4～56.1m。单个沉井尺寸为 17m×23m，除第一节 7.0m 井壁厚 2.1m 外，其余分节均为 2.0m；内分 6 个井格，井格长 5.6m、宽 5.2m，隔墙厚度 1.6m。沉井壁混凝土设计标号：底节混凝土中，1 号、7 号、8 号、10 号沉井为 C35W6，9 号为 C40W6，其余沉井为 C30W6，二节以上均为 C25W6，沉井封底混凝土标号为 C20W6，井内填芯混凝土标号为 C10W6。

2）混凝土主要施工程序。纵向围堰 1～5 号堰块高程 280.20m 以上通仓浇筑，整体上升。高程 280.20m 以下分上、下游两块交替上升，1 号、2 号堰块为一块，3 号、4 号堰块（高程 270.00m 以上为 3～5 号堰块，其中 5 号堰块中 10 号沉井高程 259.10～270.00m 为常态混凝土）为一块分别浇筑，交替上升；其中 1 号、2 号堰块在高程 265.10m 以下为先浇块，在高程 265.10m 以上为后浇块。

1～5 号堰块高程 295.20m 以下在不同的高程采用汽车直接入仓和 ROTEC－CC200 型胎带机入仓交替进行的方式施工，高程 295.20m 以上采用胎带机入仓、汽车仓内转料的方式施工。除廊道施工层、堰体外露面结构变化处等需间歇外，其他部位碾压混凝土一般采用连续上升的方式施工。

3）常态混凝土施工。纵向围堰 1～4 号堰块堰基设计有 1m 厚常态混凝土垫层，垫层分堰块进行浇筑；5 号堰块高程 259.10～270.00m 仓位小，采取常态混凝土浇筑。混凝土标号为 $C_{90}20W8$，三级配。沉井间 2m 宽范围内浇筑 $C_{90}15$ 自密实混凝土。止水基座混凝土采用 $C_{90}20W8$，二级配。

垫层常态混凝土设计方量为 6821m³，采用自卸汽车运输，胎带机供料浇筑。堰基垫层常态混凝土按围堰分缝进行分块，各块按照跳仓法浇筑原则施工。浇筑方法为台阶浇筑法。1 号、3 号堰块为先浇筑块，2 号、4 号堰块为后浇筑块。

1～10 号沉井井间距离为 2m，井间内浇筑 $C_{90}15$ 自密实混凝土。自密实混凝土随碾压混凝土同步上升。混凝土采用搅拌车运输，直接从沉井顶部向仓内下料，每层下料厚度控制在 30cm 范围内。

止水基座基础开挖到位验收后，埋设厚 1.6mm 的止水铜片，分缝止水铜片入岩深度 0.5m，将其固定，止水铜片搭接长度应不小于 20mm。混凝土标号为 $C_{90}20W8$，二级配。止水基座基础混凝土浇筑完毕达到一定的强度龄期（约 5d）立模分块浇筑垫层混凝土。

5 号堰块 10 号沉井区域常态混凝土约 255m²，分为 4 层，每层高度约 2.5m。根据现场地形，将 9 号沉井右侧施工道路加高至 9 号沉井顶部，并将 TB105 型布料机停放在 9 号沉井顶部作为入仓手段。

4）碾压混凝土施工。碾压混凝土采用常规施工工艺进行施工。

7.5.3 纵向围堰大坝结合段施工

纵向围堰大坝结合段，桩号范围为 0－019.5～0＋356.95。分为冲沙孔坝段及其延长段、升船机段两部分，冲沙孔坝段延长段下游接升船机段。

（1）冲沙孔坝段及延长段施工。

1）冲沙孔坝段结构型式。坝段位于河床坝段右侧，建基面高程 222.00m，顺水流方向桩号为 0－019.5～0＋129.5，最大底宽 149m，坝段前缘长 30m，前期浇至高程 340.00m。冲沙孔坝段延长段桩号范围为 0＋129.5～0＋200.95，下部高程在 260.00～274.00m 之间预留 1 个 10m×14m 导流底孔，后期改建成冲沙孔。高程 253.00m 以下设计修改为碾压混凝土，高程 253.00m 以上仍为常态混凝土。桩号 0＋129.5 处纵缝，起始高程调整到 232.00m。冲沙孔坝段高程 253.20m 以上分设两条纵缝，纵缝Ⅰ桩号 0＋026，纵缝Ⅱ桩号 0＋078.945；延长段高程 253.00m 以上在 0＋169 设分缝。施工过程中采用切缝的方式成缝，每层切缝深度为 1/2 坯层厚度。

2）仓位安排。冲沙孔坝段及其延长段碾压混凝土高程 232.00m 以下设为一个仓。高程 232.00m 上分为两个仓，即：冲沙孔坝段坝 0－019.5～0＋129.5 和左岸非溢流坝（左非）1 号坝段坝 0－019.5～0＋149 为一块（第一仓，控制高程 253.20m），冲沙孔坝段坝 0＋129.5～0＋200.95 为一块（第二仓，控制高程 253.00m）。

3）混凝土入仓施工。

A. 高程 222.00～243.90m 以下主要采用自卸汽车直接运输入仓和一台胎带机入仓，不足部分由下游 2 号吉林门机和缆机补充。入仓道路布置在大坝上游面，其中入仓口设在冲沙孔坝段，出仓口设在左非 1 号坝段；胎带机布置在冲沙孔坝段右侧高程 240.00m 平台上。

此段需跨基础廊道和高程 240.00m 廊道。在非廊道层施工时，根据施工时段的不同，入仓手段配置情况为"汽车直接入仓＋1 台胎带机＋1 台缆机（或 2 号吉林门机）"和"汽车直接入仓＋1 台胎带机＋3 台缆机"；在进行基础廊道层施工时，入仓手段配置情况为"汽车直接入仓＋1 台胎带机＋2 台缆机＋2 号吉林门机"；在进行高程 240.00m 廊道层施工时，入仓手段为"汽车直接入仓＋1 台胎带机＋2 台缆机＋1 号吉林门机"。

B. 高程 243.90m 以上主要用自卸汽车直接运输入仓和一台胎带机入仓，不足部分由下游2号吉林门机和缆机补充。胎带机布置在大坝上游面，入仓道路布置在冲沙孔坝段右侧。

此阶段施工高程253.00m廊道底板和侧墙。在进行非廊道层施工时，入仓手段为"汽车直接入仓＋1台胎带机＋2台缆机＋2号吉林门机"或"汽车直接入仓＋1台胎带机＋3台缆机"；高程253.00m廊道层入仓道路和高程240.00m廊道相同。

C. 冲沙孔坝段第二仓坝0＋129.5～0＋200.95段在高程232.00m以上采用一台胎带机和2号吉林门机共同浇筑，胎带机布置在冲沙孔坝段右侧。

D. 高程253.20m以上常态混凝土，主要以3台缆机、右侧布置胎带机和2号吉林门机为手段，缆机和门机配吊罐入仓浇筑。

（2）升船机段施工。

1）升船机结合段结构形式。升船机结合段，布置在左岸主体大坝冲砂孔坝段—左非1号坝段下游，顺水流方向长156m，桩号坝下0＋200.95～0＋356.95，其下游端与纵向围堰下游段衔接。升船机结合段由左侧堰块、一级垂直升船机船箱室段与围堰结合部分（以下简称船箱室段）和一级垂直升船机下闸首与围堰结合部分（以下简称下闸首段）三部分组成，共分为7块。其中左侧堰块、船箱室段顺水流方向各分为3块从上游到下游依次编为3-1～5-1块和3-2～5-2块，每块顺水流方向长度分别为49.2m、17.6m和49.2m。下闸首段顺水流长度40m，不分块（编号为6号）。船箱室段和下闸首段右侧块分别浇筑至高程292.50m和高程294.00m，左侧堰块浇筑至高程260.00m；左侧堰块和船箱室段基岩面高程232.00～240.00m，下闸首段基岩面高程235.00m。

在桩号坝左0＋169.9处垂直方向设置梯形键槽缝并预留ϕ28mm的插筋。

为满足排水、观测及帷幕灌浆施工等需要，二期纵堰与永久建筑物结合段共设置有4层不同功能的廊道，即基础排水廊道、下层帷幕灌浆排水廊道、上层帷幕灌浆排水廊道、止水检查及观测廊道。

纵堰与永久建筑物结合段左侧基础边坡设有ϕ28mm的普通砂浆锚杆，间距为150cm×150cm。船箱室段和下闸首段基础设有ϕ32mm的预应力锚杆，间距为150cm×150cm。左侧堰块基础需进行帷幕灌浆，船箱室段和下闸首段基础需进行固结灌浆和接触灌浆。基础厚3m混凝土需具备抗硫酸盐侵蚀性。

2）主要施工程序。基础地质缺陷处理→边坡锚杆和底板预应力锚杆施工→基础混凝土施工→固结灌浆→混凝土浇筑。

3）主要施工方法。

A. 基础地质缺陷处理。节理密集带和煤层等地质缺陷，刻槽开挖后回填C25混凝土塞，槽内壁布置ϕ25mm结构钢筋网，钢筋水平以及纵向间距均为20cm。

B. 锚杆施工。

a. 边坡锚杆：在贴坡排架上施工，排架采用ϕ48mm的钢管搭设，操作层铺设竹跳板。锚杆孔采用100型快速钻钻孔ϕ76mm。采用先注浆后插筋的方式施工，由注浆机注浆锚固，砂浆采用M30水泥砂浆。

b. 底板预应力锚杆：施工准备→钻孔→预埋钢管→混凝土平台浇筑→清孔→内锚段速凝型锚固药卷灌注→锚杆体安装→孔口垫座安装→张拉→自由段注浆。

C. 混凝土施工。

a. 分层分块。结合段顺流向上分 4 块（编号依次为 3～6），左右方向上 3～5 块又分为 1 块和 2 块，6 号块左右方向上不分块。

b. 模板。常态混凝土分层按照基础约束区 1.5～2m 升层，脱离基础约束区按照 2～3m 升层施工。结合段混凝土建筑物结构形状比较规则，墩、墙、梁、板、柱、孔洞、井室等结构所占比例小，绝大部分属大体积混凝土，大量采用了大型悬臂多卡钢模板。

c. 入仓方式。初期主要采用胎带机和布料机浇筑，胎带机布置在泄水渠底板上（高程 260.00m），布料机布置在结合段高程 240.00m 基岩面上。2007 年 12 月底 2 号港机投入使用后，浇筑手段主要采用胎带机和 2 号港机配 6m³ 吊罐入仓施工，2 号港机布置在结合段左侧高程 260.00m 泄水渠底板上，同时，作为仓面施工吊模板、钢筋、渣物等的临时平台。3-1 号块还采用了布置在大坝下游的 2 号吉林门机配 6m³ 吊罐入仓。

7.5.4 纵向围堰大坝下游段施工

（1）主要结构型式。纵向围堰下游段堰体全长 240m，顺轴线桩号为：二纵下 0+000（坝 0+356.95）～0+240，共分 7 个堰块（从上游到下游依次为 1～7 号堰块），各堰块长度 20～40m。围堰为重力式结构，1～6 号堰块顶部高程 290.50m，7 号堰块顶部高程 280.00～290.50m，顶宽 7m。堰体左侧为垂直立面，右侧高程 280.40～290.50m 为垂直立面，高程 280.40m 以下为坡度 1:0.75 的台阶状边坡。堰体内在高程 264.00m 处顺轴线设置了一条断面尺寸为 250cm×300cm 的独头灌浆廊道，廊道轴线桩号为二纵下 0+000～0+171，灌浆廊道采用混凝土预制廊道。

堰体高程 260.00m 以下为厚 1m 的常态混凝土垫层（混凝土标号为 $C_{90}20W8$），高程 260.00m 以上为碾压混凝土（混凝土标号为 $C_{90}15W6$），堰体结构边 50cm 范围、廊道周边和振动碾碾压不到的地方等部位浇筑变态混凝土（混凝土标号为 $C_{90}15W6$）。

（2）模板规划。模板主要采用如下几种形式。

1）基础垫层和混凝土采用组合钢模板施工，局部用木模板补缺，模板采用内拉内撑的方式固定。

2）碾压混凝土堰体上下游垂直立面和左侧垂直立面采用连续交替上升的翻转模板，局部用定型木模板补缺。

3）堰体左侧面高程 280.40m 以下采用台阶交替上升钢模板，入仓道路封仓口处采用预制混凝土块。

4）右侧高程 280.40m 以上垂直立面和 3 号、4 号堰块高程 280.40m 以上分缝处采用连续上升的组合钢模板。

5）灌浆廊道采用全预制混凝土廊道，廊道接头和下游斜向廊道端头采用定型木模板。

6）各堰块分缝处上游 1m 的范围采用厚 1cm 的沥青杉板隔缝，其余部分采用切缝机切缝后嵌 4 层彩条布。

（3）总体施工方案。

1）垫层常态混凝土采用 TB105 型布料机入仓。

2）1～7 号堰块高程 260.00～275.00m 采用自卸汽车直接入仓，仓面分上、下游两个区域同时施工。

3）1～7 号堰块高程 270.00～280.40m 仓面分两个区域同时施工，上游区域（Ⅰ区）采用布料机和自卸汽车联合入仓，下游区域（Ⅱ区）采用自卸汽车直接入仓。布料机布置在 1 号道路上（高程 275.00m）向仓内汽车供料。

4）堰体高程 280.40～290.50m 分上、下游两段单独上升，两段均采用 TB105 型布料机和自卸汽车联合入仓。上游段（1～3 号堰块）施工时，布料机布置在 4 号堰块高程 280.40m 上。下游段（4～7 号堰块）施工时，布料机布置在 2 号道路上（高程 280.40m）。

7.6 双牌水电站和乌江渡水电站工程水下混凝土围堰施工

7.6.1 概况

以双牌水电站和乌江渡水电站两个工程围堰的水下施工为例，前者在静水中施工，采用水下浇筑混凝土；后者在动水中施工，深槽部位采用预填骨料灌浆混凝土。

（1）双牌水电站。双牌水电站是湘江水系调洪调峰的骨干水库，是一座集发电、灌溉、航运与防洪等综合效益于一体的大型水利水电枢纽工程。水库大坝结构为“混凝土双支墩大头坝”，坝高 58.8m，坝长 311m，控制流域面积 10594km²，总库容 6.9 亿 m³。大坝左岸有单线双向二级船闸一座，能通过 100t 的船舶；右岸的主干渠道长 92km，流经双牌、芝山、冷水滩、祁阳 4 个县（区）境，灌溉农田 32 万多亩。工程于 1958 年 11 月正式破土动工，1962 年底基本完成。1963 年 4 月、7 月，两台 0.3 万 kW 的机组分别投入运行，至 1979 年 5 月，装机容量扩充到 13.5 万 kW，年发电量达 5.85 亿 kW·h。

（2）乌江渡水电站。乌江渡水电站是乌江干流上第一座大型水电站，是我国在岩溶典型发育地区修建的一座大型水电站。乌江渡水电站于 1970 年 4 月开始兴建，1982 年 12 月 4 日完工。坝型为混凝土拱形重力坝，最大坝高 165m，坝顶弧长 368m，主坝中部为溢流坝，设有 4 个弧形闸门（13m×19m）溢流表孔；水电站主厂房为坝后式厂房，副厂房在主厂房上游侧的坝内；3 台容量 21 万 kW 发电机，总装机容量 63 万 kW，年发电量 33.4 亿 kW·h，发电机组于 1982 年 12 月 4 日全部投产发电。

7.6.2 双牌水电站工程大坝加固围堰水下施工

双牌水电站工程大坝，因地基出现管涌，且下游冲刷坑扩大，影响大坝安全，需采取加固措施。加固项目主要有延长大坝挑流鼻坎、预应力锚固和帷幕灌浆，其中前两项施工需在坝下游修建围堰，而且加固工作要经过 2～3 个汛期。围堰位置处在冲刷坑边缘，将承受挑射水流的冲击（见图 7-9）。因此采用重力式混凝土围堰，进行水下施工。围堰全长 123m，底宽 6m，高约 11m，最大水深 9m，浇筑混凝土量 6400m³，其中水下约 4600m³，堰基绝大部分岩石裸露，少数地段有厚约 1.2m 淤积层。为了减少水下清基，对淤积层部位采用截水槽阻水，槽宽 1～2m（见图 7-10）。围堰施工从 1975 年 10 月进行水下清基开始，至 1976 年 1 月 20 日全部完成，工期 55 天。经基坑抽水后检查，仅在原纵向围堰处底面有集中漏水，其余部位渗水甚微，后又浇筑了加固块，保证了围堰的稳定安全。该围堰建成后经受了 3 次洪水考验，运行良好。

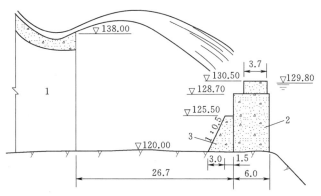

图 7-9 双牌水电站工程大坝加固围堰剖面图（单位：m）

1—大坝；2—围堰；3—加固块

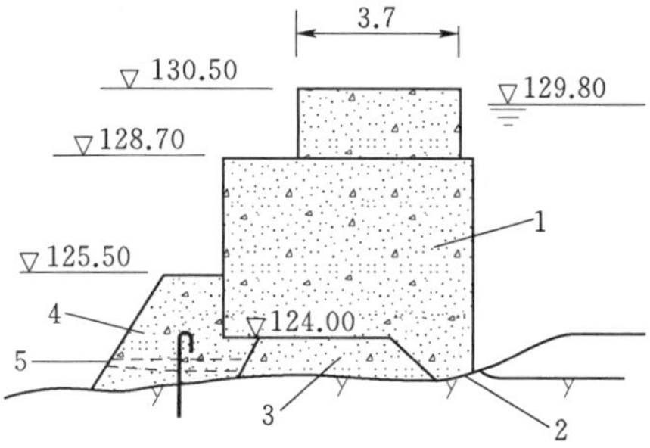

围堰施工分成 12 块浇筑，采用钢木围令组装沉放，每块围令模板净空尺寸 8.85m×6.00m。块与块之间留有 1.40～2.25m 的宽缝，以便于潜水员进行水下拆模，拆模后再将缝填堵，主要施工程序与方法如下。

（1）水下清基。由潜水员进行水下作业，将砂卵石扒出堰基范围，对于潜水员力所不能及的大块石，吊出水面转移他处，清基工作量约 200m³，由两个潜水班同时作业。

（2）钢木围令模板组装、沉放。水上作业时在水面架设两块长 24.0m、宽 12.0m、厚 1.5m

图 7-10 大坝加固围堰剖面图（单位：m）

1—围堰；2—截水槽；3—淤积层；
4—加固块；5—排水孔

的木排，共用圆木 400 余立方米。两块木排之间净距 7.4m，使围令可在两排之间沉放（见图 7-11）。排上搭建脚手架，用以组装围令模板及浇筑混凝土。沿围堰中心线架设一道起重能力 8.0t 的缆索，担任吊运沉放等工作。

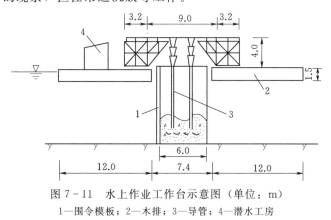

图 7-11 水上作业工作台示意图（单位：m）

1—围令模板；2—木排；3—导管；4—潜水工房

（3）清仓封堵。围令模板沉放到位后，由潜水员进行清仓封堵，清除靠近模板处的残留渣物，堵塞模板与基岩间不密合的缝隙。大缝用木板补缝，小缝用麻袋混凝土封堵。堵缝后，砂浆流失虽很少，但个别模板垮塌或缝隙较大处，漏浆严重，因此，堵缝工作变得非常重要。

（4）水下混凝土浇筑。采用导管法施工，导管内径 20cm，最大骨料 40mm，为导管内径的 1/5。每节管长 1～2m，用法兰加橡皮垫圈连接。导管高出水面 1～2m，浇筑混凝土时，导管埋入混凝土的深度宜在 50cm 以上，一般扩散半径约 3m。但导管也不宜埋置过深，一般控制在 1.5m 以内。若埋置过深，不但使提管困难，同时新浇入的混凝土总在下部流动，使先浇的混凝土不能如期初凝，影响混凝土的质量，并且对模板的侧压力增大，易导致垮模事故。水下浇筑混凝土，是通过导管下料自行扩散、挤压，不需要振捣，因此，要求混凝土有良好的流动性和泌水性。一般采用坍落度 15～20cm，水灰比 0.5～0.6。用导管浇筑时，混凝土的强度随着距导管距离的增大而降低。水下混凝土强度可达到水上施工强度的 80%。单位水泥用量一般为 320～370kg/m³。

7.6.3　乌江渡水电站上游拱围堰水下施工

乌江渡水电站上游拱围堰是在动水中施工而成，且围堰施工时，导流隧洞还未打通，需考虑泄洪和截流。围堰工程量约 3 万 m³，其中水下混凝土约 0.5 万 m³。根据流速、流态和地基覆盖层情况，水下混凝土分为 5 段顺序浇筑（见图 7-12）。第一段先浇左右岸边墩；第二段进行中墩施工，将河水分成左右两部分；第三段浇筑中墩与左边墩之间的底

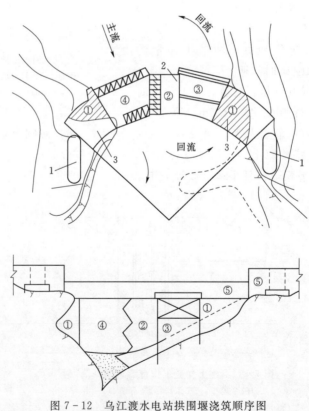

图 7-12　乌江渡水电站拱围堰浇筑顺序图

1—桥墩；2—中墩；3—边墩；

①～⑤—浇筑顺序

坎，形成泄流闸孔；第四段进行深水主河槽施工，改由闸孔泄流。导流隧洞通水后，第五段下闸截流，封堵闸孔，围堰全线加高。主要施工程序与方法如下。

（1）水下清基。采用空气吸砂器和人工水下装吊两种方法进行。小颗粒砂砾，吸砂器可以吸出；30～40cm 的块石，由潜水员将块石装入钢筋笼内吊出；50～60cm 的大块石，则套钢丝绳直接吊出运走。水下装吊作业每台班两个潜水员可装 6～7m³。遇更大的巨石，需进行水下爆破后清除。

空气吸砂器作业见图 7-13。从使用情况来看，对于以砂砾石为主的覆盖层效果较好；对于以块石为主的堆积层则效果不够理想。

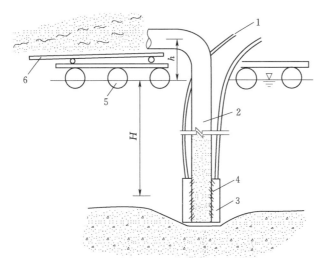

图 7-13　空气吸砂器作业示意图

1—进气管（60.0～80.0m³/min）；2—φ600mm 吸砂管；

3—风包；4—φ6mm 气孔；5—浮筒；6—溜槽

水下钻孔爆破采用 300 型钻机钻孔，套管装药。对于深水急流、覆盖层较厚、潜水作业比较困难的地段，其爆破效果较好，但钻孔时间长，装药、爆破工序较复杂。

水下药包明爆采用大药包集中爆破和小药包分散爆破结合进行。大药包重 8.0～10.0kg，用于爆破大孤石；小药包重 0.5～2.0kg，用于炸碎一般中、小块石。

由于水下清基工作量大，清基时间长，需分段清基，分段浇筑。因此水下爆破对已浇混凝土有影响，尤其是大药包爆破，对岸边基岩也有影响。为保护已浇混凝土，采用了气泡帷幕防震措施（见图 7-14），取得了良好效果。

（2）左、右边墩和中墩水下混凝土浇

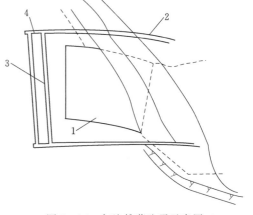

图 7-14　气泡帷幕防震示意图

1—左边墩；2—φ76mm 进气胶管；3—φ38mm 喷气管，管距 250mm，气孔 φ2mm，气距 50mm；4—铁管接头

筑。边墩施工时最大水深9m，流速在0.5m/s以内，采取由潜水员水下立模，导管法浇筑混凝土。为了加快进度，对于浅水部位，采用了以混凝土赶水的直接浇筑方法。

中墩施工时最大水深13m，流速1.0~1.5m/s，无法进行水下立模，采用在中墩左右两侧各用钢围令组装模板下沉（见图7-15）。钢围令长11m、宽3m、高15m、重25t，由两条固定式缆索吊装定位。上、下游面采用整体模板下沉，用拉杆固定。然后进行清仓、堵漏，用导管法浇筑混凝土。

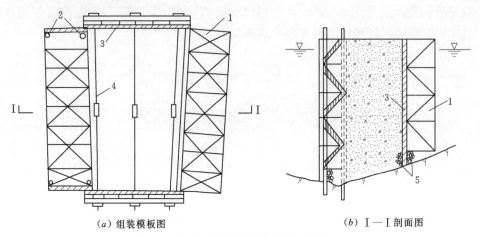

(a) 组装模板图　　　　　　　　　　(b) I—I 剖面图

图7-15　中墩水下混凝土浇筑图（单位：m）

1—钢围令；2—定位管柱；3—整装模板；4—拉杆；5—麻袋混凝土堵漏

左、右边墩和中墩水下混凝土浇筑的质量，经基坑抽水后钻孔取样检查，凡是采用导管法浇筑，只要不漏浆，强度都能满足要求；水下直接浇筑的混凝土，质量较差。由于漏浆及骨料等原因，单位水泥用量一般为300~400kg/m³，最多达530kg/m³。

（3）闸孔段水下混凝土浇筑。闸孔在左边墩和中墩之间，底坎高程在水面以下。因混凝土浇筑在流水中进行，其表面平整度较难控制，难以做到下闸时使叠梁闸门与底坎合缝良好。因此，考虑到基础地形坡度较陡的情况，在上游面制作了人字梁式混凝土构架，下游面采用整体构架插模板，对拉固定（见图7-16）。人字梁的一端做成铰接；另一端可自由伸张，以适应地形变化。梁上有预埋螺栓夹角钢，用于插入模板。下沉定位后，悬挂于中墩和边墩的吊耳上，将模板插到基岩。为保护混凝土，使底坎表面平整，在人字梁上嵌有厚10mm的钢板盖，盖板上设有浇筑孔，导管通过盖板孔插入仓内，进行水下混凝土浇筑。

（4）深槽段水下混凝土浇筑。深槽段在右边墩和中墩之间，需进行截流，改由闸孔泄流。施工时最大水深14m，流速2~3m/s。改流措施是在深槽上、下游侧采用两道钢围令框架格栅沉放，然后在两围令之间抛石截流（见图7-17）。上游钢围令长16.5m，宽1.5m，高15m，重约30t；下游钢围令长7.5m，宽3m，高12m，重约20t。在围令内侧焊有φ10mm钢筋网，网格10cm×10cm，形成格栅，以防止块石进入围令内。围令外侧，焊有模板插槽。为适应河底地形变化，围令框架底部设置了活动脚和活动钢筋网。

上、下游围令均在水上拼装，用24根φ30mm拉筋联结后整体沉放。定位后随即抛填块石，然后在上、下游面插入钢筋混凝土预制模板。由于插板间缝隙较大，用悬挂帆布将模板包住，抛填黏土闭气。再在上、下游围令框架内浇筑混凝土，最后对填石体进行灌

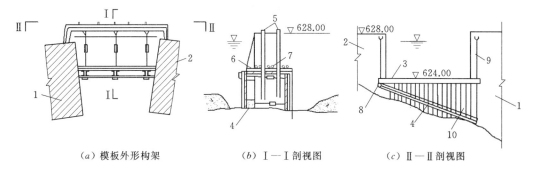

（a）模板外形构架   （b）Ⅰ—Ⅰ剖视图   （c）Ⅱ—Ⅱ剖视图

图 7-16　闸孔底坎水下混凝土浇筑示意图（单位：m）

1—中墩；2—左边墩；3—上人字梁；4—下人字梁；5—导管；6—钢盖板；
7—压重；8—铰接；9—吊绳；10—模板

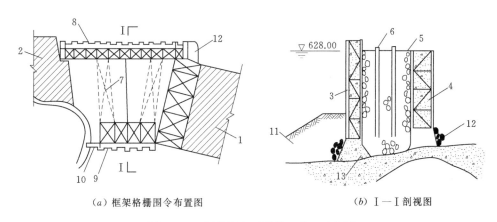

（a）框架格栅围令布置图   （b）Ⅰ—Ⅰ剖视图

图 7-17　深槽段水下混凝土施工示意图

1—中墩；2—右边墩；3—钢围令；4—水下浇筑混凝土；5—填石；6—注浆管；7—拉杆；
8—钢筋混凝土插板，厚 6cm；9—木插板，厚 6cm；10—木模补缺；
11—黏土；12—草袋黏土；13—钢栅

浆，形成注浆混凝土。

填石灌浆共布置 9 个注浆管，管距约 5m。填石灌浆压力采用 $2\sim3kgf/cm^2$，砂浆上升速度保持 0.5m/h 左右，注浆管每次提升高度宜小于 0.5m，使管口不超过浆液面。

注浆材料采用火山灰水泥（或普通水泥），水灰比 0.5 左右，灰砂比 1:0.7，水泥用量 $628kg/m^3$。根据取样试验，质量不够稳定，离差系数较大，混凝土平均抗压强度为砂浆强度的 62.7%，这是由于漏浆严重等原因所致。

7.7　锦屏一级水电站工程临时导流隧洞下闸及封堵施工

7.7.1　导流隧洞下闸概述

（1）导流隧洞下闸。锦屏一级水电站大坝右岸导流隧洞进口闸室设有 2 扇封堵闸门，孔口尺寸为 7.5m×19.0m，底坎高程 1638.50m，检修平台高程 1676.50m；闸门为潜孔式平面滑动闸门，闸门外形尺寸为 2.038m×9.060m×19.800m（厚×宽×高），由 6 节门叶组成，节间采用螺栓连接，双吊点启闭；闸门最大起吊单元尺寸为 2.038m×9.060m×3.250m（厚×宽×高），重约 47t。闸门锁定高程在 1676.50m 的检修平台上。闸门与启闭机之间设有三节拉杆，拉杆总长度为 19m。启闭机布置高程在 1702.50m 的启闭机排架上，启闭机扬程 45m。启闭机启闭速度约 19m/min，启闭机的控制为现地控制、现地操作方式。

因下闸时间由原定的 2011 年 11 月中旬推迟至 2012 年 11 月中旬，将原安装于 2 号导流洞的两套启闭机拆除移至尾水平台启闭机平台使用，之后需要由尾水平台拆除重新安装至 2 号导流洞启闭机平台，尾水启闭机平台高 21m，使用 260t 汽车吊进行吊装拆除。

主要工作内容为：尾水启闭机平台两套启闭机的拆除、运输；导流洞进口闸室封堵闸门门槽填框的拆除；导流洞进口两扇封堵闸门、两套启闭机的安装。

2012 年 11 月 30 日，右岸导流洞成功下闸，为导流洞的混凝土封堵施工提供了工作条件。

（2）导流隧洞进口门槽的清理。

1）门槽清理施工流程。进口门槽清理施工流程：潜水员下水作业平台布置→门槽填框提起冲砂→潜水员下水进行探测→确定障碍物性质、范围→制定清理方案→水下清理障碍物→障碍物清理完毕后试槽→试槽成功、闸门下闸。

2）水下施工准备。为了潜水员水下作业的施工安全及下水便利，需在导流洞进口门槽填框顶部（高程 1657.50m）上布置一个长度约 1.0m、宽度 0.8m、三面设置栏杆的钢结构施工平台，平台底部与填框顶部焊接，上部采用斜拉绳索固定。

由于填框与门槽之间存在缝隙，水流在冲刷填框与门槽之间的缝隙过程中，会产生吸力，为防止潜水员在水下施工时，供气软管被吸至缝隙中而发生供气中断造成事故，在下水施工前，潜水员先采用棉布包裹木板将缝隙堵住，然后在软管两接头处分别用两根绳索加以固定，待此项工作完成后，再下水进行施工。

3）潜水员下水清理。在导流洞进口高程 1691.50m 平台上布置一台 16t 汽车吊，汽车吊悬挂施工吊篮，将潜水员下放至高程 1657.50m 的混凝土平台。待潜水员装配好潜水器材、供气软管、安全绳索后，进入填框上部制作的钢结构平台，最后潜水员沿着填框与门槽之间的空腔，下潜至门槽底部（见图 7-18、图 7-19）。与此同时，平台上安排 3 人负责供气软管的收放，并由 1 人负责指挥。潜水员下水清理工作内容包括：

A. 水下障碍物清理。根据前期潜水员下水探测反馈的结果，门槽与填框之间的空腔内存在的障碍物含有：混凝土凝结物、钢筋、钢管、扣件、模板、石块。按照先清理门槽内小型障碍物，后清理门槽内混凝土凝结物的施工顺序进行。

B. 小型障碍物清理。潜水员下潜至障碍物处，将能够徒手完成清理的障碍物分批搬运出水面，然后放置到高程 1657.50m 的混凝土平台，最后通过吊篮吊至导流洞进口高程 1691.50m 平台。

C. 混凝土凝结物清理。根据混凝土凝结物的厚度及面积，分别采用人工铁钎、铁制榔头、风镐等工具进行清理。

由于填框与门槽之间的空腔较小，加之时至丰水期，水流在经过导流洞进口门槽时，

图 7-18 挂篮吊装

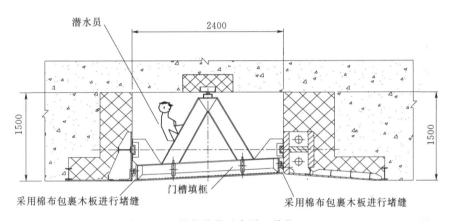

图 7-19 挂篮吊装示意图（单位：mm）

带来的大量泥沙会不断进入填框与门槽之间的空腔并沉积。水下能见度降低、作业空间逐渐变小，影响潜水员水下作业，所以潜水员在水下施工 2~3h 就必须出水，潜水员出水后采取下列方式进行清排：提升门槽内填框，依托水流速度，将空腔内的泥沙、石渣冲走；从右岸导流洞高程 1691.50m 的平台上布置一根 ϕ200mm 排污软管，软管端部固定一截 DN200mm 钢管沿门槽内壁下放至底部，由潜水员配合完成空腔内的沉积泥沙、石渣的抽排。

待空腔内的泥沙和石渣清排干净后，潜水员再下水施工，反复多次进行直至将门槽内的混凝土凝结物全部清理干净，最后清除门框之间的堵缝木板、棉布，进行填框的试提操作，试提成功后将填框放置到底部，等待闸门下闸。

7.7.2 导流隧洞封堵

（1）导流隧洞封堵概述。锦屏一级右岸导流洞于 2012 年 11 月 30 日成功下闸，下闸后进行右岸导流洞封堵工程施工。导流洞进水口底板高程 1638.50m，出口底板高程 1634.00m，出口顶拱高程 1654.00m。大坝右岸导流洞堵头分为临时堵头和永久堵头两部分。临时堵头长 20m，宽 15m，高 19m，城门洞形，采用 C25W8F100 二级配泵送混凝土浇筑，距洞底 18m 以上部位采用 C25W8F100 一级配自密实泵送混凝土浇筑，一次浇筑到位。永久堵头为瓶塞形，全长 62m，桩号为（右导）0＋544.786～（右导）0＋606.786，分为 A、B、C 三段进行封堵施工，其封堵长度分别为 16m、24m、22m，中间布置一条 4.0m×4.5m 的城门洞形灌浆廊道。永久堵头采用 C25W10F100 二级配泵送混凝土浇筑，距洞底 18m 以上部位采用 C25W10F100 一级配自密实泵送混凝土浇筑。

右岸导流洞出口明渠段布置一道水下混凝土围堰（A 区），并将围堰加宽加高形成 1 号公路连接段（B 区）。A 区围堰顶部高程 1648.50m，顶部轴线实测长度为 23.236m；底部高程 1634.00m，底部轴线设计长度 17.68m。矩形断面，宽 5.5m，高 12.5m，采用 C25 自密实混凝土浇筑。B 区高程 1661.50m 以下采用 C20 二级配混凝土浇筑，首仓采用 C25 自密实混凝土浇筑。待右岸导流洞封堵完成后，浇筑厚 50cm C30 二级配面板混凝土至 1662.00m 高程。

右岸导流洞堵头封堵主要工程量见表 7－12、施工主要临建工程量见表 7－13。

表 7－12 右岸导流洞堵头封堵主要工程量表

序号	项 目	单位	工 程 量		备 注
			右岸永久堵头	右岸临时堵头	
1	C$_{60}$25W10F100 混凝土	m^3	19706	—	二级配泵送
2	C25W10F100 自密实混凝土	m^3	1635	—	一级配泵送
3	C25W8F100 混凝土	m^3	—	5213	二级配泵送，微膨胀
4	C25W8F100 自密实混凝土	m^3	—	111	一级配泵送，微膨胀

表 7－13 右岸导流洞堵头封堵施工主要临建工程量表

序号	项 目		单位	工程量	备 注
1	导流洞出口混凝土围堰及相关项目	围堰及 1 号路连接段 C20 混凝土	m^3	7000	二级配，溜槽入仓
2		C25 水下围堰混凝土	m^3	1600	自密实
3		1 号路扩宽 C30 混凝土	m^3	475	二级配

（2）导流洞堵头封堵施工。

1）混凝土拌和及运输。临时堵头采用 C25W8F100 微膨胀泵送混凝土浇筑，永久堵头采用 C$_{60}$25W10F100 微膨胀泵送混凝土浇筑。导流洞封堵混凝土由高程 1885.00m 高线拌和系统统一拌制，采用 12 台 7m^3 混凝土搅拌车运输，2 台 HBT60 型混凝土泵机泵送入仓。

2）缝面处理。混凝土施工前将洞壁原衬砌混凝土表面采用风镐凿毛，并用压力水冲洗干净。

对水平施工缝面，待混凝土初凝后采用压力水冲毛处理，冲毛方向与浇筑方向相反。垂直施工缝面采用人工凿毛处理。仓面冲洗采用高压水枪将混凝土表面的浮渣冲洗干净，并把仓面内积水排净，通过检查验收后，再进行下道工序施工。

3）锚筋施工。边墙及底板锚筋参数为 ϕ25mm，L＝3m，间距 2m，排距 3m，外露 1.0m，矩形布置，具体孔位见相关设计文件。施工采用 YT－28 型手风钻造 ϕ40mm 孔，采用 NJ-600 型搅拌机制浆，UB3C 型注浆机进行锚筋注浆施工。

锚筋采用"先注浆、后插杆"的方法施工，其施工工序为：施工准备→钻孔→孔道清洗→孔道注浆→锚筋制作及安装。

4）排架搭设。根据泵送混凝土流态性能要求，参照仓位施工高度，在施工仓位内搭设施工排架，以方便施工人员仓内作业和保证混凝土浇筑时施工人员的安全，此排架同时作为回填灌浆钢管、PVC 止水（浆）片和冷却水管加固之用。考虑到施工排架上主要为施工人员及小型振捣设备，荷载较小，结合洞室断面结构尺寸，排架搭设按横距 2m，纵距 3m，步距 1.8m，ϕ48mm 钢管与扣件连接搭设而成。排架沿隧洞中心线布置，搭设后埋设于混凝土中，不再拆除，排架上铺设竹跳板，混凝土浇至相应高程时，将竹跳板拆除运出仓外。

5）预埋件施工。

A. 止水安装。在永久堵头 A、B、C 段两端距结构缝 50cm 的位置沿洞周采用风镐各刻一道止水（浆）槽。

止水（浆）片安装时严格按设计图纸要求进行，仓面使用高压风吹干净后，使用 P3015 钢模板及木模板结合将止水（浆）片固定到位。止水（浆）片的连接，按相关技术要求进行，采用热黏接（搭接长度不小于 10cm）。接头逐个进行检查，不得有气泡、夹渣或假焊。设置一些简易的托架、夹具将止水（浆）片固定在设计位置上，止水（浆）片按缝面居中设置。对安装好的止水（浆）片加以固定和保护，防止在浇筑过程中发生偏移、扭曲和结合面漏浆。铜止水（浆）片采用乙炔＋氧气搭接焊接，搭接长度不小于 2cm。

铜止水的接头采用双面焊接搭接方式连接，如果确因条件所限不能进行双面焊接时，宜采用钨极氩弧单面焊，焊接时应先焊接一遍，再在其上加焊一遍。焊接采用黄铜焊条进行气焊，气焊进行两道焊接；气焊应预热，预热温度为 400～500℃，气焊焰芯距工作面应保持在 2～4mm 之间。如果止水（浆）片很薄，可用液化气＋氧气代替氧气＋乙炔，以降低气焰温度。焊后沿焊缝两侧 100mm 范围内进行锤击，焊接接头表面光滑、无孔洞和裂缝，不漏水。接头处的抗拉强度不低于母材强度的 75%。铜止水带不准采用手工电弧焊。焊接完成后现场进行渗漏检查，如发现渗漏应及时进行补焊并重新检查直至完全满足要求。

B. 回填灌浆管预埋。按照设计要求，混凝土封堵后需对洞顶 90°范围进行回填灌浆，洞顶需进行回填灌浆管预埋。灌浆管采用 PVC 硬管，出口外露段采用镀锌钢管。灌浆管、止水（浆）片按设计图纸要求预埋。排距 3m，每排预埋 3 根或 4 根，交替布置。回填灌浆管伸入衬砌混凝土或基岩面 10cm。接缝灌浆进浆管、排气管与支管应使用三通连接，不得焊接。

C. 冷却水管布设。冷却水管采用 40mm（外径）HDPE 管，永久堵头布置参数为 1.5m×1.0m（垂直×水平），临时堵头布置参数为 3.0m×1.5m（垂直×水平），单根循环长度不超过 300m。冷却水管出口布置在廊道内。在冷却水管施工前，对冷却水管进行测量定位，将定位点上引到封堵段两端模板及左右侧墙上并做出明显标识，纵向进行拉线控制，横向通过横缝标识点采用卡尺控制相应间距。为保证冷却水管不移位，需进行加固，在混凝土浇筑过程中，使用带有铁钩的 U 形钢筋卡进行固定，U 形钢筋卡插入深度为 30～35cm，中间直线段沿管道的间距不大于 2m，在弯管段不少于 3 个 U 形卡固定。混凝土浇筑前和浇筑过程中对已安装好的冷却水管进行通水检查，通水检查的压力不低于 0.18MPa，如发现有被砸坏、堵塞或漏水，立即进行修复，将漏水或堵塞处截断，重新连接，直到滴水不漏。混凝土浇筑过程中，冷却水管必须一直通水，发现堵塞或漏水时应及时处理。

6）混凝土浇筑分层。导流洞断面尺寸大，永久堵头较长，其封堵混凝土分 A、B、C 三段浇筑，封堵段长度分别为 18m、24m、20m，前 6 层层厚控制在 3.0m，每段混凝土分 7 层浇筑到顶，三段共分 21 层施工。后一段滞后前一段两层浇筑。

临时堵头长 20m，宽 15m，高 19m。采用 C25W8F100 微膨胀泵送混凝土一次浇筑完成，中间不分层或间断。

7）模板安装。两端头封堵模板以 P3015 组合钢模为主，边角处辅以木模，第一层以钢管外斜撑紧固，其他层以内拉式紧固。在需接缝灌浆的封头模板上安装球形键槽，键槽间排距为 1m。永久堵头 4.0m×4.5m 灌浆廊道顶拱采用在坝基帷幕灌浆平洞衬砌施工中应用的定型钢模板立模。临时堵头模板采用预埋的三角柱及施工钢管排架进行内拉内撑加固。

8）混凝土浇筑。仓面通过验收合格后进行混凝土浇筑，在混凝土浇筑前，仓面要保持洁净和湿润。混凝土浇筑入仓前，在仓内老混凝土面上均匀铺一层厚 2～3cm 与混凝土浇筑强度相适应的砂浆，以保证新浇混凝土与老混凝土结合良好。

导流洞混凝土采用通仓薄层浇筑方法，振捣以手持式高频 ϕ100mm 振捣器为主，局部辅以 ϕ50mm 软轴振捣器。封拱层施工时，混凝土泵在一定时间内保持一定压力，使混凝土充填密实，防止出现架空现象。

混凝土泵输送管沿洞轴方向接至施工仓位。泵管末端设置在施工仓位上部，倒退法分层下料，下料高度不超过 1.5m，浇筑层厚度控制在 40～50cm 之间，以保证混凝土浇筑质量。混凝土浇筑到开孔高程后，及时封堵孔口。

振捣作业严格按施工规范执行。混凝土下料后立即振捣。振捣过程中注意对预埋灌浆管的保护，如发生移位、破损或管口脱落，应及时处理恢复，确保回填灌浆时管路畅通。

9）温度控制。混凝土浇筑完毕后 10～18h 内即开始养护，对混凝土表面及所有侧面进行洒水养护，以保持混凝土表面经常湿润。混凝土拆模后，横缝面、收仓面加强养护工作，并指定专人养护。

利用混凝土内部预埋的冷却水管，在混凝土浇筑过程中进行初期通水冷却，通水水源采用 11～16℃制冷水。冷却水管的通水冷却方向每 24h 交换 1 次，以避免混凝土局部超温，混凝土降温速度控制在每天不大于 0.5℃。

10）灌浆。

A. 固结灌浆。固结灌浆施工流程：抬动观测孔钻孔→抬动观测装置埋设→钻孔、灌浆→封孔→检查孔钻孔→压水试验→检查孔封孔。

根据设计文件要求，对右岸导流洞进口 50m 洞段的顶拱和临河侧边墙、堵头段顶拱和边墙进行加强固结灌浆，灌浆压力 1.0～1.5MPa。加强固结灌浆在右岸导流洞下闸前施工完成。在堵头部位大坝帷幕线下游分别增设 2 排和 3 排高压固结灌浆，灌浆压力

3.0MPa。边墙及顶拱的高压固结在该段堵头混凝土浇筑后施工，底板的高压固结灌浆在该段堵头接缝灌浆完成后施工。采用 XY - 2 型地质钻机或 100B 型快速钻钻孔，高程 1885.00m 和高程 1917.00m 制浆站供浆，TTB/200 型水泥灌浆泵灌浆。

B. 回填灌浆。回填灌浆前，需对灌浆段施工缝、混凝土面及灌浆系统等进行全面检查，对可能漏浆的部位进行处理，检查止水（浆）片安装是否合格，是否封闭。采用通入压缩空气的方法对预埋灌浆管路是否畅通进行检查。风压为 50％的灌浆压力，当进浆管进气，回浆管、排气管均有排气时，即认定灌浆管路畅通。

在封堵段附近采用钢管搭设制浆平台，将水泥浆通过管道引至灌浆部位。回填灌浆按灌浆段分序加密进行，排间分Ⅰ序孔、Ⅱ序孔进行灌浆。Ⅰ序孔施灌完毕待凝 3d 以上，才能进行后序孔施工。分序逐孔灌浆时，由底端向高端推进。最底端孔作为进浆孔，临近的孔作为排气、排水用，待其排除最稠一级浆液后立即将孔堵塞，再改换进浆孔，直至全序孔施工结束。

预埋管路灌浆采用灌浆泵通过进浆管，回浆管，排气管和排稀浆体系进行。灌浆压力为 0.5～0.6MPa（以排气孔压力表为准）。灌浆开始先灌注水灰比为 1∶1 的水泥浆，用以润滑管道和探查吸浆情况，根据吸浆情况，再变换为 0.5∶1 或 0.6∶1 的水泥浆。灌浆时宜先开启排气管阀门，令其自然排气、排稀浆，待接近灌入浆液浓度时再关闭阀门。在设计压力下，灌浆孔停止吸浆，延续灌注 10min 浆液，即可结束。灌浆应连续进行，因故中断灌浆的灌浆孔，按照钻孔要求扫孔，再进行复灌。灌浆结束后，排除孔内积水污物后封孔并抹平。回填灌浆完成后割除露于混凝土表面的埋管。

C. 接缝灌浆。在进行接缝灌浆前，应对灌浆系统进行检查和维护。在先浇段浇筑前后及后浇段浇筑后，均需对预埋灌浆系统进行通水检查。灌区形成后需再次对灌浆系统进行通水复查，不合格者，应及时处理，并对通水复查记录进行审查。灌浆系统的外露管口需严密封堵，妥善保护，在浇筑前将先浇段的缝面用清水冲洗干净，并防止污水流入接缝内。检查通水压力为设计灌浆压力的 80％，检查内容如下：查明灌浆管路畅通情况，其通水流量应大于 30L/min；查明缝面通畅情况，排气回浆管的单开出水量均应大于 25L/min；查明灌区密封情况，缝面漏水量应小于 15L/min；发现外露，严格进行处理；当灌浆管路发生堵塞时，采用压水或风水联合冲洗的方法力求贯通。若无效，则采用打孔、掏洞和重新接管等方法恢复管路畅通。

管路畅通后，通水润缝 24h，冲洗缝面，进行压水检查，吹干缝，通水测缝容积，再用风吹干，然后进行接缝灌浆。

在混凝土内部温度降至目标温度（温度变化幅度控制在±0.5℃）附近并保持稳定后，可进行接缝灌浆。接缝灌浆时，在封堵段附近采用钢管搭设制浆平台，将水泥浆通过管道引至灌浆部位。水泥浆拌制严格按照试验室提供的浆液配比执行，即拌即用。注浆时，按照预埋管编号，自远端向近端逐次灌注。缝顶灌浆压力为 0.35～0.50MPa，缝面增开度不大于 0.5mm。接缝灌浆采用 42.5 级中热硅酸盐水泥，浆液水灰比为 0.5∶1。

当排气回浆管排浆达到或接近最浓比级浆液，且管口压力或缝面增开度达到设计规定值，注入率不大于 0.4L/min，持续 20min，灌浆即可结束。灌浆结束时，先关闭各管口闸阀，再停泵，待孔内浆液终凝后拆除孔口闸阀，闭浆时间不少于 8h。

当排气管出浆不畅或被堵塞时，在缝面增开度限值内，提高进浆压力至限值为止。当注入率不大于 0.4L/min 时，持续 20min，灌浆即可结束。若无效，则在顺灌结束后，立即从排气回浆管中进行倒灌。倒灌应使用最浓比级浆液，在规定的压力下，缝面停止吸浆，持续 10min 灌浆即可结束。

7.8 三峡水利枢纽工程泄洪坝导流底孔封堵施工

7.8.1 导流底孔封堵概述

根据三峡水利枢纽工程施工总体安排，2005 年汛前进行 18 号孔、5 号孔的封堵，2005 年汛后实施 2 号、8 号、11 号、12 号、15 号、21 号 6 个导流底孔的封堵施工，剩余的 14 个导流底孔于 2006 年汛后全部封堵完成。单孔封堵体全长 78m（桩号 20－003.0～20＋75.0），分为长 28m、25m 和 25m 三段施工，单孔混凝土量为 5604m³。导流底孔事故闸门门槽回填高度 77m，单孔回填混凝土量为 1295m³。

7.8.2 施工程序

导流底孔封堵施工程序：工作闸门提起冲淤→上游进口检修闸门下门→下游出口检修闸门下门→抽水设备安装及抽水（含搭设交通梯、堵漏、安装 MY－BOX 管）→弧形工作闸门拆除→导流底孔封堵混凝土回填前准备（含安装 MY－BOX 管）→第一段第 1～4 层底孔封堵混凝土回填→第一段回填灌浆及通水冷却→第一段接触灌浆→第一段灌后间歇→排水管封堵回填（用 M30 砂浆回填）→上游封堵门拆除。在进行第一段第 2 层施工完成后，随即进行第二段第 1～4 层回填施工；第二段第 2 层施工完成后，随即进行第三段第 1～4 层回填施工。

7.8.3 封堵施工及效果

（1）施工准备。

1）交通梯道搭设。底孔内水抽干后，施工人员进入孔内搭设交通梯。交通梯从 94.00m 高程平台搭设转梯到导流底孔底板，多卡转梯布置在弧型工作门牛腿的下游，两个弧型门支臂之间（两工作门牛腿间距 1.4m，故不可放置在两工作门牛腿之间）。中心纵向桩号为 20＋092.0。转梯高度为 40.8m，需要 34 节单节尺寸为 2.4m×1.6m×1.2m 的转梯，由于转梯高度较大，每隔 6m 需要用 4 根 ϕ48mm 的钢管作为加固支撑，钢管紧顶在底孔侧墙上。多卡转梯预先在高程 120.00m 栈桥上的组装成榀，每榀高度为 6.0m 左右，采用高程 120.00m 栈桥上的高架门机吊装就位。在高程 120.00m 右墩墙下游至高程 96.00m 的平台亦布设一座多卡转梯，作为从高程 120.00m 下至高程 94.00m 平台的通道。另在高程 94.00mm 的平台上，为方便施工时左右向交通，在每个底孔和每个深孔上方架设一座交通栈桥。跨底孔的栈桥长为 7m，跨深孔的栈桥长为 8m。

2）施工排架搭设。为满足 MY－BOX 管安装、混凝土浇筑及缝面施工的要求，需要搭设施工排架，排架从第一段搭设至第三段，排架搭设应超前浇筑层一层，即搭设两层排架后，进行墙体混凝土凿毛和埋设插筋等工作，然后浇筑第一层混凝土，混凝土浇筑完成后，利用间歇期搭设上部排架，进行备仓工作，依次上升。第一段封堵体比第二段封堵体超前两个仓次，第二段封堵体比第三段封堵体超前三个仓次。混凝土浇筑时，施工排架作为拆装泵管的操作平台（第一层混凝土浇筑后，亦可作为泵管平台）和振捣平台。泵管沿孔中位置顺流向铺设至封堵体上游，端头接软管移动下料。施工排架全部浇入混凝土中。

3）挡水埂砌筑。底孔上、下游需砌筑挡水埂，挡水埂尺寸150cm×24cm×600cm（高×宽×长），挡水埂每隔1.5m设一道剪力柱（宽36cm）。挡水埂用砖砌而成，先将标准砖、砂、水泥等材料计算用量后运至高程120.00m栈桥，用高架门机吊运进孔内人工搅拌后施工。挡水埂采用标准砖和M2.5水泥砂浆砌筑而成，砌筑前先拉水平和垂直线控制，按照"一丁一顺"法砌筑，砂浆铺筑需厚实饱满，标准砖嵌入牢固，并轻轻敲打。砖墙用水泥砂浆抹面，另在上游侧挡水埂墙底埋一根DN200mm排水钢管至下游积水坑，排水钢管上游进口端砌筑一防淤坑（1.0m×1.0m），壁厚24cm，深度0.5m（内外粉刷）。钢管在第一段堵头上游和第三道堵头下游各焊两道间隔1m的止水环（桩号20－001.00、20＋073.00处）。由桩号20－002.50处引一根φ48mm钢管（管壁厚度不小于3mm）至施工廊道，作为回填DN200mm排水钢管时的排气管。挡水埂砌筑前，在距门体1.0m范围垒砌沙袋（门体上覆盖雨布），进行临时排水，等距门体1.5m范围的挡水埂砌筑完成后，并具有7d强度后，拆除临时排水管。排水管上游端设置一逆止阀，下游端设置阀门（回填排水管时关闭此阀门，此阀门应能阻挡120m水头压力），排水管进口设置竖向弯头（90°弯头）。另外所有排气管、排水管均采用M30砂浆回填。

4）施工缝面处理。导流底孔各段封堵体底部均进行深凿毛，第一段孔壁、孔顶均需浅凿毛；第二段孔顶、右侧孔壁凿毛，左侧不凿毛；第三段同第一段处理要求相同。浇筑层缝面使用冲毛枪进行处理。门槽高程74.00m以上由于上下交通较困难，故直接在表孔缺口处布置一个提升吊篮，施工人员乘吊篮下到门槽中用水管将门槽四周清洗干净后，并在门槽四周刷沥青，将新老混凝土隔开。

5）模板施工。导流底孔堵头共分3段，均采用组合钢模板辅以木模板施工。模板采用内拉及上撑加固，采用φ16mm拉条，间排距70cm×75cm，φ48mm钢管作为横竖围令，钢瓦斯、双螺帽固定。施工廊道立方木圆弧顶拱骨架，顶拱上铺木模板，方木支撑。根据技术要求，第一段堵头需设横缝，采用沥青杉板作为分缝模板，沥青杉板采用三角钢筋样架支撑，钢筋样架采用φ25mm钢筋，间距75cm，支撑在施工排架或混凝土面上。混凝土浇筑时两边对称下料，值班模板工随时校正分缝板，保证分缝竖直。进行顶层施工时，左右两块分开浇筑，先浇块泵管经过后浇块侧事故门槽引入仓内。进行顶层后浇块施工时，泵管从后浇块下游侧引入仓内，施工人员由下游门洞（1.0m×0.8m）进入，进行自密实混凝土浇筑前封堵门洞。

6）钢筋施工。底孔第一段堵头上游迎水面和事故门槽处布置有结构钢筋，钢筋加工在加工厂进行，用平板车或斯太尔自卸车运至高程120.00m栈桥，用高程120.00m栈桥上的门机吊至底孔内，再人工搬运至仓内。钢筋安装人工进行，采用焊接连接，如钢筋与上游止水相遇，调整间距避让。事故门槽底坎钢衬加焊的钢筋按设计要求，确保焊接质量。

7）预埋件施工。

A．冷却水管路及灌浆管路布设。第一段、第三段封堵体各段冷却水管原则上按水平、竖直间距为1m布设，第二段按水平1m、竖直间距为1.5m布设。冷却水管为黑铁管，利用施工操作排架固定。冷却水管引入该段相应的施工廊道内。第一段距上游模板1.0m，冷却水管沿水流方向布置，间距1.0m。灌浆管道原则上按照要求布设，灌浆进浆管、回浆管、排气管及支管均采用硬塑料管。孔顶回填灌浆和接触灌浆管路采用在膨胀螺栓固定顶板上，膨胀螺栓（插筋）间距1～2m。纵缝接缝灌浆支管利用模板和仓面埋设ϕ25mm插筋固定，间距2～3m，出浆盒采用白铁皮制作，在后浇块模板拆除后用砂浆封闭出浆盒周边缝隙。灌浆进浆管、回浆管、排气管均引入施工廊道。

B. 止水施工。上、下游预埋的封堵紫铜止水均按要求埋设，割除影响安装止水的槽钢，恢复止水并进行修整合格。施工廊道过纵缝的四周布设651型塑料止水片，止水片距廊道周边50cm。为保证接缝灌浆效果，第一段下游、第三段上游及第二段两端四周及门槽高程73.50m壁面四周均埋设BW-Ⅱ型膨胀止水条（埋设止水条处混凝土面不凿毛）。同时在第一段封堵体下游距纵缝50cm埋设651型塑料止水片，止水片在底孔顶底部向封堵体内部弯折30cm，止水片施工时先消除表面的筋条，在止水片与底孔顶底板的接触面刷黏结剂将止水片黏牢，然后在端头和弯折处采用宽3cm、厚0.5cm钢压条上膨胀螺丝压紧止水片。止水条埋设时将壁面清理干净，干燥后在混凝土壁面上均匀刷一道黏结剂，然后将止水条黏结在混凝土面上，并用木锤轻轻敲击，确保黏结密实。止水条与止水片相交处，将止水条黏结在止水片表面。

为防止第一段堵头设置横缝后渗水，在孔中桩号20+001.0、20+002.5开挖形成两止水基座（开挖打断的钢筋不作处理），止水基座采用矩形断面，尺寸为100cm×20cm×60cm，止水基座预插两道Ⅰ型紫铜止水，预插深度50cm，止水沿横缝上引，与封堵止水连接。止水基座采用手风钻钻孔套孔辅以风镐开挖形成。止水基座混凝土先进行回填，混凝土标号C$_{90}$30，二级配，采用高架门机直接吊入导流底孔内，人工用斗车运至止水基座内振捣浇筑，龄期7d后方能浇筑上部混凝土。

（2）混凝土浇筑。第一段、第二段、第三段封堵体全部采用90d龄期常规二级配泵送混凝土（不采用微膨胀混凝土），其中第一段、第三段封堵体选用42.5级中热石门水泥，第二段选用42.5级低热石门水泥；粉煤灰选用Ⅰ级襄樊电厂粉煤灰，骨料、外加剂均与三期大坝施工用的品种、品质相同，泵送剂可经试验进行优选。其中第一段第一层混凝土采用C$_{90}$25F250W10，其余各层采用C$_{90}$20F250W10；第二段各层混凝土均采用C$_{90}$15F100W8；第三段各层混凝土均采用C$_{90}$20F250W10；高程74.00m以上事故门槽采用C$_{90}$20F150W8。各段顶部均采用自密实混凝土。

由于仓面面积较小，单层封堵体混凝土采用平浇法从上游向下游浇筑、第三段顶层从下游向上游浇筑，泵管布置在仓面中轴线，一直铺设至仓面上游，第一段封堵体中间布置有横缝，采用立沥青杉板方式成缝。浇筑过程中采取分缝不分仓的方式施工，仓面泵管出口接弯管，弯管在横缝两侧轮流下料，人工将混凝土料堆向下料点两侧赶料并振捣密实。在仓面混凝土向下游浇筑过程中，泵管跟随仓面混凝土接头逐节拆除，然后再逐节安装，浇筑完毕后及时清洗泵管。进行底孔堵头最后一层混凝土浇筑时，先在左右块孔顶分别预埋2根排气管和ϕ150mm钢管，利用钢管输送混凝土。在左右块该层混凝土浇至距顶板1m距离时，施工人员撤离仓面，封堵进出口模板，只留一块窗口以作观测。先从上游预

埋的 $\phi 150$mm 钢管向内输送自密实混凝土，边输送边观察，待混凝土泵打不出料后，继续保持压力 30min，封闭管口。换下游一根预埋的钢管向内继续输送自密实混凝土，直至孔内填满混凝土为止。第一段堵头最后一层浇筑时，待浇至事故门槽时，从表孔放自动提升吊篮观察门槽上部混凝土浇筑情况，待浇到收仓线后，门槽中预埋进料管停止供料。

按照设计要求，1—2 月采用自然入仓；3—4 月采用温控混凝土，搅拌车运输。混凝土浇筑时，采用加快入仓强度措施以减少接头覆盖时间。混凝土收仓后立即进行初期冷却通水，初期通水用河水，通水时间 10d，流量为 25L/min，降温速度小于 1℃/d。

为进行接触、接缝灌浆及控制混凝土最高温度，导流底孔封堵混凝土浇筑时需埋设冷却水管进行初、后期通水冷却。考虑泵送混凝土温度难以控制在 31℃ 以下，故在各段各层布设不少于 2 层的冷却水管，呈流向布置。冷水厂规划布置在左厂 14 号坝段高程 120.00m 栈桥下游侧。各段冷却水管布置方式如下：

第一段冷却水管布置方式。第一浇筑层封堵体中布设 3 层冷却水管（黑铁管），布设高程分别为 56.50m、57.50m、58.50m；第二浇筑层布设 3 层冷却水管（18 号孔、5 号孔仓位均为黑铁管），布设高程分别为 59.50m、60.50m、61.50m；第三浇筑层布设 3 层冷却水管（18 号孔、5 号孔仓位均为黑铁管），布设高程分别为 63.00m、64.00m、65.00m；第四浇筑层布设 3 层冷却水管（18 号孔、5 号孔仓位均为黑铁管），顺顶板体型呈流向布置，冷却水管经事故门槽后再引入施工廊道。

第二段冷却水管布置方式。第二段封堵体各浇筑层中均布设 2 层冷却水管（均为黑铁管），竖向间距均为 1.5m，水平间距为 1m。

第三段冷却水管布置方式。第三段第一、第二浇筑层均布设 3 层冷却水管（黑铁管），布设高程分别为 56.00m、57.00m、58.00m、59.50m、60.50m、61.50m；第三浇筑层布设 2 层冷却水管，布设高程分别为 62.50m、63.50m（延伸至 $x=20+074.00$ 止）；第四浇筑层布设 2 层冷却水管（黑铁管），布设高程分别为 65.00m、66.50m，顶部一层顺顶板体型布至 $x=20+074.00$，下部一层水平布设至 $x=20+062.00$。

封堵体初期通河水，混凝土收仓后即开始通水，通水历时 10d。为接触和接缝灌浆的后期通水先通 $10\sim12℃$ 制冷水 15d，再通 $6\sim8℃$ 的制冷水，直至封堵体温度降至灌浆温度 $14\sim16℃$ 为止。冷却水通水流量均为 25L/min，并做好通水冷却水管布置、通水水温、通水流量及通水时间资料的收集和整理。进行封堵试验过程中，应收集、整理好室外气温与孔内环境温度资料（每天 8 点、12 点、16 点各测一次），同时做好各段各层浇筑的起止时间及浇筑温度等施工资料、门槽回填浇筑资料的收集和整理。

后期通水前，先选择 $3\sim4$ 组水管进行闷温，闷温时间铁管为 5d，塑料管为 7d，掌握坝体内部真实温度。后期通水先采用 $10\sim12℃$ 制冷水通水 15d 左右，再通 $6\sim8℃$ 制冷水，总通水时间第一段堵头约为 45d；第二段、第三段堵头通水时间约为 30d。坝体应保持连续通水，每月通水时间不少于 600h，控制坝体降温速度不大于 1℃/d。水管的通水流量不少于 18L/min。坝体通水冷却后的温度应达到设计规定的坝体接缝灌浆温度，避免较大的超温和超冷。后期冷却水待出水水温较设计要求温度低 $2\sim3℃$ 时进行闷温。

（3）施工排水与通风。由进口检修门漏的水经上游所设排水钢管排至下游积水坑。为确保事故门槽内人员作业通风和施工安全，需在门槽封堵体第一段堵头块体中间埋设

DN250mm通风管（兼施工弃水排放管）。通风管上引至事故门槽高程74.00m，向下沿廊道底板引至集水泵站，另将各段施工廊道中的通风管顶部开孔（一段一个孔），并用适当长度的DN200mm竖向钢管与之焊接，此后各段封堵体所有冷却水弃水均经DN200mm竖向钢管排至通风管，各段第一层浇筑完成后层仓面冲仓水、养护水由跟仓埋设的DN150mm（一段一根）排放，将DN150mm排水管同通风管相连。每段最后一层浇筑前，封闭该段跟仓埋设的DN150mm排水管，并引一根ϕ25mm黑铁管入施工廊道，作为该段DN150mm排水管回填灌浆的排气管。

（4）DN200mm排水管回填。在第一段封堵体接触灌浆完成并达到28d龄期，即可进行DN200mm排水管的回填，回填材料采用M30砂浆。回填时，关闭下游2个阀门，割断两阀门间的DN200mm排水管，接上回填灌浆管线。随后开启注浆机、开启阀门，在自DN200mm排水管引入施工廊道内的ϕ48mm排气管出浆2min，用3mm钢板封堵ϕ48mm排气管（围焊缝应饱满）。保持压力30min后，关闭注浆管线上的阀门，关闭注浆机。

（5）施工照明布置。封堵体混凝土浇筑期间，仓内照明主要采用36V低压电源，每仓8个。事故门槽采用10只36V低压灯泡照明，布置在升降梯上，随升降梯可下至高程74.00m。

（6）封堵效果。导流底孔封堵后，进行了质量检查，结果如下：

第一段封堵体侧墙新老混凝土结合面质量检查：压水透水率均为0，表明没有渗水通道，施工质量满足设计要求。

第一段封堵体混凝土质量检查：自密实及常态混凝土芯样骨料分布均匀，密实、光滑，压水透水率均为0，力学性能试验的抗压强度大于25MPa、抗劈拉强度大于2.1MPa，混凝土浇筑质量满足设计要求。

孔顶回填灌浆质量检查：缝面取芯及孔内录像均可见水泥结石充填，压浆检查满足设计要求，回填灌区充填密实，灌浆质量优良。

第一段、第二段封堵体间接缝灌浆质量检查：取出的芯样完整，缝面充填密实、饱满，接缝灌浆质量优良。

封堵体止水效果检查：排水槽压水检查，止水片封闭性好，无外漏通道。

参 考 文 献

［1］ 水利电力部水利水电建设总局. 水利水电工程施工组织设计手段. 北京：水利电力出版社，1990.

［2］ 刘祥柱. 水利水电工程施工. 郑州：黄河水利出版社，2009.

［3］ 张智涌. 水利水电工程施工技术. 北京：科学出版社，2004.

［4］ 周厚贵，江小兵. 湖北水电施工技术. 武汉：长江出版社，2016.